Physik und Hypothese

Versuch einer induktiven Wissenschaftslehre

nebst einer kritischen Analyse der Fundamente der Relativitätstheorie

von

Dr. Hugo Dingler

a. o. Professor an der Universität München

Berlin und Leipzig 1921

Vereinigung wissenschaftlicher Verleger

Walter de Gruyter & Co.

vormals G. J. Göschen'sche Verlagshandlung :: J. Guttentag, Verlagsbuchhandlung :: Georg Reimer :: Karl J. Trübner :: Veit & Comp.

Druck von Metzger & Wittig in Leipzig.

Herrn Geheimrat Prof. Dr. Hugo von Seeliger

Direktor der Sternwarte München-Bogenhausen
Präsident der bayrischen Akademie der Wissenschaften

in Verehrung

zugeeignet

Vorwort.

Das vorliegende Buch bildet, wenn es auch völlig selbständig ist, doch mit meinen „Grundlagen der Physik"[1] zusammen eine gewisse Einheit, sozusagen den anderen Band eines aus zwei selbständigen Teilen bestehenden Gesamtwerkes, wobei nicht gesagt werden kann, welches der „erste" ist. Daß beide Bände sowohl jeder eine völlig eigene Existenz haben, dennoch aber innerlich zusammengehören, dies wird klar, wenn man sich ihren Zweck vergegenwärtigt. Hatten die „Grundlagen der Physik" die Absicht, ein großes deduktives Gedankengebäude in seinem Grundriß aufzuzeichnen, war also seine Tendenz eine sozusagen konstruktiv-axiomatische, so versucht die vorliegende Darstellung das gleiche Gebiet gewissermaßen von der induktiven Seite her anzufassen, aus der Tatsache der physikalischen Forschung selbst das zu erkennen und a posteriori kritisch zu erschließen, was über das Wesen dieser Forschung, die ja untrennbar mit der Hypothese verknüpft ist, gesagt werden kann. Beide Wege aber führen übereinstimmend zu den gleichen Resultaten. So möge der geneigte Leser selbst entscheiden, welchem von beiden Wegen er sich lieber anschließen möchte, wenn er nicht vorzieht — was ja das beste und klärendste ist — beide Wege nacheinander zu wandeln.

Wer sich dem vorliegenden Buche anvertraut, der wird direkt von der Praxis der einfachsten physikalischen Forschung und an ihrer Hand systematisch immer tiefer in den Zusammenhang derselben mit der Hypothese hineingeführt, bis er einen vollkommenen und letzten Einblick in das Wesen und das Getriebe dieser eigentümlichen Bildungen erlangt hat. Wer weiß, wie die Frage nach dem Wesen, dem Sinn und der Leistungsfähigkeit der Hypothese den Kern der zurzeit in der Physik

[1] die im gleichen Verlag 1919 erschienen sind.

herrschenden Streitfragen und Schwierigkeiten, welche die Gemüter der ganzen wissenschaftlichen Welt bewegen, bildet, der wird die fundamentale Wichtigkeit dieser Dinge zu beurteilen vermögen.

Wenn auch meine Resultate von jeder Relativitätstheorie an sich unabhängig sind und in ihren Grundlagen feststanden, ehe die Kunde dieser Lehre zuerst zu mir drang, so haben es doch die Zeitumstände mit sich gebracht, daß die jetzige Fassung des Buches ohne diese geistige Bewegung eine andern wäre. Ich persönlich glaube mancherlei durch den Gegensatz zu dieser Lehre gewonnen zu haben, manches mußte klarer herausgearbeitet werden, weil die Relativitätstheorie irgendeine entgegengesetzte Meinung besonders hervorhob, und so ist, wie überall, auch hier der Kampf der Vater von manchem Guten gewesen. Seltsam ist, worauf sich der Streit um die Relativitätstheorie für den philosophisch tiefer Blickenden nunmehr zuspitzt. Es ist ein Kampf geworden um den „Empirismus". Mit diesem steht und fällt diese Theorie. Doch dies ist ja der „rote Faden" des Buches selbst, und ich will seinem Inhalt nicht vorgreifen.

Es ist das unvergängliche Verdienst meines Lehrers E. Husserl, die psychologistische Verirrung als solche in voller Deutlichkeit erkannt, endgültig widerlegt und bei allen Denkenden eigentlich schon unmöglich gemacht zu haben. Ich freue mich, auf seinen Wegen zu wandeln, wenn ich seinen Antipsychologismus im folgenden zu einem Antihistorizismus, Antibiologismus, und zuletzt alles in allem zu einem Antiempirismus auszubauen unternehme, der teilweise schon vom Antipsychologismus gedeckt, doch, wie uns scheint, noch niemals mit solcher letzten Konsequenz durchgeführt wurde. Für den Physiker muß ich, um Mißverständnisse dieser Worte zu verhüten, anfügen, daß von ihm aus gesehen, diese Darlegungen sich rein physikalisch lesen und verstehen lassen, und daß die hier genannten Richtungen keine absolute Bedeutung, sondern nur eine solche in bezug auf die logische Grundlegung der exakten Wissenschaften haben. Er möge sich also durch vorstehende an den Philosophen gewandte Richtungsbestimmung nicht abschrecken lassen, es sind genau die physikalischen Probleme, die hier für den Physiker verständlich behandelt werden. Nur haben sie eben auch eine philosophische Seite.

Ich begnüge mich aber nicht damit, daß meine Resultate ein konsequentes philosophisches System (in ihrem Bereich) darstellen sollen, sondern ich beanspruche ausdrücklich, meine Resultate auch bewiesen zu haben, derart, daß sie in den Hauptlinien das einzige und endgültig Richtige darstellen. So stelle ich an meine philosophischen Resultate in ihren Hauptzügen die Anforderungen, die an naturwissenschaftliche Resultate gestellt zu werden pflegen. Die Methode dieses Beweisens ist in dem Sinne des Ganzen selbst enthalten.

Aber meine Untersuchungen haben auch eine wichtige Beziehung zur Mathematik. Nur auf dem hier eingeschlagenen Wege können wir Aufschluß über die Natur der Axiome, ihre eigene Begründung usw. erhalten. Doch habe ich gerade in bezug auf die Mathematik, die ja seinerzeit den Ausgangspunkt meiner Studien und deren dauernden Hintergrund bildete, hier noch nicht alle spezielleren Konsequenzen gezogen[1], vielmehr möchte ich dies meinem hoffentlich in einiger Zeit herauskommenden Buche über die Philosophie der Mathematik überlassen. Über einige speziellere, für die Gesamtmathematik nicht unwichtige Resultate hoffe ich demnächst in Fachzeitschriften zu berichten.

Über die Aufnahme meiner „Grundlagen der Physik" beim wissenschaftlichen Publikum möchte ich an dieser Stelle noch nicht viel sagen. Den vielfachen Äußerungen freundlicher Zustimmung, die mir das Buch eintrug, standen nur relativ wenige kritische Aussetzungen gegenüber. Von alledem möchte ich hier nur Folgendes zur Sprache bringen. J. Petzold, der verdiente Interpret von Avenarius, dessen Wirken in Hinsicht einer biologistischen Erkenntnistheorie (wo wir ihm die dankenswerte Betonung und Herausarbeitung einiger wichtiger Prinzipien verdanken) man unter dem Gesichtspunkte, daß auch diese Seite der Sache der Bearbeitung wert sei, in diesem Sinne mit Billigung beobachten konnte, ist offenbar unter der Einwirkung der Relativitätstheorie dazu gelangt, diese biologistisch-sensualistische Anschauungsweise[2] für die ausschließlich einzige zu halten.

[1] Nur vorläufig in meiner Schrift „Das Prinzip der logischen Unabhängigkeit in der Mathematik, zugleich als Einführung in die Axiomatik". München 1915.

[2] In einer Form, die unmittelbar an Protagoras und Aristipp erinnert.

Natürlich mußte die Relativitätstheorie einer rein empiristisch-sensualistischen Richtung sehr willkommen sein, ist diese Theorie doch auf Gedeih und Verderb in solchen Anschauungen verankert. Auf Grund dessen hat sich Herr Petzold in einem Anhang zur 8. Auflage von Ernst Machs „Mechanik", der dieses klassisch gewordene Buch auf den Tagesstandpunkt der Relativitätstheorie festlegen möchte, u. a. auch gegen meine „Grundlagen der Physik" gewandt.

Petzold hat nur ganz wenige wirkliche Einwände, die alle im IV. Teile dieses Buches und in meinem Nauheimer Vortrag[1] widerlegt sind. Was ich aber nicht verstehe, ist, wie ein Philosoph nach dem Erscheinen von Husserls „Logischen Untersuchungen" noch von der Biologie als Grundlage der Erkenntnistheorie ohne Einschränkung sprechen kann. Meine einzige Erklärung hierfür ist die, daß Petzold dieses Werk nicht kennt. Näheres zum Sachlichen folgt im Text. Daß aber Petzold auch Ernst Mach mit seiner Festlegung auf die Relativitätstheorie (nämlich auf die einzige Stelle in seiner „Mechanik", die dem Autor selbst ihrem Inhalte nach stets „besonders quälend" war) Unrecht tut, geht aus der auch an sich interessanten Tatsache hervor, daß Ernst Mach (wie ich selbst erst Mitte 1920 erfuhr) ein bewußter Gegner der Relativitätstheorie (als deren ersten Schöpfer ihn Herr Petzold preist) war. Diese Tatsache wird noch dokumentarisch offenkundig werden.

Ich habe mich bemüht, die ernsthaftere Literatur zu der neueren Entwicklung unserer Probleme, die ja vielfach an der Relativitätstheorie orientiert ist, soweit sie mir zugänglich und überhaupt einschlägig war, zu behandeln. Verschiedene eben erschienene Schriften konnte ich leider nicht mehr berücksichtigen.[2]

München, Februar 1921.

Der Verfasser.

---

[1] „Kritische Bemerkungen zu den Grundlagen der Relativitätstheorie". Leipzig, Hirzel, 1921.

[2] Ich möchte hier besonders das neueste Heft der von Vaihinger und Raymund Schmidt herausgegebenen „Annalen der Philosophie" nennen (Bd. II, Heft 3), das verschiedene Aufsätze zur Relativitätstheorie enthält, von denen ich hier nur die vielfach treffende Analyse von Oskar Kraus „Fiktion und Hypothese in der Einsteinschen Relativitätstheorie" (S. 335—396) hervorheben möchte. In einem früheren Hefte derselben Zeitschrift (II. 1.) ist der Aufsatz von Julius Schultz: „Fiktionen in der Elektrizitätslehre" von Interesse für unsere Gesichtspunkte.

Inhalt.

Kapitel 3. **Experiment und Substruktion.**

Teil II.

Das Wesen der Hypothese.

Kapitel 1. **Die gewöhnliche Hypothese.**

Kapitel 2. **Die Konstitutionshypothese.**

Teil III.

Seite

Der erkenntnistheoretische Kern.

Kapitel 1. Das Grundproblem.

Kapitel 2. Auseinandersetzungen.

Teil IV.

Die neueste Entwicklung.

Teil I.

Die Messungsbasis. (Der starre Körper, die Geometrie.)

Kapitel 1. **Allgemeine Grundlagen.**

Das Leitmotiv.

Es gibt eine alte Erzählung von einem Bischof, der einen lebenslustigen Jüngling auf den ernsten Gedanken des Todes und der Lebensbilanz führen wollte. Er frug ihn daher in einem Gespräch, was er denke, daß er weiter tun wollte, worauf der Jüngling im Sinne seiner dermaligen Lebensanschauung antwortet, daß er verhoffe, er könne noch eine gute Zeit so weiter leben. Der Bischof fährt fort zu fragen: Und was dann? und erwidert jede Antwort des Jünglings mit einem neuen „Was dann?" bis der Jüngling verstummen muß. Offenbar war der Jüngling nicht genügend philosophisch gebildet, sonst hätte er vielleicht noch weitere Antworten zur Hand gehabt. Aber dem Bischof war es ja wohl auch weniger darum zu tun, theoretische Erkenntnis von dem Jüngling zu erlangen, als vielmehr in letzterem Nachdenken zu erregen aus pädagogischen Gründen und zur moralischen Vertiefung.

Wenn ich im folgenden mit einer ähnlichen zunächst unbegrenzten Fragenreihe mich beschäftige, so geschieht es hier, um Erkenntnis zu erlangen. Auch führt diese Fragereihe nicht in die Zukunft, sondern sie bezieht sich auf ein logisches Nach- oder Voreinander, indem sie bei einer beliebigen, als solche anerkannten physikalischen Erkenntnis unserer Zeit fragt: Woher wissen wir das? Und auf eine gegebene Antwort immer wieder von neuem die Frage wiederholt: Woher wissen wir diese Antwort? Und so fort.

Komme ich dabei zu einem Ende? Ich werde sehr bald die Antwort erhalten: „das ist eben experimentell festgestellt", und für den Antwortenden ist, wie er erkennen läßt, damit die letzte Antwort gegeben, die letzte Instanz erreicht, die Sache erledigt. Aber unerbittlich erhebt der Fragende von neuem seine Stimme und fragt (im Namen der fragenden Vernunft, die sich ein Recht nimmt, alles wissen zu wollen, und der wir alle dienen): Woher aber wissen wir das? Das ist der Punkt, wo der Antwortende ungeduldig wird. Und das ist das Zeichen, daß wir an die Grenze gelangt sind, bis zu der er bisher selbst in seinem Fragen nur gegangen war. Da hatte er aufgehört, das weitere war ihm kein Gegenstand der Frage mehr gewesen, es war ihm — da man ungefragt Angenommenes als „Vorurteil" bezeichnet — es war ihm Vorurteil gewesen. Und wenn ein unbequemer Frager an unsere Vorurteile stößt, dann pflegen wir ungeduldig zu werden, manche sogar, je nach ihrem Temperament, persönlich. Das darf uns aber in unserem geradlinigen Wege zur Wahrheitssuche nicht irre machen.

Was wir wollen.

Was wir hier tun wollen, ist: uns über die physikalische Methode zu besinnen. Wir haben doch eine sehr ausgebreitete und sehr erfolgreiche Wissenschaft, die wir Physik nennen, und wir wollen versuchen, uns verständlich zu machen, wie diese Wissenschaft zustande kommt, wie die verschiedenen sehr merkwürdigen Erscheinungen, die an der Physik als Wissenschaft auftreten (Beherrschung der Wirklichkeit, Naturgesetze, Voraussagen, Eindringen in immer feinere und immer weitere Gebiete usw.), in ihrem Vorhandensein in ihrer Wirksamkeit und Möglichkeit verstanden und erklärt werden können.

Wenn wir nun, um mit dem alten Kant zu reden, aus dem dogmatischen Schlummer erwachen, d. h. aus dem Zustande, wo wir alles Bestehende in der Physik ungefragt und ungeprüft hinnahmen, und uns dann einer kritischen Prüfung desselben hinzugeben beginnen, dann finden wir bereits eine sehr ausgedehnte physikalische Wissenschaft vor, die bisher, auch ohne diese kritische Prüfung, sich glänzend entwickelt hat, wenn auch nicht zu leugnen ist, daß sich insbesondere in letzter Zeit einige steigende Schwierigkeiten zeigten, welche offenbar mit dem inneren, noch nicht erforschten Wesen der Physik zusammenhängen. Aber die Tatsache, daß die Physik sich früher ohne jene kritische Untersuchung mit Glück weiterentwickelte, spricht in keiner Weise gegen die Nützlichkeit und Notwendigkeit einer solchen Untersuchung überhaupt. Der Leser möge am Schlusse des Buches selbst über diesen Punkt urteilen.

Über die Art, in welcher der Gegenstand hier behandelt werden soll, welche ja dem Buche den eigentlichen Charakter gibt, sei folgendes gesagt: Es ist meine Absicht, die ganzen Fragen unmittelbar an der forschenden Tätigkeit des Physikers selbst zu studieren. Ohne jede dogmatische Bezugnahme und Berufung auf irgendwelche philosophische oder erkenntnistheoretische Meinungen und Theorien. Wenn unsere Resultate irgendwelchen Anspruch auf Richtigkeit machen wollen, so muß es möglich sein, ihre Geltung unmittelbar an der physikalischen Forschung selbst aufzuweisen. Das ist auch das beste, unumstößlichste und überzeugendste Kriterium für die Richtigkeit meiner Überlegungen, und zugleich ein Kriterium, dem bisher noch keine erkenntniskritische Theorie unterworfen wurde und unterworfen werden konnte. Unser Gesichtspunkt für das Folgende ist also, kurz zusammengefaßt: Es soll nichts als bewiesen hingestellt werden, was nicht unmittelbar aus der physikalischen Forschungspraxis oder in unmittelbarem Zusammenhang mit ihr eingesehen und erkannt werden kann.

Der Physiker hat im allgemeinen, und mit Recht, eine gewisse Scheu davor, philosophischen Theorien einen direkten Einfluß auf seine Forschung zu gewähren (was nicht hindert, daß letztere selbst auf sehr ausgedehnten, unbewiesenen und unbewußt eingeführten philosophischen Theorien beruht, nur gibt die Konstanz der Anwendung eine gewisse Stabilität, welche durch Annahme neuer Anschauungen zunächst gestört würde). Da aber die neuere Entwicklung unwiderstehlich dahin drängt, daß auch auf diesem Gebiete einmal volle Einsicht und dementsprechende Ordnung geschaffen wird, so muß gerade der einzige für den Physiker gangbare und überzeugende Weg dabei eingeschlagen werden, eben der, welcher unbeirrt von irgendwelchen philosophischen Theorien, von der Forschungsarbeit des Physikers selbst seinen unmittelbaren Ausgang nimmt.

Wenn wir also aus dem dogmatischen Schlummer erwachen und einmal kritisch die Dinge, mit denen wir arbeiten und die Art, wie wir arbeiten, zu betrachten beginnen, dann finden wir unsere Welt erfüllt von Gegenständen, deren physikalische Eigenschaften und Beziehungen wir erforschen wollen.

Das erste, was wir nun bemerken, ist eine sehr bedeutende „empirische Fertigkeit" in der Behandlung der Umwelt, die wir besitzen. Wir finden Organe vor (Hand), die ich zu meinem Körper rechne, und welche die Eigenschaft haben, in den meisten Fällen gerade diejenige Veränderung und „Bewegung" auszuführen, die ich mir vorher mit der Absicht „vorgestellt" hatte, daß sie von ihnen ausgeführt werden sollten. Auf diese Weise vermittelt die Hand (und meine sonstigen Organe) zwischen meinem „Willen" und der „Umwelt". Hier ist die Brücke, welche diese beiden Dinge verbindet und den Übergang vom einen in das andere Gebiet erlaubt, über diese Brücke gehen die ungezählten und immer mehr sich ausbreitenden Wirkungen, die mein Wille in der Umwelt ausübt.

Wir begnügen uns hier mit der Aufzeigung und Konstatierung dieser Tatsache, welche die Grundlage des weiteren bildet, ohne weitere Fragen zu stellen. Dabei ist aber zu betonen, daß diese Fähigkeit meiner Hand keine absolute ist, denn es gelingt ihr keineswegs immer, meinen Willen in die Tat umzusetzen. Nur haben wir Menschen uns zurzeit eine Umgebung geschaffen, und versuchen es stets, wo die Hinderungsgründe möglichst geringe sind. Wir erklären das Nichtgelingen durch gewisse „hindernde Umstände".

Ich kann nun mit meiner Hand Änderungen in meiner Umwelt bewirken, entweder direkt, oder indem ich einen Gegenstand ergreife, und mit letzterem die Änderung bewirke. In diesem Falle wird der Gegenstand als „Werkzeug" bezeichnet.

Dabei lerne ich das erstemal dieses Werkzeug kennen, und die Art, wie ich es benutzen kann. Das zweitemal sehe ich, ob ich es noch in der gleichen Weise benutzen kann. Geht dies nicht, so sage ich, das Werkzeug hat sich geändert; andernfalls hat es sich nicht geändert. Habe ich mehrmals bemerkt, daß das Werkzeug sich nicht geändert hat, so werde ich zuversichtlicher glauben, daß es auch das nächstemal sich nicht ändern wird. Einen absoluten Beweis dafür habe ich jedoch nicht und niemals. Es wird darauf noch zuzückzukommen sein.

Konstante Dinge.

Unsere gewöhnliche Umgebung ist eine vielfach konstante, d. h. sie besteht aus Gegenständen, welche kaum merkbare Veränderungen nur aufweisen. Ich bemerke sie auf Grund meines Gedächtnisses und durch die Kontrolle der verschiedenen Gegenstände untereinander unter der Annahme, daß es „unwahrscheinlich“ sei, daß alle Gegenstände sich gleichzeitig so verändern, daß sie gegeneinander stets das gleiche Bild bieten.[1]

Die Konstanz unserer Umgebungen ist das Resultat langer Zeiträume von menschlicher Erfahrung, welche sich die konstantesten und dauerhaftesten Dinge und Materialien ausgewählt hat. (So wird der bestehende Umstand später kausal erklärt, wir stellen uns hier auf den „naiven“ Standpunkt des Alltags, wie ihn der experimentierende Physiker ohne weiteres annimmt.) Das Bedürfnis nach Konstanz entspringt dem vielfachen Bedürfnis nach Sicherheit und Ordnung des Daseins, das sich bei vielen Menschen geltend macht.

Inwieferne wir ein Recht haben, diese vorgefundenen und als solche erscheinenden Konstanzen wirklich als solche zu bezeichnen, werden wir zu untersuchen haben.

Denken.

Dieses Bedürfnis nach Konstanzen entspringt schon der Konstitution unseres Denkens. Wenn es möglich sein soll, daß ich auf Grund von Erinnerungsbildern, also Vorstellungen von früher Wahrgenommenem, Pläne fassen, mein zukünftiges Vorgehen und Handeln vorher durchdenken soll, so muß es mir auch möglich sein, meine früheren Wahrnehmungen, deren ich mich dabei als Material bediene, später in der Wirklichkeit der Hauptsache nach wiederzufinden, so daß ich auf Grund derselben nun meine vorüberlegten Handlungen ausführen kann.

---

[1] Später erkenne ich, daß dies eben die einfachste logische Annahme ist.

Dieses Operieren mit den Erinnerungsbildern früherer Wahrnehmungen, die wir als mehr oder weniger dauernd voraussetzen, bezeichnen wir als „Denken“.

Erst wenn ich solche Konstanzen in der Wirklichkeit habe, hat es auch einen Sinn, solchen ein Wort als Lautzeichen und ein geschriebenes Wort als Schriftzeichen zuzuordnen, um für mich selbst ein äußeres Erinnerungszeichen, eine Abkürzung und für andere Menschen ein Verständigungsmittel zu haben. Ohne Konstanzen wäre ein solches Vorgehen eine sinnlose Spielerei, denn die durch das Wort bezeichnete Wahrnehmung oder Sache wäre überhaupt nur einmal dagewesen auf Nimmerwiedersehen und es wäre geringer Grund, von ihr zu reden und fast keine Möglichkeit, von anderen verstanden zu werden.

Diesen Vorgang der Heraushebung einer als mehr oder weniger konstant angenommenen Vorstellung in meinem Bewußtsein und ihre Verknüpfung mit einem Worte nennen wir „Begriffsbildung“, das Resultat einen „Begriff“.

Es ist klar, daß die mit einem Worte bezeichnete Vorstellung in allen wesentlichen Punkten konstant sein muß, wenn auch die entsprechende Wirklichkeit sich nicht immer ebenso konstant halten wird. Wegen der unabsehbaren Verwirrung, die ein Abweichen von diesem Punkte zur Folge hätte, muß derselbe als Prinzip aufgestellt und festgesetzt werden: es ist das principium identitatis der alten Logik.

Empirische Abhängigkeiten.

Nun begibt es sich häufig, daß, wenn ich irgendeine Änderung in der Wirklichkeit ausführe, eine andere Änderung zugleich geschieht, d. h. mit der ersten Änderung ungefähr beginnt und aufhört und daß dies geschieht, so oft ich die erste Änderung wiederhole.

Ein derartiger Fall heiße eine empirische Abhängigkeit der beiden Veränderungen voneinander. Die von mir angeführte Veränderung heiße die primäre, die andere die sekundäre Veränderung, die Folge, das sequens. In Analogie zu einer mathematischen Begriffsbildung heißt auch die erstere die unabhängige, die andere die abhängige Veränderung.

Man kann nun sofort beweisen, daß schon zur Konstatierung einer empirischen Abhängigkeit Konstanzen notwendig sind.

In der Tat ist nach Definition ein Charakteristikum der empirischen Abhängigkeit, daß sie bei Wiederholungen bestehen bleibt. Wiederholungen aber können nur hergestellt werden durch die gleichen Umstände, und diese wieder nur durch das Gleichbleiben der bei dem Vorgange verwendeten Gegenstände. Dies aber sind Konstanzen.

Dabei ist zu bemerken, daß durch das Eintreffen einer empirischen Abhängigkeit bei den bisherigen Versuchen keinerlei Beweis erbracht ist, daß diese Abhängigkeit eine absolute ist, d. h. ausnahmslos eintreten muß. Wir werden zu untersuchen haben, in welchem Sinne und unter welchen Bedingungen eine empirische Abhängigkeit eine absolute sein kann.

Finde ich eine Veränderung in der Wirklichkeit regelmäßig mit einer anderen verknüpft, so bezeichne ich diese Erscheinung in Erweiterung der obigen Begriffsbedeutung ebenfalls als „empirische Abhängigkeit". Jedoch ist damit noch nicht die gleiche Stufe der Erkenntnis erreicht, wie wenn ich die eine davon willkürlich herstellen kann, worauf dann die andere stets eintritt. Letztere Art wollen wir daher speziell auch als „experimentelle Abhängigkeit" bezeichnen.

Das Labyrinth der Abhängigkeiten.

Der primitive Einzelmensch kann sich in den allermeisten Fällen in unseren Verhältnissen ganz gut erhalten auf Grund der Kenntnis einer Anzahl empirischer Abhängigkeiten und auf Grund der Fähigkeit, neu gewonnene Kenntnisse in dieser Hinsicht sich zu merken und sich ihrer zu bedienen.

Wir bezeichnen diesen Zustand als den „primitiven Zustand der Physik".

Aber wenn sich nun diese empirischen Abhängigkeiten sehr vermehren, so beginnen sie das Gedächnis zu belasten. Es entsteht naturgemäß eine immer wachsende Zahl von solchen Kenntnissen, und es ist keine Grenze abzusehen, wo diese Sammlung aufhören und wie sie weiterhin bewältigt werden soll.

Wir bezeichnen diesen Zustand als „das Labyrinth der empirischen Abhängigkeiten".

Die kleine Hypothese.

Die eben genannten empirischen Abhängigkeiten bilden sozusagen die Atome der weiteren empirisch-physikalischen Entwicklung. Es tritt nunmehr eine Erscheinung ein, welche ein treffendes Analogon in der Physik der Lösungen aufweist: es schließen sich stellenweise zwei oder mehr Atome zu einem Molekül zusammen.

Ich erfinde mir ein Thermometer (etwa noch ohne Aichung). Ich bemerke, daß die Flüssigkeit darin steigt, wenn ich es in Wasser halte, unter dem Feuer angemacht ist. Ich bemerke, daß es im gleichen Falle nicht steigt (und nicht fällt), wenn das Wasser mit Schnee und Eis gemischt ist (welche dabei aber allmählich schmelzen). Dies ist eine ganze Gruppe von empirischen Abhängigkeiten. Diese „Atome“ schließen sich nun in meiner Vorstellung zu einem Molekül zusammen, indem ich mir denke: Die Wärme hat eine „Menge“. Diese Wärmemenge im Wasser wird durch das Feuer ständig erhöht. Nur wird sie, so lange Eis vorhanden, vor allem zur Schmelzung des Eises verwendet.

Damit habe ich nun eine Vorstellung, welche die sämtlichen genannten empirischen Abhängigkeiten derart zusammenfaßt, daß sie alle anschaulich logische Folgen dieser Vorstellung geworden sind. Sie sind nicht mehr einzelne, getrennte Abhängigkeiten, sondern haben einen „inneren“ Zusammenhang erhalten.

Wir nennen eine solche Vorstellung, welche eine Gruppe von empirischen Abhängigkeiten zusammenfaßt, eine „kleine Hypothese“. Das Wesen dieser Hypothesen wird noch genauer zu studieren sein.

Sicher ist aber folgendes: An den wirklichen Vorgängen selbst hat sich durch den Einfall dieser Hypothese nichts geändert. Es ist also die kleine Hypothese ein rein gedanklicher Vorgang, der allerdings innerhalb meines Denkens von sehr großer Bedeutung sein kann. Eine solche Hypothese erleichtert mein Gedächtnis, denn wenn ich nur den Kern dieser Vorstellung kenne, so folgen alle Einzeltatsachen rein vorstellungsmäßig logisch. Es können auch Einzeltatsachen folgen, die ich noch nicht bemerkt hatte in der Wirklichkeit. Fände ich sie tatsächlich in der Wirklichkeit vor, so kann die

Hypothese auch zu neuen wirklichen Erkenntnissen führen. — Finden sich die gefolgerten Einzeltatsachen nicht vor, so kann entweder die Hypothese als „falsch" fallen gelassen werden, oder aber die betr. Einzeltatsachen sind durch andere Erscheinungen nur vorläufig verdeckt.

Das Labyrinth der Hypothesen.

Verfolgen wir unser Bild von dem gelösten Stoffe einen Schritt weiter. Wir sahen, da und dort schließen sich einige Atome zu Molekülen zusammen (die Moleküle waren unsere kleinen Hypothesen). Die nächste Folge wird sein, daß sich jeweils einige Moleküle zu einem großen Molekül oder einem Kristallkeim zusammenzuschließen beginnen. Analog zu unserem Bilde beobachten wir, wie sich da und dort einige kleine Hypothesen zu einer „größeren Hypothese" zusammenschließen.

Aber ebenso, wie sich da und dort in der Lösung Moleküle und Kristallkeime bilden, so auch bilden sich im ganzen Bereich unserer physikalischen Überlegungen kleine und größere Hypothesen, die immer eine kleine oder größere Gruppe von empirischen Abhängigkeiten zusammenfassen. Wir bezeichnen dies als „das Labyrinth der Hypothesen".

Das Gleichnis des Kristalls.

Das Bild von der sich konzentrierenden Lösung, das die Verhältnisse ausgezeichnet widergibt, wollen wir zu Ende ausbauen, um noch einige Begriffe zu gewinnen.

Wenn sich in der Lösung da und dort Kristallkerne bilden, und diese wachsen, dann werden die entstehenden Kristalle einander in den Weg treten, sich hindern und stören und sich gegenseitig das Wachstum und den geordneten Zusammenschluß unmöglich machen. Ebenso werden die kleineren und größeren Hypothesen, die überall in unseren physikalischen Überlegungen sich bilden, gegenseitig öfter in Konflikt geraten. Es wird vorkommen, daß die gleiche Tatsache von zwei verschiedenen Hypothesen erfaßt wird[1], welche von beiden soll dann recht behalten?

[1] Worauf E. Becher in seiner „Naturphilosophie" (Die Kultur der Gegenwart 1913) dankenswert hingewiesen hat.

Da und dort werden sich ja größere Hypothesen finden, welche ganze Reihen von Tatsachengruppen, die bisher von kleineren Hypothesen beherrscht wurden, zusammenfassen. Dem entspricht in unserem Bilde, daß sich da und dort größere Kristalle bilden. Solche umfassende Hypothesen seien als „Theorien" bezeichnet. Aber die Möglichkeiten von Konflikten zwischen verschiedenen Hypothesen wird dadurch nicht aufgehoben.

Diese Möglichkeit, daß verschiedene Hypothesen in Konflikt geraten, bleibt unter allen Umständen solange bestehen, als nicht eine einzige, alles umfassende Hypothese gefunden ist. Eine solche werde als „Fundamentalhypothese" bezeichnet. In unserem Bilde würde dem der Fall entsprechen, daß sich alle Atome des gelösten Stoffes zu einem einzigen Kristall zusammenschließen, wenigstens auf dem Wege dazu sind.

Wie das möglich sein kann, dies werden wir zu untersuchen haben.

Kapitel 2. **Der starre Körper und die Genauigkeit.**

Vorbemerkung.

Trotz unserer hochentwickelten Physik wissen wir noch nichts darüber, in welcher Weise diese eigentlich zustande kommt, wie es kommt, daß wir in der Lage sind, die physikalische Wirklichkeit vielfach in so wunderbarer Weise zu beherrschen. Man pflegt dies einfach als etwas Gegebenes hinzunehmen und ahnt nicht, daß es hier wichtige Fragen gibt. Es wäre aber die wunderlichste Metaphysik, wenn es wirklich so wäre, daß wir dies alles ungefragt einfach als bestehend hinnehmen müßten, alle jene merkwürdigen vielfachen „Naturgesetze" usw., wenn diese von einer unbekannten Macht einfach gesetzt wären und wir die Fähigkeit hätten, sie zu erkennen. Aber trotzdem würden diese Probleme kaum in der Physik selbst irgendwie aktuell geworden sein, wenn man im Laufe der letzten Entwicklung nicht soweit gelangt wäre, Hypothesen aufzustellen, welche bis an jene ersten und tiefsten Grundlagen der Physik heranreichen, diese in sich schließen, und über deren Geltung nur dadurch entschieden werden kann, daß über jene ersten Grundlagen volle Klarheit geschaffen wird.

Wir werden also versuchen, den Prozeß der Entstehung und Entwicklung der Physik von seinen ersten Anfängen an ohne jede Voreingenommenheit durchzudenken. Und dies nicht etwa in historischer Weise (dies würde uns zu nichts führen, da die historischen Vorgänge nicht in der Genauigkeit bekannt und überliefert sind, wie wir sie nötig haben), sondern sozusagen in induktiver Weise. Wir wollen untersuchen, wie man es zu machen hätte, diesen ganzen Prozeß nochmals in bester Weise von vorne anzufangen. Dabei muß sich dann offenbaren; wie denn diese Physik wie wir sie haben, eigentlich zustande kommen kann, und inwieweit ihre Gesetze und die Anschauungen über ihr Wesen, wie sie jetzt herrschen, als begründet angesehen werden können. Natürlich ist dieses Unternehmen mit einigen Schwierigkeiten verknüpft. Denn es kann nichts Leichtes sein, einen Prozeß, den viele Tausende von Menschen im Laufe vieler Jahrtausende, und zwar stets nur in naiver Weise zur Durchführung gebracht haben, derart in Begriffe einzufangen, daß das Wesentliche daran alsbald klar und durchsichtig hervorleuchtet. Dennoch dürfte das Folgende zeigen, daß dies tatsächlich in weitem Maße durchführbar ist.

Die zentrale Frage.

Die zentrale Frage, um die im Innersten aller Streit geht und die den Kern bildet aller Probleme der Grundlagen der Physik (wie auch der Erkenntnistheorie) ist die folgende: Liegen die allgemeinen Naturgesetze irgendwie in der Natur vorgegeben vor, so daß sie nur irgendwie aus derselben entnommen zu werden brauchen, oder aber kommen sie auf einem anderen Wege zustande, und welches ist dieser Weg?

Wir werden hinreichend Gelegenheit haben, uns mit der Bedeutung und den Beziehungen dieser Fragestellung zu anderen Problemen aller Art näher zu beschäftigen.

Die Dreidimensionalität.

Überlegen wir uns: wie kann jemand anfangen, die Physik aufzubauen, d. h. die empirischen Abhängigkeiten einmal systematisch zu studieren? Kann er das sozusagen gänzlich naiv, oder muß er bereits bestimmte Anschauungen oder Ziele mitbringen?

Er bringt vor allem die Auffassung der Wirklichkeit als eines dreidimensionalen Raumes schon mit aus dem naiven Leben. Er hat sich daran gewöhnt, gewisse sehr häufige Arten von Veränderungen seiner Wirklichkeit als entstanden durch „Bewegung" zu interpretieren, d. h. er benennt sie einfach so. Er hat dabei nichts getan, als eine gewisse besonders häufige Gruppe von Veränderungen der Umwelt als solche herauszuheben und als gesondert zu empfinden.

Dies wäre an sich auch noch nicht nötig. Denken wir an die Erfahrungen einer Qualle auf der Oberfläche des freien Meeres, so erkennen wir, daß es auch anders sein könnte.

Es ist sicher, und eine nähere Darlegung, zu der wir hier keinen Anlaß nehmen wollen, würde es beweisen können, daß es an sich möglich wäre, einen mehr als dreidimensionalen, ja sogar einen weniger als dreidimensionalen Raum in unserer Wirklichkeit zur Durchführung zu bringen. Aber die Dreidimensionalität drängt sich uns vermöge zufälliger Beschaffenheiten unseres Körpers schon im naiven Leben unbewußt derart auf, daß wir sie auch der Kritik gegenüber ruhig beibehalten können, zumal sie ja das erste ist, was uns an „Formalem" beim Aufbau der Physik gegenübertritt.[1] —

Es ist die Idee der „Bewegung", daß die Dinge, die sich durch sie verändern, auch durch sie wieder in integrum restituiert werden können.

Vielfach sind die Bewegungsänderungen solche, wo sich meine ganze Umwelt verändert, in anderen Fällen wiederum ist dies nicht der Fall.

Das Erkennen von Bewegungsveränderungen als solchen versagt bekanntlich in Grenzfällen (wenn die Bewegung nur klein sein wird, wenn ich auf dem Bahnhof im stehenden Zuge sitze und der Nachbarzug fährt an, beim über das Brückengeländer in fließendes Wasser Schauen, das Zauberhaus auf den Jahr-

[1] Ich verweise hier auf die geistvollen Ausführungen H. Poincares über diese Frage, die letzten Endes auch in dem Resultate gipfeln, daß die Dreidimensionalität nicht in der Wirklichkeit als solcher vorgeschrieben ist (Wissenschaft und Hypothese, übers. von F. u. L. Lindemann).

märkten, wo sich das ganze umgebende Haus dreht, während die Zuschauer darin fest relativ zur Erde bleiben etc.), wie das hier immer ist, aber im groben weiß ich praktisch bald genau Bescheid, und habe meine Kriterien, an denen ich bei Unsicherheit in vielen Fällen erkennen kann, ob Täuschung vorlag oder nicht.

Wir verzichten aber hier bewußt auf die nähere Behandlung oder Herausarbeitung der Bewegungsanschauungen, weil dies Problem an dieser Stelle für das Verständnis unserer Gedankengänge ungeeignet ist. Es herrschen hier nämlich genau die gleichen Prinzipien, die wir im folgenden kennen lernen wollen, nur wird bei ihrer Anwendung ein besonders hoher Grad von Abstraktion verlangt. So wäre es schlecht, gerade mit diesen Überlegungen unsere Darlegungen zu beginnen. Wir begnügen uns hier vorläufig mit der Tatsache der groben Bewegungsanschauungen, die wir im täglichen Leben haben.[1]

Über den Beweis, daß nichts räumliches als solches, und daß auch nicht die Dreidimensionalität in der Wirklichkeit vorgeschrieben.

An sich könnte ich nämlich auch ganz andere Dinge als räumliche Veränderungen bezeichnen, etwa alle, welche die Gesamtheit meiner Umgebung ändern (wenn es regnet z. B.). Wenn wir später sehen werden, daß das „räumliche“ nichts anderes ist als eine notwendige erste willkürliche logische Basislegung, auf der wir dann später weiter zu bauen haben, so werden wir erst voll einsehen und auch dort noch an einigen weiteren Beispielen behandeln, daß es in vieler Hinsicht von vollkommener Beliebigkeit ist, was wir als solche Basis wählen.

Ist das Räumliche in seiner Identität mit dem, was wir eben als „Basislegung“ bezeichneten, erkannt (und hierfür kann man den strengen Beweis aus der notwendig unkausalen Natur des Räumlichen abnehmen, es wird dies eines der Hauptthemata dieses Buches sein) so ist damit die in der Überschrift genannte

[1] Die Fragen der Relativität der Bewegungen werden noch im Schlußkapitel behandelt werden. Im übrigen siehe meinen Nauheimer Vortrag „Kritische Bemerkung zu den Grundlagen der Relativitätstheorie“ (Physikal. Ztschr. XXI [1920]). Selbständig bei S. Hirzel, Leipzig 1921.

These bewiesen. Diese These in ihrer Erweiterung auf alle allgemeinen Naturgesetze bildet die These dieses Buches. Wenn nun, wie wir sehen werden, sogar die Art der Geometrie nicht in der Wirklichkeit vorgeschrieben, und unserer Wahl (sobald wir bewußt geworden, bewußten Wahl) überlassen ist, so ist die Wahl der Dimensionenzahl eine der Wahl der Geometrie weit vorhergehende. Und da, wie gesagt, keinerlei allgemeiner Anhalt für diese Wahl gegeben sein kann, so ist klar, daß wir auch da nach dem Gesichtspunkte der praktischen Wahl handeln und diejenige Zahl wählen werden, die uns durch die an unserer zufälligen Umgebung hängende Gewohnheit aus dem wissenschaftlichen Zustande her sich als besonders naheliegend aufdrängt.

Es wird ja nur behauptet, daß keinerlei Zwang in der Wirklichkeit zu irgendeiner bestimmten Wahl vorliegt. Daß die Art unserer Umgebung die eine Wahl praktischer erscheinen lassen kann, als die andere, ist dadurch nicht ausgeschlossen.[1] Nur müssen wir uns dabei stets bewußt bleiben, daß eben diese Umgebung ein spezieller Fall ist. Wenn wir selbst quallenartige Geschöpfe in einer flüssigen Umgebung ohne erreichbare feste Körper wären, wäre wohl sicher unsere Dimensionenzahl nicht drei geworden. Dann hätten wir vielleicht die Farben als unabhängige Veränderliche gewählt (da dies die einzigen Konstanzen geliefert hätte).

Mein Körper als Vergleichsgegenstand für den raumkonstanten Körper.

Wenn nun, wie wir eben sahen, in der Wirklichkeit an sich gar nichts über die Art des st. K. festgelegt ist, so erhebt sich die Frage, wie die Menschen historisch zuerst dazu gekommen seien, für die ihnen an sich völlig freistehende Wahl eine Richtlinie zu finden. Da ist denn wohl zu sagen, daß sicherlich zuerst solche Objekte als räumlich gleichbleibend angesehen worden sein werden, die im Vergleich zum eigenen Körper als gleichbleibend erschienen, der neben der bloßen Vergleichs-

[1] Etwa, weil wir vom vorwissenschaftlichen Zustande her so sehr an irgendeine solche unbewußte Wahl gewohnt sind, daß es kompliziert wäre, sie zu ändern, falls nicht andere Umstände dazu zwingen.

erinnerung einen gewissen objektiven Maßstab zu liefern vermochte.

Dabei ist dies, wohlgemerkt, völlig relativ. Ob ich das Gleichbleiben meiner Hände an Dingen meiner Umgebung, oder, was sicher für den Primitiven das Zutreffende ist, das Gleichbleiben letzterer an meinem Körper vergleiche, sicher wird eines am anderen gemessen. Aus diesem Messen an anderen Dingen geht schon hervor, daß eine Aussage, einer der Vergleichsgegenstände bleibe an sich „gleich“, sinnlos ist. Also kann hierüber nichts ausgesagt werden. Wie diese Schwierigkeit praktisch zu behandeln ist, wird sich später ergeben.

Wenn ich nun einen Gegenstand habe, der im Vergleich zu meinem Körper gleichbleibend „konstant“ ist, und dies ist, so oft ich ihn mit den Händen greifen kann, dann nenne ich den einen „raumkonstanten“ Körper. Die Änderungen, die dieser in seinem Bilde erleidet, während ich ihn nicht greifen kann, nenne ich „Bewegungsänderungen“ oder perspektivische Veränderungen.

Meine Fähigkeit, einen raumkonstanten Körper, der aus dem Bereich meines Greifens etwas entrückt wurde, wieder durch freiwillige Körperbetätigung in den Bereich meines Greifens zu bekommen, nenne ich „Bewegung“. Daher: die Veränderungen des Bildes, welche raumkonstante Dinge durch Bewegungen meines Leibes erfahren, nenne ich auch Bewegungsveränderungen.

Wir können also konstatieren, daß der hier definierte raumkonstante Körper nicht etwa in der Natur vorgefunden wird als solcher, sondern daß er darauf beruht, daß ein Gegenstand, an dem ich keine bleibenden Veränderungen bemerke (mein Körper als Vergleichskörper) als raumkonstant angenommen wird.

Es zeigt sich also, daß ich einen Körper suche, um ihn als raumkonstant auszuwählen, an dem ich mit meiner naiven Wahrnehmung keine bleibende Änderung bemerke.

Diese „naive Wahrnehmung“ besteht (bzw. wird erklärt durch) in der Fähigkeit optischer und haptischer Erinnerungsbilder. In ihnen habe ich eine gewisse Quelle direkter Aussagemöglichkeit, ob ein Körper sich geändert hat oder nicht.

Natürlich steckt auch in solchen Urteilen schon mehr Festsetzung, als auf den ersten Blick scheint. Es könnte nämlich durchaus auch ein Körper, der für die naive Wahrnehmung nicht raumkonstant erscheint, als solcher betrachtet werden. Dann wäre eben die Raumkonstanz durch andere Umstände verdeckt, so daß sie nur scheinbar nicht vorhanden wäre.

Zieht man diese Möglichkeit in Rechnung, so zeigt sich, daß zunächst überhaupt kein Kriterium für den raumkonstanten Körper vorhanden ist, daß das, was ich zu haben glaube, auch nur ein an den zufälligen Verhältnissen meines Körpers anknüpfende gewohnheitsmäßige Konvention ist.

Ein vorläufiges Kriterium finden wir jedoch auf der nächsten Stufe, zu der wir jetzt übergehen.

Der harte Körper.

Der Gesichtspunkt der „Unveränderlichkeit", der, wie wir sehen, nur eine relative Bedeutung hat, führt nun dazu, einen Körper zu wählen, welcher unter den gewöhnlichen Umständen nur schwer veränderlich erscheint. Dies ist der „harte Körper". Es wird vom primitiven Menschen (unbewußt) geschlossen: Wenn ich nur unter großer Kraftanstrengung an dem Körper Veränderungen anbringen kann, so werden die gewöhnlichen Umstände meiner Umgebung um so viel weniger eine nennenswerte Veränderung herbei führen. Dieser Schluß ist natürlich falsch. Er kennt ja die Umstände noch gar nicht, die Veränderungen an seinem harten Körper hervorrufen können, und er kann das eventuelle Eintreten solcher nur auf Grund seiner bisherigen Mittel konstatieren: Abschätzen durch die Wahrnehmung (Sehbild, Tastbild) und Vergleich mit den bisher als raumkonstant angenommenen Gegenständen (Hand usw.).

Als solche harte Körper stehen dem Menschen zur Verfügung: Steine, später Metall, weniger dagegen Holz, weil dieses erfahrungsgemäß leichter angreifbar ist, doch auf kurze Zeit auch dieses.

Kritisches über den harten Körper.

Fragen wir uns, wie weit nun „das Räumliche" durch das bisherige bestimmt ist. Es ist zunächst nur soweit bestimmt gewesen, als ich Körper als raumkonstant bezeichnete, an denen mit der naiven Wahrnehmung keine Änderung wahrzunehmen war. Wenn ich nun Körper habe, welche meiner Wahrnehmung keine Änderung zeigen, so ist damit noch nicht bewiesen, daß sie überhaupt keine zeigen.

Ich werde nämlich nun beim Vergleich solcher Körper untereinander auch mit meiner naiven Wahrnehmung gelegentlich feststellen können, daß sich zwei Körper relativ zu einander geändert haben müssen. Bleiben dabei beide innerhalb meiner naiven Wahrnehmung konstant, so habe ich vorläufig kein Kriterium zu entscheiden, welcher von beiden sich wirklich geändert hat, bzw. anders ausgedrückt, welchen von beiden ich als denjenigen betrachten soll, der wirklich konstant geblieben ist.

Nun kommt folgende (unbewußte) Erschleichung des raumkonstanten Körpers, den wir künftig auch einfach den „starren Körper" (st. K.) nennen wollen, zustande.

Man schließt: nehme ich einen sehr harten Körper, so ist der für meine naive Wahrnehmung konstant. Dann nehme ich an, dieser sei der starre Körper.

Es ist leicht die Erschleichung nachzuweisen. Als Kriterium der Unveränderlichkeit habe ich bisher nur meine naive Wahrnehmung. Was unterhalb derselben geschieht, darüber weiß ich garnichts. Darum ist zunächst dieser harte Körper in keiner Weise konstanter, als irgend ein beliebiger anderer Körper, der für meine naive Wahrnehmung konstant ist.

Kann ich dann nämlich eine relative Änderung zweier Körper unterhalb meiner naiven Wahrnehmung, von denen einer mein harter Körper ist, feststellen, und sage dann, der harte Körper hat sich nicht geändert, sondern der andere, so ist dies eine ganz willkürliche Festsetzung für welche in der Sache keinerlei Grund noch vorliegt.

So kann also die Wahl eines harten Körpers vor irgend einem anderen, dessen Änderungen sich ebenfalls unter meiner naiven Wahrnehmung halten, lediglich zu erklären sein durch den Gedanken, daß der harte Körper auch gegen unbekannte Änderungen widerstandsfähiger ist als der andere, sowie er es gegen die bekannten ist. Natürlich ist diese Annahme, wie sich später auf Grund der wirklichen Kriterien zeigt, auch in manchen Fällen begründet — und das ist der wirkliche Vorteil dieser Wahl — aber absolut und für alle Fälle gilt sie nicht.

In der Tat steht aber die Sache hier so: Mein bisheriges

Kriterium (die durch naive Wahrnehmung festgestellte Unveränderheit) reicht nur bis zu einer gewissen „Grenze". Es können mir zwei Körper als gleich erscheinen, von denen ich „schließen muß", daß sie sich relativ zu einander geändert haben. Wir stehen hier an einem fundamentalen Schritt: bisher haben wir uns einzig auf die Urteile der naiven Wahrnehmung gestützt, jetzt überschreiten wir diese Grenze. Wir gelangen dabei in ein Gebiet, wo die naive Wahrnehmung nicht mehr hinreicht, sondern wo sie sich Ergänzung holt durch „Schlüsse". Wir müssen unser Augenmerk jetzt also auf diese richten.

Woraus also können wir bei zwei Körpern, denen wir es nicht direkt ansehen, daß sie verschieden sind, „schließen", daß sie es sind? Dadurch, daß wir sie in eine Situation bringen, wo wir bemerken, daß beide trotz ihrer scheinbaren Raum-Gleichheit sich verschieden verhalten, und wo das verschiedene Verhalten lediglich durch ihre Nicht-Raum-Gleichheit bedingt sein kann.

Nun bezeichnen wir ein Manipulieren in der Wirklichkeit, um daraus Schlüsse (auf die beteiligten Körper) zu ziehen, als „Experiment".

Das Experiment zur Feststellung der Raumgleichheit.

Nun erhebt sich vor allem die Frage: Setzt diese Methode des Experimentes mich vielleicht in die Lage, mit Sicherheit und ohne weitere Voraussetzungen von zwei Körpern stets unterscheiden zu können, welches der starrere ist, oder welcher von zwei vorher gleichen Körpern sich verändert hat?

Daß dies nicht der Fall ist, davon kann man sich sofort durch folgende Überlegung überzeugen. Im Momente, wo ich die Grenze der naiven Wahrnehmung überschreiten will mit dem Mittel des Experimentes besitze ich keinen st. K., der genauer starr wäre, als es mir die naive Wahrnehmung zeigt. Nun bedarf ich für die Experimente selbst wieder starrer Körper, die genau dem gleichen Umstande unterliegen. Ich werde also nicht feststellen können bei meinen Experimenten, welcher der beteiligten st. K. der veränderliche war, ohne es für andere vorauszusetzen, oder ohne bewußt oder unbewußt andere Voraussetzungen einzuführen (wie wir solche später kennen lernen werden).

Trotz den soeben dargelegten Verhältnissen entsteht aber beim Übergang von der naiven Wahrnehmung zum Arbeiten mit Schlüssen dennoch leicht der Schein, daß Kriterien für den starreren Körper direkt aus der Wirklichkeit entnommen werden könnten. Es wurde oben schon darauf hingedeutet. Man nimmt nämlich unter den für die naive Wahrnehmung starren Körpern den harten oder härtesten Körper unbewußt als den am meisten st. K. an, und arbeitet mit ihm weiter.

Damit wird natürlich dieser harte Körper zum Vergleichskörper, mit dem ich dann andre vergleichen und ihre „Starrheit" feststellen kann. Nun kann ich mit diesem harten Körper als Material Experimente anstellen über andere Körper und an diesen Veränderungen nachweisen, die weit unterhalb meiner naiven Wahrnehmung gelegen wären. Alle diese Erfolge sind aber eigentlich erschlichen, denn ich habe meinen starren Körper sozusagen nur aus Versehen erhalten. Einen Grund, den harten Körper für weniger veränderlich zu halten als irgend einen anderen meiner naiven Wahrnehmung so erscheinenden liegt nur darin, daß es möglich ist, daß er gegen einige unbekannte Einwirkungen widerstandsfähiger ist als die anderen, für alle unbekannten Einwirkungen ist dies direkt unwahrscheinlich (und wie wir jetzt wissen, falsch).

Ein wirkliches empirisches Feststellen eines etwa in der Wirklichkeit vorhandenen st. K. ist aber dies sicher nicht, da diese Wahl nur durch eine Art unbewußten Gallimathias und Geistessprung zustande kommt, der mich für eine gewisse Zeit des näheren Nachdenkens über das Problem überhebt.

Durch die Wahl dieses harten Körpers als st. K. erhalte ich scheinbar eine Zeitlang die Möglichkeit einer rein experimentalistischen Physik. Mein st. K. ist scheinbar experimentell, also alles von ihm abhängige (und das ist, wie wir sehen werden, alles weitere) auch.

So erhalte ich eine scheinbar völlig experimentelle Physik bis zu dem Zeitpunkt, wo die Genauigkeit meiner Untersuchungen so groß geworden sein wird, daß für sie mein (zufällig gewählter) harter Körper nicht mehr völlig genau ist. In diesem Moment stehe ich wieder vor völliger Ratlosigkeit und damit enthüllt sich nun auch die obige Erschleichung, die darauf beruht, daß ich kein wirkliches Kriterium für den st. K. habe, und daß ich bisher nur von einem Schein lebte, der mich für eine Spanne Zeit der drängenden Entscheidung überhob.

Zur Fortsetzung unseres Gedankengangs ist es aber nötig zunächst einmal die Frage der Genauigkeit zu behandeln.

Qualitative Genauigkeit.

Wenn ich einen Gegenstand zuerst aus der Ferne betrachte und mich ihm dann nähere, so sehe ich mehr „Details" als vorher. Da dies stets der Fall ist, so ist die Annahme, daß ich durch die größere Nähe mehr sehe, einfacher als die, daß durch meine Annäherung diese Details erst entstehen.

Ich werde dadurch die Möglichkeit der „Vergrößerung" gewahr. Nun ist in der Vorstellung kein Grund ersichtlich, der zu irgendeiner „Grenze" in der Vergrößerung führen könnte. Da aber dann stets wenigstens „irgend etwas" bei jedem Grad der Vergrößerung sichtbar sein muß, so schließe ich, daß jedes Stückchen Wirklichkeit unbegrenzt viele Details enthalten muß, die mir nur solange entgehen, als sie nicht hinreichend vergrößert sind.

Wie dieser Vorgang kommen muß, läßt sich etwa so einsehen. Es wird Apparate geben, die selbst unveränderlich sind, und die Veränderungen erkennen lassen, je nach der Stelle, auf die man sie anwendet oder richtet. Wir müssen dann annehmen, daß diese Veränderungen Folge der betrachteten „Stelle" seien. Da die Möglichkeit vorliegt, daß zwei für die naive Wahrnehmung („makroskopisch") völlig gleichartige Stellen mit dem gleichen Apparat betrachtet, verschiedene Resultate geben, so kann diese Verschiedenheit nur durch Verschiedenheiten der beiden Stellen bedingt sein, die makroskopisch nicht sichtbar waren. (Hierbei ist natürlich das noch später zu erwähnende principium causae sufficientis benutzt.)

Durch diese Überlegungen erhalten wir vorerst einen noch verschwommenen Begriff von einer „Genauigkeit", indem wir diejenige Wahrnehmung einer „Stelle", die mehr Details enthält, als „genauer" bezeichnen im Vergleich zu einer Wahrnehmung derselben Stelle, die weniger Details enthält.

Wir bezeichnen diese Art von Genauigkeit als „qualitative Genauigkeit".

Man benutzt dann weiterhin diesen Begriff, auch ohne daß direkte Wahrnehmung vorliegt, wenn ich andeuten will, daß ich mehr Details in Berücksichtigung nehme. Weiß ich z. B., daß ein Körper aus kleinen Körnchen besteht (also etwa Sandstein) und betrachte eine glatte Fläche an ihm, so müßte „größere Genauigkeit" berücksichtigen, ob auch die Körnchen selbst angeschliffen sind, oder ob die Fläche nur durch die ganzen Körnchen gebildet ist. Im letzteren Falle ist sie natürlich weniger genau.

Starrer Körper und Geometrie.

Es braucht nicht gesagt zu werden, daß „starrer Körper" und „Geometrie unseres Raumes" identische Begriffe sind. Frage ich also nach der Geometrie unseres Raumes — wie man zu sagen pflegt — so umfaßt das die Frage nach dem st. K.

Wenn der st. K. gegeben ist, so kann man stets auch Ebene und Gerade mit einer Genauigkeit herstellen, die der des st. K. entspricht. Der Vorgang dabei ist folgender:[1] Man schleift drei vorgeebnete Stahlplatten bis zu völliger gegenseitiger Adhärenz aufeinander ab. Was entsteht, ist eine ebene Fläche, so genau, als es die Starrheit des benutzten st. K. zuläßt. Bei zwei Platten könnte auch eine Kugelfläche entstehen. Die Gerade entsteht dann, indem zwei benachbarte Seiten eines Stahlprismas ebenso angeschliffen werden. Die Schnittlinie ist die Gerade.

Damit ist die Herstellung von Maßstäben ermöglicht. Es ist klar, daß auch diese von der Genauigkeit des benutzten st. K. abhängen werden.

Die Resultate also, die ich bei reinem Operieren mit st. Kn. bei Messungen erhalte, werden die Sätze irgendeiner Geometrie sein. Wenn ich den st. K. auf empirischem (experimentellem) Wege gewonnen hätte, würde damit auch eine bestimmte

[1] Ich habe diesen Vorgang geschildert in „Die Grundlagen der angewandten Geometrie", Leipzig 1911. Eine frühere Bemerkung darüber bei Ernst Mach, Erkenntnis und Irrtum. Nach freundlicher mündlicher Mitteilung von Herrn Dr. Ludwig Mach ist das Verfahren eine Erfindung von dem Gründer der Firma Steinheil in München, doch dürfte es dem Prinzip nach uralt sein. Es wäre interessant, näheres hierüber festzustellen.

Geometrie auf dem gleichen Wege gewonnen sein, deren Natur durch experimentelle Erforschung ihrer Gesetze festgestellt werden müßte. Nun ist uns aber bisher in unserer Überlegung eine experimentelle Feststellung des st. K. nicht gelungen. Dieses Resultat überträgt sich nun auch auf die Geometrie. Denn alle empirische Geometrie hängt einzig und allein am st. K., denn unter „Geometrie" versteht man definitionsgemäß das Verhalten starrer (d. h. raumkonstanter, ob sie hart oder weich sind macht dabei keinen Unterschied) Gebilde.

Man spricht davon, daß man die Euklidische Geometrie empirisch nachgewiesen habe für unsere Genauigkeit. In der Tat zeigen manche harte Körper mit großer Genauigkeit das Verhalten der euklidischen Geometrie. Wir werden noch sehen, warum sie dies tun. Man benutzt aber, wie wir sehen werden, diese Geltung der euklidischen Gesetze oft über die „experimentell bewiesene Genauigkeit" hinaus. Ferner ist klar, daß, wenn man irgendwoher wüßte, daß der st. K. der euklidischen Geometrie gehorcht, wir damit ein experimentelles Kriterium für den st. K. hätten, denn nur derjenige Körper könnte dann ein st. K. sein, der den Gesetzen der euklidischen Geometrie gehorchte.

Quantitative Genauigkeit.

Mit der Möglichkeit des Messens gelangen wir auch zu dem überaus wichtigen Begriff der quantitativen Genauigkeit.

Hier gilt nun zunächst der fundamentale Satz: Alles Messen wird zuletzt auf den starren Körper bezogen.

Es ist ja nicht der Zweck, überhaupt Messungen auszuführen, sondern es ist der Zweck, vergleichbare Messungen auszuführen, und diese nach Möglichkeit auf ein einheitliches Maßsystem zurückzuführen. Messen bedeutet etwas noch nicht bekanntes veränderliches mit etwas Konstantem zum Vergleich zu bringen. Denn wenn das Meßgerät selbst schwankend, inkonstant ist, dann ist ein Vergleich verschiedener Messungen illusorisch gemacht.

So muß also das Meßgerät etwas konstantes sein. Nun ist damit noch nicht gesagt, daß dies Meßgerät absolut aus dem st. K. hergestellt sei. Aber es bleibt nicht mehr viel Wahl außer ihm. Es bleiben außer ihm nur noch unausdehnbare Linien und unausdehnbare Flächen übrig. Aber für deren Unausdehnbarkeit gelten genau die gleichen kritischen Überlegungen, wie wir sie oben bezüglich des st. K. anstellten. Würden wir nun in diesen drei Fällen ganz getrennte Wege gehen, und ganz unabhängig vom st. K. unausdehnbare Flächen und Linien (etwa als Hohl- und Längenmaße) festlegen, so hätten wir keine Sicherheit, ob nicht etwas, was nach der unausdehnbaren Fläche gemessen als konstant erscheint, sich nach den starren Körpern als nicht konstant erweist. Dann hätten wir einen Widerspruch. Da dies nach unseren ersten wissenschaftlichen Prinzipien nicht sein soll, so erkennen wir: Es ist notwendig, zwecks Vermeidung von Widersprüchen alle Konstanzen auf eine einzige zu beziehen. Und dies ist natürlich der st. K. So werden also unausdehnbare Flächen oder Linien (soweit sie praktisch überhaupt verwendet werden) an dem st. K. auf ihre Unausdehnbarkeit geprüft werden müssen. Ebenso alle anderen Konstanzen.

Wir haben bisher den st. K. noch nicht endgültig definiert, es gilt einstweilen natürlich immer der jeweils vorhandene, wenn wir von ihm sprechen.

Bilden wir also mittels unseres momentanen st. K. Maßstäbe und sonstige Meßgeräte jeder Art, dann können wir sagen: Unkonstanzen, die unser st. K. noch aufweist, werden auch in diese Meßgeräte eingehen, werden alo durch die Meßgeräte selbst niemals festgestellt werden können. Denn Variationen von einer solchen Größenordnung unterliegen nach Voraussetzung die Meßgeräte selbst, diese sind also nicht in der Lage, solche festzustellen.

Dadurch ergibt sich uns ein Begriff der „quantitativen Genauigkeit". Kann ich einen st. K. herstellen, der „genauer" ist wie meine jetzt benutzten Maßstäbe, dann kann ich durch ihn an diesen Veränderungen oder Abweichungen feststellen, die mir vorher nicht zugänglich waren. Ich bezeichne also einen st. K., der dies kann, als den genaueren gegenüber den anderen st. K. Damit ist natürlich noch offen, wie ich zu einem solchen genaueren st. K. gelange.

Dieser allgemeine Begriff der quantitativen Genauigkeit überträgt sich natürlich auf meine ganze experimentelle Physik. Aus seiner Definition ist ersichtlich, daß er zuletzt allein orientiert ist am st. K. Welcher st. K. von zweien der genauere ist, dies kann, wie sich zeigt, nicht an sich festgestellt werden, denn ich kann an sich mit diesen beiden allein nur feststellen, daß eine relative Veränderung stattgefunden hat (wir sind ja unter der Schwelle der naiven Wahrnehmung). Um festzustellen, welcher der Körper sich verändert hat, dazu bedarf ich eines starren Körpers, der mindestens so starr ist als der starrere von beiden, d. h. eines Körpers, von dem ich dies weiß. Woher ich dies wissen kann, dies ist jetzt zu untersuchen.

Die Hierarchie der st. K.

Es ist uns bisher trotz eingehenden Durchdenkens noch kein Weg erkennbar gewesen, auf dem man zu einem st. K. oder wenigstens einmal zu einer Definition des st. K. gelangen könnte, die für alle Zeiten bleiben kann. Es folgt aus dem Dargelegten, daß dies aber die erste Grundlage aller experimentellen Physik sein muß. Um nun hier zur Klarheit zu kommen, gehen wir nun daran, den Vorgang, wie wirklich bei uns heutzutage der st. K. hergestellt wird, genau zu analysieren.

Zunächst macht man sich klar, daß die meisten st. K. in ihrer Starrheit gemessen werden an anderen. So werden die Maßstäbe übertragen von Metermaßstäben, die Kreisteilungen erzeugt durch Kreisteilungsmaschinen, die Genauigkeit von Apparaten geprüft, Apparate geaicht durch andere Apparate. Fragt man, wodurch die Starrheit der Prüfungsapparate selbst geprüft oder gewährleistet werde, so findet man häufig, selbst wieder durch andere Apparate usw. Diese Reihe von aneinander geprüften Apparaten oder st. K. ist natürlich nur eine endliche. Es muß daher einen zurzeit feinsten st. K. geben, der an keinem anderen geprüft ist, der sozusagen st. K. aus eigenem Rechte ist. Wir nennen diesen feinsten st. K. den „autogenen" st. K. Die eben geschilderten Verhältnisse bezeichnen wir als die Hierarchie der st. K.

Hieraus folgt, daß, wenn wir sozusagen die Entstehung des st. K. im status nascendi beobachten wollen, wir uns nicht eines beliebigen st. K., sondern eben jenes feinsten, des autogenen st. K. bedienen müssen. Denn nur bei ihm ist keine Möglichkeit vorhanden, die Frage nach der Starrheit durch einen Vergleich mit einem anderen st. K. zu erledigen.

Einen solchen Fall fassen wir also jetzt ins Auge.

Nachweis der Unmöglichkeit der experimentellen Entscheidung zwischen zwei verschiedenen autogenen st. K.

Die Stellen, wo die feinsten st. K. erzeugt werden, sind im allgemeinen die Werkstätten der mechanischen und optischen Feinindustrie, wo Präzisionsinstrumente letzter Vollendung hergestellt werden. Einem genauen Durchdenken dieses Herstellungsprozesses muß es also gelingen, Klarheit darüber zu erhalten, ob der st. K. empirisch gefunden wird. Dabei scheiden natürlich alle solchen st. K. und Apparate aus ihnen für uns aus, deren Starrheit oder Genauigkeit durch Vergleich mit anderen solchen festgestellt wird. Schon daraus geht hervor, daß der Prozeß keineswegs sehr durchsichtig sein wird, denn die unvergleichlich größere Anzahl des st. K. wird durch Vergleich mit anderen festgestellt. Aber unsere Überlegung von der Hierarchie der st. K. lehrt uns mit absoluter logischer Sicherheit, daß es Stellen geben muß, wo der st. K. „weitergebaut" wird, ohne daß ein Vergleich mit anderen stattfindet. Diese Stellen, wir wollen sie die „Zuwachsstellen", des st. K. nennen, müssen irgendwo und irgendwie existieren. Es fragt sich nur, wie wir sie finden.[1]

Überlegen wir uns, was sich über diese Zuwachsstellen aussagen läßt.

Um eine Zuwachsstelle als solche zu charakterisieren, ist es nötig, daß an einem autogenen st. K. eine „Störung" eintritt.[2] Wie kann nun eine solche bemerkt werden? Nach Voraussetzung, nicht durch einen Vergleich mit einem anderen st. K. Da ferner der autogene st. K. ein feinster ist, so muß die „Störung" oder „Abweichung" unterhalb der momentanen Meßgenauigkeit fallen, denn alle nicht autogenen st. K. sind von geringerer Feinheit, können also niemals eine Abweichung bei einem autogenen st. K. feststellen, also fällt die Abweichung auf jeden Fall unter die Meßgenauigkeit eines nicht autogenen st. K. Haben wir nun noch einen anderen autogenen st. K., so ist die Frage, welcher der bessere ist, oder ob beide gleich sind, und wenn nicht, welcher es ist, an dem eine Abweichung

---

[1] Die Schwierigkeit, diese sehr versteckten Zuwachsstellen (der Genauigkeit des st. K.) zu bemerken, scheint auch der Grund zu sein, warum sie bisher nicht bemerkt wurden.

[2] Denn dann ist ein nicht gestörter, ebensolcher st. K. der feinere.

besteht. Die Differenz der beiden autogenen st. K. liegt dann sicher unter der Meßgenauigkeit jeden anderen nicht autonomen st. K.

Es ergibt sich nun, daß in der Wirklichkeit keinerlei rein empirisches Kriterium dafür besteht, welcher der beiden autogenen st. K. der starrere ist.

In der Tat, eine Feststellung durch Vergleich mit nicht autonomen st. K. leistet das verlangte nicht, wie wir schon sahen. Alle „Naturgesetze“ ferner sind, was ihre rein experimentelle Erforschung anbetrifft, nur erforscht höchstens mit der Genauigkeit des momentan besten st. K. (meistens aber mit einer etwas geringeren). Denn wir sahen, der jeweilige st. K. ist der Pegel des jeweiligen Genauigkeitsgrades der quantitativen Genauigkeit. Da nun nach Voraussetzung der neue Effekt (d. h. der Unterschied) unter der momentanen quantitativen Genauigkeitsgrenze liegt, so kann er sich auch durch diese sonstigen „Naturgesetze“ nicht feststellen lassen, er fällt bei einer Behandlung durch sie stets innerhalb der „Fehlergrenzen“.

So ergibt sich, daß messend experimentelle Erforschung nicht in der Lage ist, in unserem Dilemma eine Entscheidung zu treffen, uns zu sagen, welcher der beiden betrachteten autogenen st. K. der genauere ist. Damit ist aber eine experimentelle Lösung dieser Frage als ausgeschlossen erkannt.

Um zu sehen, welcher Ausweg hier bleibt, betrachten wir das Vorgehen des „Konstrukteurs“ eines autogenen st. K. in einer feinmechanischen Werkstätte oder Fabrik.

Die Einführung des euklidischen starren Körpers durch Exhaustion.

Nunmehr erst sind wir an die Stelle gelangt, wo wir aussprechen müssen, was uns schon die ganze Zeit auf den Lippen schwebte: Das Entscheidende sind, wie wir zeigen werden, die Gesetze der Geometrie.

Wenn der Konstrukteur (wie wir kurz die gelehrten Techniker und technischen Gelehrten bezeichnen wollen, die in Wirklichkeit an der immer höheren Vollendung des st. K. arbeiten), einen autogenen st. K., d. h. also z. B. einen mit bester Feinheit und Vollendung aus diesem hergestellten Apparat prüft, wo ein Vergleich mit anderen Apparaten nicht angeht, so bedient er sich einzig und allein geometrischer Beziehungen. Es wolle z. B. jemand eine neue Kreisteilungsmaschine letzter Feinheit, d. h. welche die bisherigen nennenswert an Genauigkeit übertrifft, konstruieren. Da es so feine Teilungen, wie er haben möchte, nach Voraussetzung noch nicht gibt, so bleiben ihm allein geometrische Beziehungen übrig.

Was geschieht nun, wenn er bei seiner Anwendung der geometrischen Beziehungen hierbei auf eine Abweichung von den Gesetzen der euklidischen Geometrie stößt und er feststellen kann, daß diese auf gewöhnliche (Unachtsamkeits-) Fehler nicht zurückgeführt werden kann?

Er könnte theoretisch auf den Gedanken kommen, daß hier der empirische Nachweis einer nichteuklidischen Geometrie vorliege. Dies würde bewirken, daß er sich bei der Abweichung beruhigt, sie als unbehebbar betrachtet und nur weiterhin der dadurch gefundenen Abweichung (allerdings unter der vorläufigen und unbewiesenen Annahme, daß der Raum konstante Krümmung habe), in geeigneter Weise Rechnung trägt. In Wirklichkeit wird natürlich niemand von den Konstrukteuren etwas derartiges tun, sondern diese werden sagen: ich muß vorher versuchen, ob ich nicht diese Verschiedenheit aus einer anderen Ursache erklären kann (als aus der sog. „Natur des Raumes").

Der Konstrukteur wird vielmehr so sagen: Ich versuche, welcher der beiden Körper richtig die geometrischen Proben erfüllt und welcher nicht. Ersterer ist dann der wirklich starrere.

Es leuchtet sofort ein, daß dem Konstrukteur an dieser Stelle „unsere" Geometrie (also die euklidische) und die Erfülltheit ihrer Gesetze als das Kennzeichen des st. K. vorschwebt, daß er nicht etwa das Erfülltsein der euklidischen Gesetze experimentell festzustellen sucht. Diese Gesetze sind ihm vielmehr von vorneherein (lateinisch: a priori) so gewiß, daß ihre Erfüllung durch einen Körper diesen als st. K. ausweisen. Damit ist aber das ganze Verhältnis der experimentellen Anschauung gegenüber auf den Kopf gestellt. Der Konstrukteur sucht nicht mehr in völlig passiver, entsagungsvoller Weise den von der Natur (auf irgendeine mystische Weise) gemeinten st. K. experimentell zu finden, sondern er hat in sich gewisse logische Kennzeichen (die Gesetze der euklidischen

Geometrie) und sucht sich einen wirklichen Körper herzustellen, der so genau als möglich diesen gehorcht. Wir drücken das so aus: Er führt die Gesetze der euklidischen Geometrie durch „Exhaustion" in die Wirklichkeit ein.

Sucht der Konstrukteur dann die Unstimmigkeit zu entfernen, so sagt er sich, da wir alle sonstigen Fehler als ausgeschlossen voraussetzten, daß diese durch eine neue Erscheinung verursacht sein müsse. Um diese neue Erscheinung beherrschen und später also auch entfernen zu können, muß er sie experimentell studieren (was gegebenenfalls ein vieljähriger Prozeß sein kann).

Aber bei dem experimentellen Studium der neuen Erscheinung wird er die geometrischen Verhältnisse seiner Apparate in euklidischer Weise einführen in seine Rechnungen. Dadurch aber wird wiederum von vorneherein die euklidische Geometrie festgesetzt und in die Wirklichkeit eingeführt — ob sich der Konstrukteur dessen bewußt ist oder nicht.

Natürlich wird er nicht sofort die kleine Abweichung, die ja nach Voraussetzung unter unserer momentanen direkten Meßgenauigkeit liegt, als solche messend behandeln können, aber er wird sie in ihren geometrischen Wirkungen fassen und bemerken können, daß, wenn er den und den Umstand variiert, daß dann die Sätze der euklidischen Geometrie genau erfüllt werden und die Unstimmigkeit wegfällt.

Es ist klar, daß damit einerseits die Sätze der euklidischen Geometrie von vorneherein in die Wirklichkeit eingeführt werden als stets mit absoluter Genauigkeit erfüllt, und daß andererseits die neue Erscheinung sozusagen erst auf dem Hintergrunde der euklidischen Geometrie definiert wird. Denn der „Nullpunkt" der neuen Erscheinung sozusagen, d. h. der Grad Null ihrer Einwirkung auf den Körper ist hiermit dadurch festgelegt, daß der Körper sich als euklidischer st. K. verhält, den Gesetzen der euklidischen Geometrie gehorcht.

Auf diese Weise übt der euklidische st. K. auf alle anderen Erscheinungen, die auf irgendeine Weise irgendwelche Körper verändern, seinen entscheidenden Einfluß aus. Diese Erscheinungen werden erst relativ zum st. K. definiert in ihrer Wirkung. Damit ist der st. K. sozusagen für alle anderen Erscheinungen eine Art Nullpunkt, denn alle Erscheinungen wirken auf Körper verändernd. In diesem Sinne ist der st. K. eine Art Nullpunkt der ganzen Physik.

Hier haben wir nun auch den Vorgang oder das Prinzip der Exhaustion in klarster Herausarbeitung. Es werden hier aus den wirklichen Erscheinungen, die zuvor nur oberflächlich und oft gar nicht durch die Gewohnheiten des naiven Lebens untereinander getrennt und geschieden sind, in exaktester Weise logisch scharf getrennte Gebiete herausgearbeitet, herausgeholt, herausgeschöpft (Exhaustion), solange eben noch etwas herauszuschöpfen ist. Der erste Schritt hierbei ist eben der euklidische st. K., und damit die Gesetze der euklidischen Geometrie.

Damit hat sich ein neuer Beweis für den obigen Satz ergeben, daß alle Messung sich auf den st. K. stützen muß.

Wir sehen also, daß die Konstrukteure, sie mögen es anstellen wie sie wollen, darauf angewiesen sind, den st. K. durch Exhaustion einzuführen. Daß sie nun gerade den euklidischen und nicht irgendeinen nichteuklidischen st. K. wählen, geschieht, weil ersterer der einfachste ist, wie sich logisch leicht nachweisen läßt.[1]

Mißverständnisse unserer Untersuchungen.

Nun besteht die Tatsache, daß die Untersuchungen über den st. K. in verschiedener Weise gelegentlich nicht verstanden werden.

a) Zunächst ist nichts darüber aussagbar, daß der von uns gewählte st. K., für sich allein betrachtet, dauernd konstant bleibe. Eine solche Aussage als Tatsachenbehauptung wäre vielmehr sinnlos. Was behauptet werden kann, ist nur das, daß sich der st. K. relativ zu den übrigen st. K. nicht geändert habe. Unsere Definition des st. K. lautet eben vollständig: Als starr bezeichnen wir einen Gegenstand, der genau den Gesetzen der euklidischen Geometrie gehorcht. Ob aber ein Körper, der dies bei jedesmaliger Probe tut, auch sich selbst größenmäßig gleich geblieben sei (sich nicht etwa geometrisch ähnlich verkleinert oder vergrößert habe), dies wird als nachgewiesen angenommen, wenn

---

[1] Siehe meine Abhandlung „Über den Begriff der ‚Einfachstheit' in der Methodik der Physik und der exakten Wissenschaften" (Ztschr. für Physik 1920, 6. Heft).

er mit anderen Vergleichskörpern, mit denen er früher zusammenstimmte, wieder zusammenstimmt, und für dabei gefundene Abweichungen bei den Vergleichskörpern zureichende Gründe angegeben werden können.

b) Ferner ist klar, daß niemals in der Wirklichkeit ein st. K. nach unserer Definition mit absoluter Genauigkeit realisiert werden kann. Man könnte das ja gar nicht feststellen. Um aber von der Genauigkeit zu sprechen, mit der ein Ding realisiert werden kann, muß ich vorher eine völlig eindeutige, für jeden Grad der Feinheit geltende Definition des Dinges (hier des st. K.) haben. Um diese Definition aber handelte es sich in den vorstehenden Überlegungen.

Man möge also nicht annehmen, daß unsere Darlegungen einen Sinn hatten, wie in a und b, sondern, was diese darlegen wollten, ist eben die wahre Definition des st. K. zu finden. In weiten Kreisen, auch von Physikern, erhält man auf die Frage nach der Definition des st. K. immer noch die Antwort: „Der wird eben angenommen". Unsere Darlegungen zeigen die Sinnlosigkeit einer solchen Formulierung.

Konsequenzen.

Nun erklärt sich auch die merkwürdige Tatsache, daß man niemals eine Abweichung von einem euklidischen st. K. gefunden hat, trotzdem doch schon mindestens 2000 Jahre wissenschaftlich daran gearbeitet wird. Es ist also nicht an dem, daß der euklidische st. K. irgendwie in der Natur als ein solcher charakterisiert sei, und sozusagen bloß hervorgeholt zu werden brauche, wie man eine überwachsene alte Statue aus Schutt und Moos hervorholt und reinigt, sondern der euklidische st. K. ist so gut und so schlecht in der Wirklichkeit enthalten, wie jeder beliebige nichteuklidische, d. h. er ist als solcher überhaupt nicht darin enthalten, sondern wir arbeiten uns diese einfachste Form nur heraus nach den logischen Regeln der Einfachstheit, sozusagen als einfachsten Nullpunkt aller anderen Erscheinungen.

Damit wird auch dem euklidischen st. K. alles mystische genommen. Denn die Annahme, daß es in der Natur einen st. K. bestimmter Art „gebe", den man nur im übrigen rein passiv aufzusuchen brauche, ist reine Metaphysik. Es ist nicht abzusehen, wie jemals die Frage, wie dieser so beschaffene st. K. denn in die Natur hineinkomme, beantwortet werden könne. Wohingegen die Annahme, daß wir selbst die Schöpfer dieses Begriffes sind, eben durch Anwendung der Exhaustion, alles Metaphysische völlig wegnimmt.

Eine Entscheidung zwischen dem Empirismus und der Exhaustionstheorie konnte nur die genaue kritische Durchforschung der wirklichen Vorgänge bei der Herstellung der st. K. bringen — für diejenigen, denen die rein logischen Überlegungen (auch diese wären an sich völlig hinreichend, um zwingende Entscheidung zu geben) zu abstrakt oder zu gewagt erschienen. Die vorstehenden Überlegungen haben nun zugunsten der letzteren Theorie entschieden.[1]

Damit ist natürlich auch ein Zweifel an der Natur unseres Raumes gegenstandslos geworden. Da wir ständig die euklidischen Gesetze selbst einführen, und zwar stets an den letzten, feinsten Zuwachsstellen des st. K., so ist eine Möglichkeit für irgendeine Abweichung von ihnen nicht mehr gegeben, diese Gesetze gelten daher mit absoluter Genauigkeit (da sie mit solcher von uns der Wirklichkeit auferlegt werden).

Natürlich ist bisher schon stets unbewußt in dieser Weise verfahren worden, daher man auch denn niemals etwas von einer Abweichung gehört hat. Die Konstrukteure stellten sich eben, wenn sie die Gesetze der euklidischen Geometrie durch Exhaustion einführten, der empiristischen Zeitmeinung entsprechend auf den Standpunkt: die euklidische Geometrie sei eine Art Hypothese, nach der sie rechneten solange, bis etwa die „Erfahrung" die Unrichtigkeit dieser „Hypothese" ergäbe.

Von diesem Standpunkte aus ergibt sich im Realen alles genau auf die gleiche Weise wie vom Standpunkte der Exhaustionstheorie, und man könnte an sich es bei dieser Anschauung oder Fassung durchaus bewenden lassen, wenn sie nur das Richtige im Gefolge hätte; dies ist jedoch nicht durchgehends der Fall.

Man macht sich mit dieser Anschauung ärmer als wir wirklich sind. Während wir in der Lage wären, endgültiges über unseren Raum auszusagen, erscheint diese Aussage hier

---

[1] Siehe auch meinen Aufsatz „Der starre Körper" (Phys. Ztschr. XXI [1920]).

nur als Hypothese. Während wir in der Lage wären zu wissen, daß niemals eine Abweichung von der euklidischen Geometrie zutage kommen kann, spielt der Ausdruck „Hypothese" immer noch ausdrücklich mit dieser Möglichkeit. Während im Praktischen zunächst der Standpunkt der Exhaustionstheorie und der Standpunkt der dauernd festgehaltenen „Hypothese" von der euklidischen Geometrie genau das gleiche bewirken, kann in der Theorie die letztere Auffassung zu argen Irrwegen und Arbeitsverschwendungen führen, wenn etwa physikalische Theorien mit nichteuklidischen Geometrien etwas erklären wollen, während wir mit Sicherheit wissen könnten, daß solche für immer ausgeschlossen sind. Solche Theorien könnten aber, wenn sie eine Zeitlang angenommen würden, auch in der Praxis gegebenen Falles einige Verwirrung herbeiführen. So gibt der Standpunkt der Hypothese einige objektive Umstände des Tatbestandes nicht wieder. Nämlich die Tatsache, daß der st. K. immer der erste Schritt einer Naturerforschung sein muß, daß also bei ihm, wo man am ersten Anfange, dem Nullpunkte der Forschung stehend, noch frei ist, eine dauernd festgehaltene Hypothese identisch mit einer Exhaustion ist, da ein in der Wirklichkeit gelegener Grund für eine Abweichung von der Hypothese niemals eintreten kann, ebensowenig, wie jemals ein solcher Grund für eine Abweichung davon eintreten kann, daß bei schmelzendem Schnee der Thermometerstand mit Null bezeichnet wird.

Aber es ist sehr unwahrscheinlich, daß einmal (was nur vorkommen könnte, solange die Exhaustionstheorie noch nicht zur allgemeinen Einsicht gelangt) eine Theorie, die sich nichteuklidischer Geometrien bedient, einen Einfluß auf die praktische Herstellung des st. K. gewinnen könnte. Denn diese liegt in der Hand der technisch-wissenschaftlichen Leiter der besten Präzisionswerkzeugfabriken der mechanischen und optischen Branche. Und es wird niemals der Fall eintreten, wo diese zur Überzeugung kommen werden, jetzt sei der Augenblick gekommen, die Suche nach dem Grunde einer kleinen Abweichung von den Gesetzen der euklidischen Geometrie aufzugeben und eine nichteuklidische Geometrie einzuführen. Denn wenn einmal damit angefangen wäre, so wäre nicht zu sehen, wo diese Entwicklung Halt machen sollte. Man würde dann bald zu dem sehr bequemen Mittel kommen, alle Abweichungen, statt sich ihrer mühseligen Erforschung zu unterziehen, einem nichteuklidischen Raume zuzuschreiben.

Wenn ich überhaupt einmal meinem Raum eine Abweichung vom Euklidischen zuzuschreiben beginne, so ist kein Grund abzusehen, warum ich mir hierin eine Schranke auferlegen soll. Ist der Raum nicht ein solcher konstanter Krümmung, dann kann ich im allgemeinen aus der Größe der Krümmung an einem Ort auf den absoluten Ort im Raume schließen, und ich hätte damit ein Mittel, um meinen Ort im absoluten Raume zu bestimmen, was natürlich ein vollkommener Unsinn ist und niemals stattfinden kann. Ich würde also durch Beobachtung einer Abweichung in diesem Falle meinen Platz im absoluten Raume bestimmen können. Mit dem Ortswechsel der Erde würde dann natürlich die Krümmung sich ändern und damit die Abweichung. Und so würde ich aus der Veränderung der Abweichung die absolute Bahn der Erde im Raume erhalten, oder umgekehrt die Raumkrümmungen längs dieser Bahn. In der Tat könnte man ähnliche Verhältnisse mittels der Exhaustion ohne weiteres einführen. Aber schon die vorstehenden Folgerungen zeigen uns, welche ungeheure Last an völlig zweckloser Mehrarbeit wir damit auf uns laden würden und wie wohlbegründet es ist, zur einfachsten Geometrie zu greifen.

Nun könnte jemand meinen, der die Beweiskraft der vorstehenden Überlegungen noch nicht verstanden hat, daß zwar an unseren Meßapparaten vorläufig Abweichungen von der euklidischen Geometrie ferngehalten werden können, daß aber vielleicht doch „bei den sehr viel größeren Verhältnissen des Weltraumes solche auftreten könnten.“ Dieser oberflächliche Einwand erledigt sich sofort durch die Überlegung, daß wenn im großen solche Abweichungen als objektiv zwingend festgestellt werden könnten, dann müßte (wenn auch in beliebig ferner Zeit) einmal der Moment eintreten, wo diese Abweichungen uns auch im Nahen meßbar wären. Dann hätten wir an unserem st. K. unbehebbare Abweichungen vom euklidischen st. K., solche aber sind, wie unsere Überlegungen ausführlich bewiesen haben, eine Unmöglichkeit, weil sie eine Unsinnigkeit einschließen. Also kann auch das erste nicht eintreten.

Eine Komplikation.

Eine Komplikation der vorstehend geschilderten Verhältnisse bei Herstellung des st. K. würde nun noch folgendermaßen eintreten können. Angenommen, es gebe eine vom st. K. ganz verschiedenartige Naturerscheinung, die im Vergleich zum momentanen st. K. unter gewissen Umständen zufällig die Gesetze der euklidischen Geometrie mit höherer Genauigkeit darstelle als dieser. Dieser Umstand, den wir zunächst nicht wissen können, wird sich dadurch bemerkbar machen, daß diese Erscheinung trotz fortschreitender Erhöhung der Genauigkeit während einer gewissen Zeit stets voll den euklidischen Gesetzen gehorcht. Wenn aber nun jemand dazu schritte, durch diese Erscheinung (die kein st. K. ist) den st. K. definieren zu wollen, so wäre zunächst einmal dagegen zu sagen, daß dies eine „empirische Definition“ wäre, deren Nachteile wir ja kennen gelernt haben. Ferner aber hätte dann der st. K. zwei Definitionen, so daß fortwährend die Möglichkeit von Widersprüchen bestünde. Da wir aber für unsere Meßapparate usw. gezwungen sind, die euklidischen Gesetze in Form eines st. K. zu realisieren, so sind wir gezwungen, solche herzustellen — die neue Erscheinung würde also für sich allein nicht genügen können. Da es aber nach der Exhaustionstheorie nur auf die Erfüllung der Gesetze ankommt, so können wir uns der neuen Erscheinung sehr wohl bedienen, etwa zur Prüfung des st. K., indem wir mit ihrer Hilfe etwa noch feinere Abweichungen feststellen können als ohne sie.

Ein derartiger Umstand ist nun tatsächlich vorhanden im „Lichte“, und hierfür gelten denn auch diese Folgerungen (Lichtstrahl = Gerade) (siehe letztes Kapitel).

Natürlich bietet auch die Möglichkeit, daß wir mit unserer Genauigkeit einmal zu der Größenordnung einzelner Moleküle gelangt sein werden, keinen Hinderungsgrund für weiteres Fortschreiten. Zunächst wird ja nicht immer gefordert, daß der st. K. selbst fest oder hart sei, sondern nur, daß wir den st. K., mit einer bestimmten Genauigkeit insoferne realisieren können als wir alle Abweichungen von ihm, d. h. von den Gesetzen der euklidischen Geometrie mit dieser Genauigkeit konstatieren können. Dies allein würde jedoch noch nicht genügen. Es werden sich dann aber auch stets Körper finden lassen, die mit der gleichen Genauigkeit wirklich fest sind. Denn dann werden auch die Ursachen, welche einen Körper unfest machen, mit der gleichen Genauigkeit erforschbar sein, und damit auch mit dieser von dem Körper ferngehalten werden können. Es wird also stets auch wirklich feste starre Körper geben.

Das Prinzip der Genauigkeitsschichten.

Die Quintessenz des Vorstehenden bildet also die Existenz eines „Stufenprozesses", den wir jetzt noch für sich allein besonders herausheben wollen. Das Mittel und das Maß aller quantitativen Genauigkeit ist, wie wir sahen, allein der st. K. Irgend eine quantitative Genauigkeit muß an ihm gemessen werden und kann niemals größer sein, als die Genauigkeit des momentanen feinsten st. K.

Nun besteht, wie wir sahen, die „Genauigkeit des st. K." in der Genauigkeit, mit der dieser den Gesetzen der euklidischen Geometrie gehorcht. Für die Konstatierung dieser Genauigkeit kommt also alles darauf an, wie diese beobachtet werden kann. Und dies nun ist natürlich von der Zeit abhängig, insoferne, als die feinsten Beobachtungsmittel in der Zeit verschieden sind. In unserer Zeit sind wohl die optischen Beobachtungsmittel die feinsten. Doch ist anzunehmen, daß auch dies sich mit der Zeit verschiebt. Man kann eine Zeit voraussehen, wo die Optik so weit entwickelt sein wird, wie heute die Akustik, insbesondere das Medium oder der Stoff derselben genau bekannt sein wird. Dann werden aber sehr viel feinere Erscheinungen dazu dienen, die feinsten Beobachtungen zu liefern. Der Ausbau der Röntgenstrahlen läßt solche Entwicklung nach dieser Richtung schon voraussehen.

So verfeinern sich in einem stetigen Entwicklungsgange fortwährend die beobachtbaren Erscheinungen, die Beobachtungsmittel und der starre Körper. Ist diese Verfeinerung zunächst eine qualitative, so erlaubt der feinere st. K. dann wieder, diese ins quantitative zu übertragen.

Man denke hier z. B. an die Prüfung der Planparallelität von Glasplatten, wobei die Gesetze der euklidischen Geometrie zur Wirkung kommen.

Ich war früher der Ansicht, daß dieser Stufenprozeß in folgender Weise vor sich gehe: Mittels eines als starr angenommenen oder erkannten Ausgangskörpers werden die übrigen Erscheinungen erforscht und zu beherrschen gelernt. Dadurch gelingt es, Einflüsse experimentell zu beherrschen, die selbst verändernd auf den st. K. einwirken, und so den st. K. wieder besser starr zu halten usw. in inf. Dieser Stufenprozeß kann jedoch nicht existieren, da er eine rein empirische Herstellbarkeit des st. K., bzw. dessen (auf metaphysischen Gründen beruhende) immanente Existenz in der Wirklichkeit voraussetzen würde, welche, wie wir sahen, nicht vorhanden ist. Eine nähere Vertiefung in diesen Gedankengang an Hand des Vorstehenden zeigt dann auch unschwer die direkte Unrichtigkeit.

Der richtige Stufenprozeß stellt sich nach obigem vielmehr so vor (nicht historisch, sondern prinzipiell):

Für den st. K. kommt alles darauf an, festzustellen, mit welcher Genauigkeit er die Gesetze der euklidischen Geometrie erfüllt. So ist der Gang der: Die Erforschung der Wirklichkeit mittels des starren Ausgangskörpers führt zur Verbesserung der qualitativen Beobachtungs- und Feststellungsmittel, ob für einen bestimmten st. K. die euklidischen Gesetze erfüllt sind. Durch das Studium der dabei gefundenen Abweichungen ergeben sich neue Erscheinungen und damit neue Mittel, den st. K. konstanter zu halten. Dieses erlaubt dann wieder, die Beobachtungsmittel zu verschärfen und so in inf.

Man sieht, daß unsere momentane Genauigkeit zu allerletzt nicht unmittelbar durch den st. K. selbst, sondern durch die Schärfe unserer Beobachtungsmittel, mit denen wir das Erfülltsein der euklidischen Gesetze am st. K. feststellen, bedingt ist. Doch wird dadurch unsere abkürzende Ausdrucksweise, daß die jeweilige Genauigkeit durch den st. K. gegeben sei, nicht falsch, und wir werden uns ihrer auch weiter bedienen.

Ich habe den vorstehend geschilderten unendlichen Stufenprozeß als „das Prinzip der Genauigkeitsschichten“ bezeichnet.[1]

[1] Zuerst in meiner Erstlingsschrift „Grundlinien einer Kritik und exakten Theorie der Wissenschaften, insbesondere der mathematischen“ (München 1907). Siehe auch die vortreffliche Akademierede von E. Müller (Wien): „Bedeutung und Wert mathematischer Erkenntnisse“. (Vortrag vor d. k. Ak. d. Wiss. zu Wien am 2. Juni 1917.)

Den Beweis nun, daß der angeführte Stufenprozeß tatsächlich unendlich sein muß, haben wir im wesentlichen schon geführt, als wir zeigten, daß man von der gleichen „Stelle“ der Wirklichkeit immer wieder feinere Wirkungen erhalten muß durch neue Beobachtungsapparate.

Es ist ja auch von vorneherein ganz unwahrscheinlich, daß die Wirklichkeit gerade durch unsere rationalen Formen, die wir ihr, um für unsere Bedürfnisse eine Ordnung in ihr zu erhalten, auferlegen, die aber an sich gar nichts mit ihr zu tun haben, mit ein paar endlichen Schritten soll ausgeschöpft werden können. Es ist dies sozusagen ebenso unwahrscheinlich, als ein beliebiger Punkt des Linearkonstinuums gerade ein rationaler Punkt ist. Die Wahrscheinlichkeit dafür ist unendlich gering. Natürlich ist es durchaus ein oder das anderemal möglich, daß ein natürlicher Vorgang irgendeine meiner rationalen Formen mit einer solchen Genauigkeit realisiert, daß lange Jahrtausende trotz stets steigender quantitativer Genauigkeit eine Abweichung nicht zu bemerken ist. Einen Fall ähnlicher Art haben wir z. B. bei manchen Vorgängen der Himmelsmechanik, wo die äußerst geringe Reibung des Mediums, in dem sich die Himmelskörper bewegen, bei Abwesenheit sonstiger störender Umstände, oft eine unglaublich genaue Erfülltheit ganz einfacher Konsequenzen des Newtonschen Attraktionsgesetzes hervorbringt.

Die notwendige physiologisch bedingte Ungenauigkeit von Beobachtungen durch die Beschaffenheit unserer Sinnesorgane, auf die J. v. Kries in ausgezeichneter Weise hingewiesen hat[1], ist nur die notwendige biologische Parallelerscheinung einer Seite des Vorstehenden. Sie ist wissenschaftstheoretisch einfach ein Teil der wissenschaftlichen Erklärung des Vorgangs der Beobachtung und stellt die „kausale“ Erklärung des Umstandes dar, daß wir nicht alle „Details“, die wir im Laufe unseres Aufbaues der Wissenschaft in die Wirklichkeit hineinlegen, sofort wahrnehmen, und zwar die „kausale Erklärung“ innerhalb jenes Teils der Wissenschaft, die den Menschen als physiologischen Apparat behandelt. (Siehe den Schlußabschnitt.)

---

[1] „Die Naturwissenschaften“ 1920.

Der Satz von der unendlichen Fülle des Gegebenen.

Der Satz, daß ein wirklicher Gegenstand in unbegrenzter Folge immer neue Details enthalte, ist schon eine ältere Erkenntnis. In neuerer Zeit hat er besonders bei Leibniz eine wichtige Rolle gespielt.

Dieser Satz, der in vieler Hinsicht von großer Wichtigkeit ist, bedarf noch weiterer Betrachtungen, die wir noch im philosophischen Teil fortsetzen werden. Wie ließe er sich beweisen?

Ich nehme an einem Gegenstande, den ich unter konstanten Umständen in gleicher Entfernung ruhig betrachte, gewisse Details wahr. Ich kann dabei die Erkennntnis feinerer Details nicht über eine gewisse Grenze steigern. Ich weiß nun[1], ich werde das Vorhandensein dieser Details „erklären" müssen. Dazu bedarf ich einer „Unterbauung" des Gegenstandes durch feinere Umstände, d. h. durch eine feinere Struktur. (Deren sonstige Eigenschaften machen sich nur bei Experimenten mit dem Gegenstande bemerkbar. Die Resultate dieser Experimente müssen sich dann aus der angenommenen Feinstruktur verstehen lassen.) Das Vorhandensein und die Beschaffenheit dieser Feinstruktur werden aber wieder erklärt werden müssen, und zwar (wie wir sehen werden) auf dieselbe Weise. Und so in infinitium. Da natürlich diese immer feineren Strukturen bzw. ihre Folgen durch geeignete Instrumente stets auch irgendwie sichtbar gemacht müssen werden können, so erklärt sich die Vorstellung von den immer feineren sichtbaren Details, welche sich bei dem genannten Satze zunächst aufdrängt. Die „Realität", bzw. die Natur der Realität dieser unbegrenzten Folge von Feinstrukturen, wird im philosophischen Schlußteil noch zu behandeln sein.

Die Erkenntnis von der unendlichen Unausschöpfbarkeit der Wirklichkeit (der unendlichen „Fülle", wie E. Husserl sagt) spielt schon lange in der Philosophie eine gewisse Rolle. Am schwerwiegendsten hat wohl Leibniz diese empfunden. Für jeden, der sich den Gesamtprozeß der Wissenschaft von der Wirklichkeit vor Augen hält, muß sie von größter Bedeutung sein. Bei Leibniz mündet sie in Betrachtungen wie die, daß

[1] Nach meinen wissenschaftstheoretischen Prinzipien.

es nicht zwei absolut gleiche Blätter, oder allgemein Dinge auf der Welt gebe. Wir müssen uns heute natürlich darüber klar sein, daß auch der Satz von der Unausschöpfbarkeit oder unendlichen Fülle des einzelnen Seins bereits ein Produkt ordnender Interpretation ist. Es werden Wahrnehmungen, die ich etwa im Mikroskop mache, bezogen auf einen gewissen „makroskopischen" Teil meiner Wahrnehmung. Und eben in dieser Beziehungsherstellung (die uns so selbstverständlich ist, daß sie unbewußt vorgenommen wird) liegt das konstruktive, ordnende Vorgehen, sobald wir einmal kritisch und bewußt geworden sind. Dieses Vorgehen setzt natürlich selbst schon gewisse synthetische Prinzipien voraus, vor allem dasjenige der Dreidimensionalität des Raumes, weil die Beziehung zwischen makroskopischer Wirklichkeit und mikroskopischem Bild eine räumliche ist. Würden wir innerhalb des dreidimensionalen Raumes diese Beziehung nicht vornehmen, dann würden wir nicht wissen, wo wir räumlich das mikroskopische Bild kausal unterbringen sollten.

Folgerung.

Mit dem Nachweis von der Unendlichkeit des Stufenprozesses, der im Prinzip der Genauigkeitsschichten (Pr. d. G.) vorliegt, ist nun auch die Möglichkeit gegeben noch besser den Grund einzusehen, warum eine Definition eines beliebigen harten Körpers auf die Dauer auf Schwierigkeiten stoßen muß. Das Pr. d. G. zeigt nämlich, daß wir niemals in der Lage sind, a priori von einem wirklichen Körper auszusagen, daß er absolut und für alle Zeiten einem bestimmten Gesetze gehorcht. Immer besteht die Möglichkeit, ja Wahrscheinlichkeit, das ein empirischer Körper, der jetzt und noch auf lange Zeit vielleicht mit jeder Genauigkeit einem von uns aufgestellten Gesetze gehorcht, bei weiterer Erhöhung der Genauigkeit relativ sehr große Abweichungen aufweisen wird. Wenn wir daher einen empirisch harten Körper als st. K. definieren, dann kann der eine Zeitlang sehr wohl uns einen etwa euklid. st. K. vortäuschen, von einem gewissen Zeitpunkte ab aber wird er sehr unregelmäßige Abweichungen von diesem zeigen, so daß wir entweder zu den unangenehmsten Folgen kommen, wenn wir ihn als st. K. beibehalten, oder aber uns eine neue Definition für den st. K. suchen müssen.

Der Fehler.

Wir sind bei unseren Untersuchungen des vorigen Kapitels durch einfache Besinnung darüber, wie wir den st. K. herstellen und wie wir ihn nur herstellen können automatisch auf diejenige Methode gestoßen, die wir die Exhaustionstheorie nannten. Wir wollen jetzt eine zweite wichtige Gruppe von Begriffen und Vorgängen aus jenem so fundamentalen, aber bisher so völlig vernachlässigten Gebiete, wo Theorie und Praxis, rationale Formulierung und Anwendung auf die Wirklichkeit zusammenstoßen, einer näheren Betrachtung unterziehen.

Man pflegt, wenn man Messungen wissenschaftlicher Art vornimmt, von „Fehlern" zu sprechen. Es ist der Mühe wert, sich zu überlegen, was hierunter verstanden werden kann. Es kommt dabei einiges Nützliche zutage.

„Fehler" an sich bedeutet einfach den Unterschied des Messungsresultates von einem anderen Werte. Was dieser andere Wert sei, dies eben ist zu überlegen. Will ich nämlich von einem Fehler sprechen, so können wir weiter schließen, so muß jener andere Wert (der gegebenen Falles kurz als der „richtige Wert" bezeichnet sei) irgendwie explizit oder implizit festliegen oder festlegbar sein. Andernfalls wäre es unsinnig von einem Fehler zu sprechen. Dieser wäre völlig unbestimmt.

Betrachten wir zunächst den Fall, daß wir keinerlei Anhaltspunkt dafür haben, was bei der Messung herauskommt. Machen wir dann eine Messung, so spricht niemand von einem Fehler. Machen wir mehrere Messungen an einer variabeln unbekannten Erscheinung, so spricht auch niemand von einem Fehler. Machen wir dagegen mehrere Messungen an einer konstanten Erscheinung, dann wird die Sache anders. Ist die Erscheinung für unsere momentane Genauigkeit völlig konstant, dann müßten, wenn alle andern Umstände sich gleich bleiben, alle meine Messungen genau die gleiche Zahl liefern. Ist dies, wie häufig, nicht der Fall, so liefern nun die Schwankungen meiner Resultate ein Bild von den Schwankungen der übrigen Umstände, z. B. Apparat, Ablesungsweise usw. Es ist dann der Fehler einer Ablesung: die Differenz gegen einen Wert, von dem wir wissen, daß er innerhalb unserer Genauigkeit konstant ist, wenn er auch selbst aus den Messungen vielleicht gar nicht unmittelbar hervorgeht.

Daß die im Vorstehenden beschriebene Fehlerart jedoch nicht die einzige ist, zeigt folgendes Beispiel. In Jordans Handbuch der Vermessungskunde (2. Band. 4. Aufl. S. 20) lesen wir die Anweisung, daß die Geodäten, wenn sie ein Dreieck vermessen haben, die drei für die Winkel erhaltenen Werte addieren, zusehen, wie sich diese Summe von 180° unterscheidet, und den so erhaltenen „Fehler" auf die drei Winkelwerte gleichmäßig verteilen sollen.[1]

Woher weiß, so müssen wir fragen, der Geodät, daß er die drei Winkel gerade von 180° abziehen muß? Ein moderner Naturforscher wird antworten: weil doch in jedem Dreieck die Winkelsumme 180° beträgt, also muß der Unterschied von diesem Betrag ein „Fehler" sein. Wir aber sind geneigt, weiter zu fragen: Woher weißt Du die Winkelsumme in jedem Dreieck? Die ist doch bewiesen in der Planimetrie aus den Axiomen. Woher weißt Du, daß die Axiome gelten? Aus der Erfahrung. — In dieser Weise wird bei unserem Geodäten, der sich mit diesem Problem nicht näher befaßt hat, diese Unterhaltung heute sich abspielen.

Der Leser ist jedoch durch das Vorhergegangene schon genügend kritisch geschult, um zu erkennen, daß der Standpunkt des Antwortenden einen Widerspruch einschließt. Denn, wenn er in der Weise des Geodäten vorgeht, dann kann der Satz von der Winkelsumme nicht aus der Erfahrung stammen, denn der Geodät korrigiert ja die Erfahrung nach diesem Satze.

Ob dabei der Satz selbst oder seine logischen Prämissen

---

[1] In Jordan, Handbuch der Vermessungskunde II. Bd. 8. Aufl. (Stuttgart 1914) S. 22 heißt es: „Wenn in einem ebenen Dreieck die drei Winkel mit gleicher Genauigkeit gemessen werden, so wird wegen der Messungsfehler ein Widerspruch der Winkelsumme gegen 180° auftreten, welchen man auf die drei gemessenen Winkel zu gleichen Teilen verteilt. Dieses bekannte Verfahren ...". Ebenso Bd. I (6. Aufl. 1910) S. 32.

Auch später (I. 6. A. S. 208f.) wird z. B. die Fehlerausgleichung eines auf der Erde angemerkten Vierecks mit vier vollen gemessenen Richtungssätzen in der Weise ausgeführt, daß zuerst die Winkelsummen der vier entstehenden Dreiecke und zwar hier unter Berücksichtigung des sphärischen Exzesses festgestellt und die Abweichungen davon als „Fehler" ausgeglichen werden. — Die besten Illustrationen zu dem Gesagten.

(die Axiome) untersucht werden, macht keinen Unterschied. Sowie sich der Geodät auf diesen Standpunkt stellt, ist eine „Prüfung“ des Satzes in der Wirklichkeit, eine experimentelle Prüfung ausgeschlossen. Zum mindesten müßte der Satz anderweitig mit überragender Genauigkeit experimentell festgestellt worden sein. Doch bedarf es dann immer noch der (experimentell) völlig unbewiesenen Annahme, daß er zeitlich sich nicht ändert und daß auch durch die verschiedene räumliche Lage der verschiedenen Fälle keine Verschiedenheit hervorgerufen wird.

Der Standpunkt des Geodäten ist aber genau der Standpunkt der Exhaustion, wie wir es oben nannten, und wir finden auch hier wieder, daß unbekannter und unerkannter Weise dieser Standpunkt bei jeder Verknüpfung der geometrischen Theorie mit der Erfahrung der ausschlaggebende ist.

Kapitel 3. **Experiment und Substruktion.**

Empirische Abhängigkeiten.

Wir wollen nun weiterschreiten in unserer Analyse der Tätigkeit des Physikers. Der Physiker möchte die wirklichen Erscheinungen oder Vorgänge „erforschen“. Was heißt das? Wie wir aus den tatsächlichen Verhältnissen erkennen, meint er damit, daß er die „Zusammenhänge der Erscheinungen“ kennen lernen möchte. Es ist dieser Wunsch eine Verallgemeinerung der primitiven Erfahrung, daß es Fälle gibt, wo durch willkürliche Veränderung irgend eines Umstandes irgend ein anderer mitgeändert wird, während ohne diese willkürliche Veränderung (ceteris paribus) der andere Umstand unverändert bleibt. Es ist das, was wir oben als „empirische Abhängigkeiten“ bezeichnet haben.

Dieser Elementartatbestand der empirischen Abhängigkeit ist nun bereits auch derjenige unseres naiven praktischen Lebens ebenfalls. Es ist der Elementartatbestand jeden Handelns und damit des Lebens überhaupt. Schon wenn ich die Augen schließe und mein Gesichtsbild sich dadurch ändert, liegt eine solche empirische Abhängigkeit vor. Wir werden im philosophischen Schlußteil noch näher darüber zu handeln haben, wie auch diese empirischen Abhängigkeiten bereits selbst wieder auf unbewußten Begriffsbildungen beruhen, denn, wenn ich sage: durch Schließen der Augen ändert sich mein Sehfeld, so bedarf ich bereits der Begriffe: „Augenschließen" und „Sehfeld" neben der Änderung. Doch dies alles hat uns hier noch nicht so sehr zu beschäftigen. Wir wenden uns allgemein zu den empirischen Abhängigkeiten.

Der Tatbestand ist also in vielen Fällen zunächst eine rein zeitliche Coïnzidenz zweier Vorgänge in primitivster Feststellung. Jedoch ist eine im täglichen Leben besonders häufige Art solcher empirischen Abhängigkeiten herauszuheben, nämlich die, wo wir, populär gesprochen, „direkt sehen, wie die Abhängigkeit zustande kommt."

Wenn ich nämlich eine Tasse mit der Hand ergreife und sie bewege, oder wenn ich mit einer Stange einen entfernteren Gegenstand bewege, so scheint mir dies unmittelbar selbstverständlich, daran ist nichts zu erklären.

Reibe ich dagegen einen Ebonitstab und bemerke, daß er Hollunderkügelchen anzieht und dann abstößt, so ist das nicht selbstverständlich, das möchte ich gerne erklärt haben.

Mache ich mir einen Überschlag, so bemerke ich, daß die Vorgänge, welche mir selbstverständlich sind, lauter einfache Hantierungen mit harten und festen Körpern darstellen, wie ich sie mit den Geräten des praktischen Lebens jeden Tag hundertmal ausführe.

Das Experiment.

Was können wir nun kritisch über eine solche empirische Abhängigkeit aussagen? Wir bemerken: Wenn wir den Vorgang A bewirken, so geschieht auch regelmäßig der Vorgang B. Eine solche Beobachtung sagt noch gar nichts, werden dagegen mehrere solche vorgenommen, und der Zusammenhang tritt immer ein, dann ist es möglich, daß ein „dauernder Zusammenhang" besteht. Werden nun noch die äußeren Umstände nach Möglichkeit variiert, ohne A zu ändern, und kommt B trotzdem stets zustande, so ist das Bestehen eines dauernden Zusammenhangs so gut wie sicher. Eine völlige Sicherheit ist jedoch auch dann noch nicht vorhanden. Man kann stets Beispiele angeben, wo unerwarteterweise doch kein Zusammenhang bestand (etwa Mondwechsel und Witterungsänderung).

Habe ich es in der Hand, den Vorgang nach meinem Willen eintreten zu lassen, so nenne ich diese Tätigkeit ein Experiment und zwar, wenn nur die empirische Abhängigkeit konstatiert werden soll, ein qualitatives Experiment, werden auch Messungen dabei vorgenommen, so heiße es ein quantitatives Experiment.

Wir werden später verstehen lernen, inwieferne und unter welchen Umständen (die eben in der experimentellen Physik sehr häufig vorhanden sind) ein qualitatives Experiment fast absolut sichere Abhängigkeiten liefert. Auch bei der Besprechung des Begriffs „Apparat“ hat sich uns manches hierüber schon ergeben.

Was dabei geschieht, ist, daß ich eine bestimmte, wohldefinierte Veränderung A bewirke, worauf eine andere Veränderung B eintritt. Mit dem Aufhören von A hört auch B wieder auf. (Ich halte ein Stückchen Kupfer in eine Bunsenflamme, die Flamme wird tiefgrün). Doch diese allgemeine Formulierung genügt noch nicht. Ich will ein Experiment auch „beliebig“ wiederholen, ich will es auch beschreiben können. Um ein Experiment aber wiederholen zu können, bedarf ich viel mehr als ich bis jetzt bemerkt habe. Angenommen ich komme als Laie in ein fremdes Laboratorium, drehe dort an einem Hahn, den ich bemerke, worauf eine Erscheinung B kommt, die beim Zurückdrehen verschwindet. Und ebenso wiederholt. Gehe ich dann aus dem Laboratorium, und dies brennt ab, so kann ich das Experiment nicht wiederholen, ich weiß nicht „welche Vorrichtungen dazu nötig waren, worauf es ankommt“. (Bunsen etwa bemerkt zum ersten Male die Flamme eines (messingnen) Brenners grün werden. Dann ist er in der hier geschilderten Lage).

Um das Experiment, den Vorgang wiederholen zu können, muß ich wissen, „worauf es ankommt“. Auch dies wird wiederum durch Experimente festgestellt. Ich teile mir die Umgebung des Experimentes, d. h. einen gewissen Umkreis um dasselbe in „Teile“ ein, was meist schon durch die verschiedene Beschaffenheit derselben nahegelegt wird, jeden dieser Teile benenne ich dann einen „Umstand“ des Vorganges. Nehme ich dann diesen Umstand weg, oder ändere ihn wenigstens merkbar, und ändert sich dadurch der Vorgang, so heißt der Umstand „wesentlich“ für diesen Vorgang. Im anderen Falle unwesentlich. Wir sagen: der Vorgang ist abhängig von seinen wesentlichen Umständen. Letztere werden experimentell festgestellt.

Aber ein weiteres. Damit ich den Vorgang später, wenn seine wesentlichen Umstände festgestellt sind, beliebig wiederholen kann, ist nötig, daß ich die Umstände reproduzieren kann, natürlich „innerhalb der Grenzen unserer momentanen Genauigkeit" (für diesen langen Ausdruck schreiben wir weiterhin: „in momentaner Genauigkeit" oder „in mom. Gen. . . ."). Dies aber kann ich nur, wenn entweder die Umstände selbst bis zum neuen Experiment völlig konstant bleiben, also konstante Körper sind, oder aber, wenn ich ihre Beschaffenheit messend feststellen kann, um sie bei Bedarf genau nach diesen Maßen von neuem herzustellen, wobei vorausgesetzt wird, daß das Maß selbst in der Zwischenzeit konstant blieb. Diese Überlegung aber zeigt uns wieder, daß die Reproduktion eines Vorganges in jeder Hinsicht völlig abhängig ist vom st. K. (Denn auch der „konstante Körper" muß in seiner Form ein st. K. sein, seine anderen Eigenschaften aber können nur durch Messung wiederum als konstant festgestellt werden).

Aus diesen Gründen liegt, was stets übersehen wird, in dem Worte „ein Experiment später oder an anderem Orte wiederholen" schon ein Hauptteil unserer experimentellen Physik enthalten, mit all' den vielen Voraussetzungen und Festsetzungen, die wir darin feststellen konnten.

Es folgt also, daß zur neuen Wiederholung, besser eigentlich Wiederherstellung, eines Experimentes (nämlich ohne Benutzung der früheren Vorrichtungen) die genaue Festlegung der wesentlichen Umstände desselben nötig ist. Es müssen dabei diese Umstände soweit festgelegt sein, daß sie in mom. Gen. genau reproduzierbar sind. Das ist aber auch diejenige Bedingung, die wir in weniger präziser Weise am Anfang des Buches für die Möglichkeit der Begriffsbildung als nötig erkannt haben. Wir können also jetzt von „physikalischen Begriffen" sprechen, welche in mom. Gen. eindeutig definiert und stets in ihren Vertretern wiedererkennbar und wiederherstellbar sind. Damit unterscheiden sich diese physikalischen Begriffsbildungen von den rein qualitativen des täglichen Lebens, welche eine lediglich für die naive Wahrnehmung genügende Konstanz aufzuweisen brauchen, die aber die notwendigen Vorgänger der anderen sind. Im Zusammenhalt mit Obigem finden wir: alle physikalischen Begriffsbildungen hängen wesentlich mit dem st. K. zusammen.

Auf Grund dieser physikalischen Begriffe ist es nun auch möglich, ein Experiment zu „beschreiben“, nämlich so zu beschreiben, daß es stets reproduziert werden kann. Eine andere Art von Beschreibung wäre ja fast völlig wertlos.

Hier sehen wir die exakte Fassung eines Teiles (des empirischen) von dem was man in der neueren Physik das Beschreiben der Wirklichkeit genannt hat. Man erkennt zugleich, daß diese Tätigkeit nichts weniger als voraussetzungslos ist (wie sie beim ersten Anschauen vielen erschien), da sie ja wie gesagt, sozusagen die ganze Entwickelung der empirischen Physik schon in sich befaßt. Sie ist auch keineswegs ein rein objektiver Vorgang, insoferne sie, wie wir sahen, implizit sich wesentlich auf den st. K. stützen muß, dieser aber, wie wir erkannten, nicht von der Natur gegeben ist, sondern die immer genauer werdende Realisierung gewisser einfachster logischer, von uns gestellter Forderungen darstellt.

Der Apparat.

Aus dem zuletzt Gesagten ergibt sich auch ein voller Einblick in das Wesen des „Apparates“. Wir können definieren als „Apparat“ eine Gesamtheit von konstanten Umständen zwecks Ausführung eines Experimentes. Es ist dies ja auch der Sinn des Wortes apparatus, das Vorbereitete. Es sind also hier die wichtigeren Umstände eines Vorganges in stets gebrauchsfertiger Weise und in zeitlich möglichst unveränderlicher Form vorhanden, um das Experiment auszuführen. Man könnte unterscheiden zwischen qualitativen Apparaten und messenden Apparaten. Weiteres wird sich im Folgenden von selbst ergeben.

Konsequenzen.

Wir gehen nun einen Schritt weiter und knüpfen an den vorigen Abschnitt an. Wir sahen soeben, daß jedes beschreibbare Experiment untrennbar mit dem st. K. verknüpft ist. Nun fanden wir aber, daß der st. K. nicht durch die Natur gegeben, sondern ein Produkt unseres eigenen Ordnungswillens war. Da nun sämtliche wesentlichen Umstände eines Vorganges sei es direkt, sei es indirekt durch Messung durch den st. K. definiert sind, so erkennnen wir, wie diese Folge unseres Ordnungswillens in jedes reproduzierbare Experiment bereits hineinreicht, so daß ein solches bereits nicht mehr als lediglich durch die Natur gegeben betrachtet werden kann.

Wir sahen, wie z. B. jede Erscheinung, die einen st. K. ändert (und dies tut absolut genommen jede, wie wir noch sehen werden) d. h. gestaltlich ändert, in ihrer Wirksamkeit von diesem aus definiert wird, indem der st. K. selbst stets den Nullpunkt der Erscheinung darstellt, wo ihre Wirkung = 0 ist. Damit wird schon die Definition der Wirkungsgröße dieser Erscheinung eine Folge unseres Ordnungswillens. Natürlich könnte an sich für jede Erscheinung ein eigenes Maßsystem eingeführt werden. Aber die Umständlichkeit, welche dies zur Folge hätte, wäre so groß, daß man bald wieder dazu käme, wo immer es möglich ist, sich des st. K. zur Messung zu bedienen, bzw. die Messungen auf den st. K. (und damit auf unser Normal-Maßsystem) zu reduzieren.

Studiere ich jetzt einmal etwa den einfachsten Fall der Abhängigkeit zweier Erscheinungen voneinander auf experimentellem Wege. Dann ist folgendes zu sagen: a) alle übrigen Umstände müssen konstant sein, denn sonst erhalte ich diese Abhängigkeit nicht „rein“. Die Konstanz natürlich nur in mom. Gen. b) Die eine der beiden Erscheinungen, etwa A, muß ich bereits beherrschen, die experimentelle Vorrichtung muß so beschaffen sein, daß ich A in gewissem Bereiche willkürlich verändern kann. c) Soll die Untersuchung quantitativ geführt werden, so muß α) eine Vorrichtung da sein, um A zu messen, β) aber auch eine Vorrichtung, um die andere Erscheinung B zu messen.

Als Beispiel denke ich vielleicht an eine „Tangentenbussole“. Schicke ich einen Strom durch den Draht, dessen Stärke ich durch einen Voltmeter messe, und ist in den Stromkreis ein variabler Widerstand eingeschaltet, dann werde der Ausschlag der Magnetnadel an einem Teilkreis abgelesen.

Zum Terminus „erklären".

Auf die eben dargelegte Weise nun könnten wir die ganze Physik behandeln. Wir würden dann eine überaus große Menge solcher experimenteller Abhängigkeiten erhalten. Wenn wir aber mit diesem Bilde den Zustand der heutigen Physik vergleichen, dann bemerken wir, daß diese beiden keinerlei Ähnlichkeit miteinander aufweisen. Die Physik begnügt sich nicht mit der Aufzeichnung solcher experimenteller Abhängigkeiten, sie trachtet nach mehr, sie möchte diese Abhängigkeiten „erklären". Wenn man nun fragt, was darunter zu verstehen ist, so wird das niemand recht sagen können. Dennoch aber besteht ein ganz zielsicheres Streben nach solchen „Erklärungen", und daraus erhellt, daß hier eine sicher ganz gerechtfertigte und eindeutige Bestrebung vorliegt, die nur in ihrem eigentlichen Wesen noch nicht genügend bekannt ist.

Es gibt einen Scherzartikel, der in folgendem besteht: Man nimmt zwei Gummisäckchen, einen weichen und einen härteren, die luftdicht durch einen dünnen Schlauch verbunden sind. Legt man das weiche Säckchen einem anderen unter den Teller (unterm Tischtuch) und drückt auf das harte Säckchen, so wird die Luft mit Gewalt in das weiche gepreßt, und der Teller hebt sich. Der Inhaber des Tellers kann es sich nicht erklären. Entdeckt er den Apparat und probiert es, dann ist er befriedigt, dann kann er es sich erklären. Er sagt sich: die Luft findet keinen Ausweg, geht in das weiche Säckchen und bläht es auf. Der Druck kann größer sein als das Gewicht des Tellers, so daß dieser sich hebt. Denkt er nach, so findet er, daß er sich jetzt den ganzen Hergang „vorstellen" kann, d. h. zusammensetzen aus lauter im praktischen Leben sehr bekannten Vorgängen und Erfahrungen. Er kennt das Verhalten von Flüssigkeiten oder Gasen in Beuteln, die sie nicht ganz ausfüllen, er kennt das Heben von Gegenständen durch Aufbauchung darunter liegender, er kennt die Kraft der Hand beim Zusammendrücken von Gummibällen. Deshalb ist ihm der Vorgang erklärt.

Wir wollen zunächst einmal probeweise die Formulierung festhalten: Ein Vorgang erscheint mir erklärt, wenn ich ihn als aus lauter mir im täglichen Leben unmittelbar geläufigen Teilvorgängen zusammengesetzt denken kann.

In unserem obigen Falle können jedoch noch weitere Fragen gestellt werden: Warum ist die Luft nicht ganz zusammendrückbar durch den Teller, warum entweicht sie nicht aus dem Gummi? Wir würden antworten, weil es eben Luft, weil es Gummi ist, es sind das spezifische Eigentümlichkeiten dieser Körper. Trotzdem kann man, wie wir noch sehen werden, noch weiterfragen.

Nun liegt es tatsächlich so, daß wir schon instinktiv nach „Erklärungen" streben. Bei Überlegung erkennt man die Notwendigkeit dazu. Unser Gedächtnis ist meist nicht ein rein mechanisches, sondern arbeitet leichter mit sogenannten „anschaulichen Bildern", d. h. mit Vorstellungen, von denen es möglich wäre, daß sie direkt wahrgenommen werden könnten Auch ohne dies würde das Bedürfnis nach Entlastung des Gedächtnisses (um für Weiteres Platz zu schaffen) das Bestreben im Gefolge haben, die große Menge der Einzeldaten irgendwie zu verringern und hierzu wäre ein Weg die Benutzung unserer „logischen Fähigkeiten". Diese letzteren erlauben es, aus gewissen gemerkten Daten durch Anwendung gewisser Denkregeln andere Daten zu erhalten „abzuleiten", und wenn die gemerkten Daten geeignete Beschaffenheit haben, so kann es vorkommen, daß sehr viel weniger Daten gemerkt zu werden brauchen, als man später aus ihnen erhalten kann. In dieser letzteren Richtung liegt auch ein großer Vorzug der oben erwähnten „Bilder". Ich kann mir leicht ein Bild als Ganzes merken und jeweils reproduzieren, dessen Details auszusprechen oder einzeln zu merken eine große Arbeit bedeuten würde.[1]

Die Bewegung als einziges Mittel zur willensmäßigen Bewirkung der Außenwelt.

Aus dem Gesagten ist klar, daß wir bei der physikalischen Erforschung unserer Welt in gleicher Weise nach Vereinfachungen des Gedächtnisballastes suchen werden. Es hat diese

[1] Diese Bemerkungen fließen aus der Erfahrung, aus der empirischen Kenntnis der gegebenen konstanten Umstände, aus denen ich meine empirische „Lebenstechnik" erhalte, die mir dann erlaubt, eine beständige Wissenschaft aufzubauen. Wir werden im philosophischen Teil darüber zu sprechen haben, diese systematische Bemerkung hier einstweilen nur für den philosophisch gerichteten Leser.

Vereinfachung durch Bilder auch noch eine andere Bedeutung, die schon flüchtig gestreift sei. Aus einem Bilde nämlich kann ich eventuell eine ganze Reihe von Abhängigkeiten ablesen, die andernfalls nur getrennt nebeneinander zu merken wären. So kommen verschiedene Abhängigkeiten auf diese Weise zu einer „Verknüpfung", werden in größere Zusammenhänge hineingestellt.

Noch eine Bemerkung. Alles was wir durch unsern Körper (besonders Hände) unmittelbar tun können, sind geometrische Veränderungen der Umwelt; wenn dabei gelegentlich auch andere Veränderungen (Farbe, Wärme, Klang usw.) vor sich gehen, so sieht man leicht, daß diese Veränderungen sozusagen sekundär sind, wenn wir sie zu erreichen vermögen, so ist es ausnahmslos zunächst durch eine geometrische Veränderung, sei es auch nur eine „Bewegung" der Hand. Wir können sagen: Die einzige unmittelbare Bewirkung der Außenwelt, die mir möglich ist, ist die durch Bewegung.

Etwas anderes wäre es, wenn ich die Fähigkeit hätte, durch meinen bloßen Willen bei einigen äußeren Gegenständen die Farbe zu ändern. Ich kann ja auch nicht alle Gegenstände bewegen, viele sind „zu schwer". Ebenso wäre bei manchen die Farbenänderung zu schwer. In dem Falle dieser Fähigkeit würde mein ganzes Weltbild ein völlig anderes werden, insoferne, als dann das Primäre, was jetzt der Raum für uns ist, dann die Farben wären. Man könnte diesen Gedanken ganz konsequent beliebig weit ausspinnen, doch hat dies wohl hier keinen Zweck.

Daraus nun, das wir gezwungen sind, alle unsere Wirkungen nach außen durch Bewegungen zu betätigen (wir haben ja dadurch gerade unseren — dreidimensionalen — Raum erhalten, daß wir unsere eigenen, körperlichen Betätigungen — die nämlich unmittelbar unserem bloßen Willen gehorchen — als „Bewegungen" aufgestellt haben, damit ich selbst im großen ganzen „unverändert" bleibe) folgt nun, daß wir im naiven Zustande alle Bewirkungen der Wirklichkeit durch mich oder durch andere Menschen nur so zu denken gewohnt sind. Diese Art der Bewirkung der Außenwelt ist uns also ohne weiteres geläufig, sie scheint uns zunächst ohne weiteres klar und verständlich.

Die Unendlichkeit des Fragens.

Hier sei eine Zwischenbemerkung eingeschoben.

Wenn ich irgendeinen beliebigen Vorgang habe, so kann ich fragen: „Wie kommt der zustande?“ (Die Frage soll ganz naiv, wie im täglichen Leben gestellt sein, ohne jede Voreingenommenheit in bezug auf die Beantwortung.) Wird mir der Vorgang „erklärt“ (etwa durch Erläuterung der Vorrichtung in einer Fabrik, welche den Vorgang zustande bringt), so besteht das in einer Aufzählung anderer (mir mehr geläufiger) Vorgänge, welche den ersten Vorgang zusammen ausmachen. Durch etwas anderes als wieder durch Vorgänge kann ein Vorgang nicht zusammengesetzt werden, denn er ist wirklich und kann nur durch Wirkliches zusammengesetzt werden. Ich kann daher bei jedem dieser Teilvorgänge wiederum fragen: „Wie kommt der Vorgang zustande?“ und das Gesagte wäre wörtlich zu wiederholen. So gelangen wir wieder zu Teilvorgängen dieser Teilvorgänge, welche die gleiche Frage hervorrufen. Eine Möglichkeit, daß die Frage einmal unmöglich würde, kann nicht eintreten und aus logischen Gründen setzt sich der geschilderte Prozeß ins Unbegrenzte, Unendliche fort.

Natürlich findet die Beantwortung dieser unendlichen Fragenreihe praktisch schon bald ein Ende, aber die Fragen selbst bleiben bestehen. Da wir also auf diese Weise nie zu letzten Vorgängen gelangen können, so ergibt sich, daß, wenn wir überhaupt einmal mit endgültigem Erklären beginnen wollen, wir irgendeinen Vorgang unerklärt annehmen und als Elementarvorgang an die Spitze aller Erklärungen von Vorgängen setzen müssen. Davon weiterhin mehr.

Geometrische Abhängigkeiten.

Geometrische Abhängigkeiten, sahen wir, sind uns die unmittelbar geläufigen. In der Wirklichkeit können sie nur bei Anwesenheit und zwischen starren Körpern auftreten. Die Abhängigkeit der dritten Seite eines Dreiecks vom Gegenwinkel bedingt die konstante Länge und Starrheit der beiden anderen Seiten. Wird die eine der beiden abhängigen Größen als kontinuierlich und von mir willkürlich veränderliche betrachtet, so erhalten wir die Abhängigkeiten in Gestalt von Funktionen einer unabhängig Variabeln. Betrachten wir die unabhängig Variable selbst als abhängig von der Zeit t, so haben wir die geometrische Bewegungslehre oder Phoronomie.

Diese geometrischen Abhängigkeiten entstehen durch das, was ich „übergreifende Begriffsbildung" genannt habe.[1] Betrachten wir nur solche Teile der Figur, die in keiner Weise einander überdecken oder übergreifen, so fallen alle Abhängigkeiten fort. Erst dadurch, daß der Begriff Winkel sich der beiden schon eingeführten Seiten des Dreiecks wiederum bedient, kommt naturgemäß eine Abhängigkeit zustande. Denn durch die drei Seiten z. B. ist der Gegenwinkel völlig bestimmt, was dadurch zustande kommt, daß der Begriff „Winkel" sich schon benutzter Stücke zur Definition bedient.

Die Substruktion.

Wenn wir eine Ebonitstange reiben und mit dieser einen isolierten Metallkonduktor berühren, sodann diesem kleine Wacholdermarkkügelchen nähern, so werden letztere angezogen und nach Berührung abgestoßen. Dies ist das einzige, was wir bei aller Sorgfalt wahrzunehmen vermögen. Diese an sich ganz zusammenhanglosen empirischen Abhängigkeiten bringen wir in einen Zusammenhang, indem wir sagen, es werde durch das Reiben ein Etwas (Gas z. B.) erzeugt, das auf den Konduktor übertragen die Hollunderkügelchen anzieht. Wir legen also hier eine anschauliche Vorstellung diesen Wahrnehmungen unter, um eine einheitliche Auffassung oder Anschauung zu haben, die alles verknüpft.

Eine derartige vorstellungsmäßige, anschauliche Unterbauung einer Tatsachengruppe, von der in der Wahrnehmung selbst nichts zu bemerken ist, nennen wir eine „Substruktion" der Tatsachengruppe. Eine Substruktion soll also immer anschaulich sein.

Von einer Substruktion ist (zunächst) nichts zu sehen. Die ganze kinetische Gastheorie ist ein glänzendes Beispiel einer großen Substruktion. Ebenso z. B. die Theorie der Erdbeben (d. h. des Erdinnern), die Theorie der Lösungen, die Elektrolyse und vieles andere. Man bemerkt, daß das, was wir Substruktion

[1] Ztschr. f. positivist. Philos. I. (1913).

nennen, alles umfaßt, was sonst als Hypothese, Arbeitshypothese, Theorie usw. bezeichnet wird. Wir weichen auf diese Weise einer Reihe unnötiger Unterscheidungen aus.

Es erhebt sich jetzt die Aufgabe, über die Substruktionen das Mögliche zu erfahren.

Untersuchen wir zunächst die Art und Weise, wie eine Substruktion gegebene Wahrnehmungen „erklären“ kann. Offenbar ist sie doch ein reines Gedankending, eine Vorstellung, sie kann also niemals die Wahrnehmungen selbst, sondern höchstens Bilder von ihnen hervorbringen. Nehmen wir an, wir hätten eine Stimmgabel, welche den Ton c_1 liefert. Wenn ich die Substruktion der Stoßwellen in der Luft mit einer bestimmten Zahl γ von Schwingungen pro Sek. betrachte, so ist diese natürlich niemals vermögend, einen Ton hervorzubringen, ja sie ist nicht einmal vermögend, die Vorstellung des Tones c_1 unmittelbar zusammenzusetzen. Sondern, um die Vorstellung von γ Schwingungen pro Sek. mit der Vorstellung des Tones c_1 zu verknüpfen, bedarf es eines besonderen geistigen Aktes, an sich haben beide gar nichts miteinander zu tun.

Ganz analog ebensowenig kann die Substruktion von Transversalwellen einer bestimmten Frequenz auch nur die Vorstellung einer Farbe oder eines Lichtes erzeugen. Ebensowenig kann die Vorstellung von schwingenden Molekülen auch nur die Vorstellung der Wärme unmittelbar erzeugen. Wäre dies möglich, so würde ein intelligenter aber ungebildeter Bauersmann aus der bloßen Beschreibung dieser Vorgänge (die er vorstellungsmäßig sehr wohl erfassen kann) unmittelbar ihre Bedeutung entnehmen können.

Dagegen, wenn ich die Beleuchtungsverhältnisse des Mondes während eines Monats aus der Beleuchtung durch die Sonne erkläre, so kann ich allein durch die Substruktion jemand, der etwa den Mond noch nicht gesehen hätte (z. B. Kaspar Hauser), eine völlig zutreffende Vorstellung von dem wirklichen Vorgang verschaffen. Ebenso kann ich das aus der Substruktion, die das Verhalten eines Geysirs erklärt.

Hier scheint ein wichtiger Unterschied vorzuliegen. Wir wollen ihn feststellen.

Es ist klar, daß der gesuchte Unterschied in folgendem besteht: In allen Fällen bestehen die Substruktionen in Bewegungsvorgängen. Diese Bewegungsvorgänge kann ich mir vorstellen. Wenn ich also Bewegungsvorgänge durch andere solche erkläre, aufbaue, dann kann ich mir das Resultat in der Vorstellung aufbauen, ohne es wirklich gesehen zu haben. Alles, was nicht Bewegungsvorstellungen sind, kann ich niemals unmittelbar aus solchen aufbauen. Es können bestimmte Sinneswahrnehmungen nur durch ihresgleichen in der Vorstellung aufgebaut werden.

Man könnte nun durchaus darangehen, und für jedes einzelne Sinnesgebiet die zugehörigen Erscheinungen nur durch Vorstellungen „substruieren", welche dem gleichen Sinnesgebiet angehören. Diese Wissenschaften sind vorhanden. Für die Töne ist es die Harmonielehre, für die Farben z. B. die Ostwaldsche oder Goethesche Farbenlehre, für die Wärme ist sie nicht eigens aufgestellt, für den Geschmack die Gastronomie und eine analoge Wissenschaft für den Geruch (wie sie wissenschaftlich schon da und dort einmal bearbeitet wurde).

Nun ist es aber, abgesehen von allen anderen Gesichtspunkten Tatsache, daß den Physikern das nicht genügt, und daß sie mehr wollen. Sie wollen eine Verknüpfung dieser einzelnen Welten untereinander, denn in einzelne, getrennte zusammenhanglose Gebiete ist die Welt durch die eben genannten Wissenschaften zerlegt. Sie verlangen den Versuch einer großen gemeinsamen Substruktion für die Gesamtheit unserer Wahrnehmungen.

Dieser Wunsch ist aber auch sonst keineswegs unbegründet. Vor allem nämlich ändern sich durch unsere willkürlich ausgeführten Bewegungen nach der alltäglichen Anschauung nicht nur die geometrischen Verhältnisse, sondern auch die Farben, die Töne, die Wärme usw., kurz alles andere — wir haben also in der gewöhnlichen Anschauung vielfache Abhängigkeiten, Zusammenhänge zwischen diesen verschiedenen Gebieten.

Die geometrische Abhängigkeit.

Hierüber ist noch einiges zu sagen, da hier die Basis von allem weiteren liegt. Die geometrische Abhängigkeit besteht darin, daß es bei irgendeinem starren Gebilde genügt, drei Punkte festzulegen, die nicht auf einer Geraden sind, um alle übrigen unendlich vielen Punkte des Gebildes unbeweglich festzulegen. Wären die Punkte des Gebildes unabhängig von einander, so würden sie jede Lage einnehmen können. Durch ihre Zusammenfassung zu dem starren Gebilde ist über ihre Lage schon weitgehend verfügt.

Nehmen wir dann zwei starre Gebilde und fügen die Voraussetzung der „Undurchdringlichkeit" hinzu, so sind die Lagemöglichkeiten beider im Raume noch mehr eingeengt. Es kann jetzt keines der beiden Gebilde eine Lage haben, wo ein innerer Punkt des einen mit einem Punkte des anderen zusammenfällt.

Lassen wir dann eines von ihnen eine „Bewegung" ausführen, d. h. eine von der Zeit abhängige stetige Veränderung seiner Lage. Kommt es dabei mit dem anderen in Berührung, so muß wegen der Undurchdringlichkeit der Berührungspunkt selbst die vorgeschriebene Bewegung machen, also auch der Punkt des anderen Körpers. Sind drei solche Berührungspunkte da, so hat der andere Körper eine feste Lage zum ersten und bewegt sich wie ein Stück des ersten, falls wir die Fortdauer der Berührung an den gleichen Punkten festhalten (zwei absolut rauhe Körper).

Auf diese Weise heißt die Bewegung des ersten die „Ursache" der Bewegung des zweiten. Unsere Begriffsbildungen sind dabei so beschaffen, daß unsere Voraussetzungen eine eindeutige Bewegung des zweiten Körpers logisch zur Folge haben. Wenn wir dann in der Wirklichkeit Körper nehmen, welche diese Voraussetzungen realisieren, dann realisiert sich damit auch das Weitere.

Allerdings mit einigen Zusätzen. Es ist nämlich nicht gesagt, daß bei allen genau gleich geformten starren Gebilden (Körpern) der Wirklichkeit, der genau gleiche Versuch in dieser Richtung immer gleich ausfallen muß. Allerdings kann an dem Versuch sich nicht mehr viel ändern, da er ja in allem räumlichen gleich ablaufen soll. Es bleibt nur eine Variation der Zeit übrig. Lasse ich also nunmehr alles, was von mir abhängt, gleich sein bei dem Versuch, so kann das einemal die Bewegung langsamer, das andremal schneller gehen. Es ist also nur mehr eine einparametrische Variation möglich. Da sonst alles gleich sein sollte, muß diese dem bewegten Körper zugeschrieben werden, sie ist für ihn eine charakteristische Zahlenkonstante, die jeder Körper gleicher Form aufweist und die wir als „träge Masse" des Körpers bezeichnen. Ist auch diese bekannt, so ist das Verhalten des bewegten Körpers unter unseren Bedingungen eindeutig bestimmt.

Über Maxwells Ansichten.

Ganz klar über die notwendige Beschaffenheit der Substruktionen werden wir aber erst werden, wenn wir andere Versuche dieser Art einmal kritisch durchdacht haben. Ein solcher Versuch liegt seit den Forschungen von C. Maxwell vor. Maxwell sagt in seiner Abhandlung „Über Faradays Kraftlinien" (1855)[1], er wolle die Theorie der Elektrizität weiterentwickeln. Die zu diesem Zweck vorzunehmenden Fassungen können „entweder die Gestalt einer rein mathematischen Formel, oder die einer physikalischen Hypothese annehmen. Im ersten Falle verlieren wir die zu erklärenden Erscheinungen ganz aus dem Auge und können niemals eine umfassendere Übersicht über die inneren Beziehungen des Gegenstandes gewinnen, wenn wir auch die Folgerungen aus gegebenen Gesetzen zu berechnen vermögen. Wenn wir andererseits eine physikalische Hypothese wählen, so sehen wir die Erscheinungen wie durch eine gefärbte Brille und sind zu jener Blindheit gegen Tatsachen und Voreiligkeit in den Annahmen geneigt, welche eine auf einem einseitigen Standpunkte stehende Erklärung begünstigt."

Als dritte Möglichkeit, der er sich zuwendet, benennt er dann die „physikalische Analogie". Wir wollen diese Möglichkeiten etwas betrachten. Wir wollen die Frage stellen: „Sind unanschauliche Substruktionen möglich?"

Gegeben sind also empirisch festgestellte Abhängigkeiten (Gesetze), die durch eine unanschauliche Substruktion zusammengefaßt, „unterbaut" werden sollen. Nach Definition soll eine Substruktion die bekannten Erscheinungen eines Gebietes logisch ableiten lassen. Es wird also dabei angenommen, daß nicht alle Erscheinungen eines Gebietes logisch unabhängig voneinander seien.

Wir müssen daher zunächst die Theorie dieser Erscheinungen etwas näher betrachten.

---

[1] Ostwalds Klassiker Nr. 69 (übersetzt v. L. Boltzmann), S. 4.

Zur Theorie der Substruktionen.

Sind Erscheinungen eines Gebietes logisch unabhängig voneinander, dann können sie nicht auseinander hergeleitet werden. Dieser Satz ist natürlich eine Definition, eine Tautologie. Erkenntnistheoretisch werden wir sehen, daß Erscheinungen nur deshalb voneinander als abhängig erscheinen können, weil sie in einem gewissen Sinne als schon durch übergreifende Begriffsbildung entstanden angesehen werden können (siehe philosophischer Teil).

Man kommt durch diese Überlegung zunächst einmal zu folgender Unterscheidung: Unter den Erscheinungen eines empirisch erforschten Gebietes gibt es solche, die aus den übrigen dieser Erscheinungen logisch abgeleitet werden können. Eine Gruppe von Erscheinungen eines empirischen Gebietes, bei denen keine aus den übrigen abgeleitet werden kann, heiße eine „Gruppe von Elementarerscheinungen des Gebiets“.[1] Alle übrigen Erscheinungen des Gebietes müssen dann schon aus dieser Gruppe logisch ableitbar sein, sie heißen daher „ableitbare Erscheinungen des Gebietes“.

So ist z. B. die Wirkungsweise des Solenoids ableitbar aus der Ampèreschen Schwimmerregel für den Oerstedschen Elementarversuch.

Die einzelnen Glieder einer Gruppe von den Elementarerscheinungen eines Gebietes brauchen natürlich nicht untereinander logisch unabhängig zu sein, es genügt, wenn jedes von ihnen nur einen Bestandteil enthält, der aus den übrigen nicht abgeleitet werden kann, dann sind sie zwar nicht unabhängig, aber „unableitbar“ untereinander.

Eine ganz andere Frage ist nun, ob eine Gruppe untereinander unableitbarer Erscheinungen durch eine Substruktion derart unterbaut werden kann, daß diese alle aus der Substruktion ableitbar werden. Ist dann eine Gruppe von Elementarerscheinungen eines Gebietes derart unterbaut, dann ist damit das ganze Gebiet unterbaut, denn wenn die Elementarerscheinungen aus der Substruktion ableitbar

[1] Da ja von dem Gebiete sonst keine unabhängigen Erscheinungen bekannt sein sollen, so definieren eben diese Elementarerscheinungen das Gebiet.

sind, sind auch alle ableitbaren Erscheinungen des Gebietes aus der Substruktion ableitbar.

So ist z. B. eine Gruppe von Elementarerscheinungen eines großen Teiles der Optik: Die geradlinige Fortpflanzung, Geschwindigkeit $3 . 10^{10}$ cm/sec, Dispersion, Interferenz, Brechung, Beugung, Polarisation, Aberration, Michelsonscher Versuch, Dopplersches Prinzip.

Man kann nun ein wichtiges logisches Gesetz ableiten, das wir bezeichnen wollen als das Gesetz von der Erhaltung der Anzahl unabhängiger Bestimmungen.

Haben wir eine Gruppe von Elementarerscheinungen eines Gebietes und wollen wir diese zunächst mit einer beliebigen Substruktion unterbauen, so muß die Substruktion für jede Elementarerscheinung der Gruppe eine gesonderte Fundamentalbestimmung aufweisen. Beweis: Würde die Substruktion für eine der Elementarerscheinungen, etwa E, keine entsprechende Fundamentalbestimmung F haben, und wäre trotzdem die betr. Elementarerscheinung aus der Substruktion ableitbar, dann wäre dadurch der Beweis erbracht, daß E aus den übrigen Elementarerscheinungen ableitbar ist gegen die Voraussetzung.

Dabei ist vorausgesetzt, daß die übrigen Elementarerscheinungen und die Substruktion in der Weise „logisch äquivalent“ seien, daß die Substruktion keine Fundamentalbestimmungen aufweist, welche zur Ableitung der Elementarerscheinung unnötig sind. In diesem Falle, wo zwei Satzgruppen in dieser Beziehnng stehen, heißen sie „logisch äquivalent“. Sie haben dann die Eigenschaft, daß die Gruppe der Fundamentalbestimmung und der Substruktion und die Gruppe derjenigen Sätze der Substruktion, welche den Elementarerscheinungen entsprechen, jede aus der anderen logisch herleitbar ist.

Ist diese logische Äquivalenz nämlich vorhanden, dann kann ich die Elementarerscheinungen so in Teilerscheinungen zerlegen, daß jeder Fundamentalbestimmung der Substruktion eine solche Teilerscheinung umkehrbar eindeutig entspricht. Dann aber kann die Ableitung der Elementarerscheinung E aus den übrigen in der Weise geschehen, daß man statt der übrigen Elementarerscheinungen deren Äquivalente aus der Substruktion setzt, aus diesen die Fundamentalbestimmungen der Substruktion ableitet (was, wie wir fesstellten, geht). Sodann kann man aus den Fundamentalbestimmungen diejenige Aussage der Substruktion ableiten, welche der Elementarerscheinung *E* entspricht. Setzt man dann in diesem Gedankengang statt der Bestimmungen der Substruktion die Teilerscheinungen des Gebietes, dann wird aus den übrigen Elementarerscheinungen die Elementarerscheinung *E* abgeleitet.

Bei dieser Gelegenheit ergibt sich nun die folgende Frage: Wir sahen, daß außer bei rein geometrischen (phoronomischen) und etwa noch mechanischen Vorgängen eine Ableitung aus Bildern (die ja stets Bewegungsbilder sein müssen) niemals den betr. Vorgang selbst unmittelbar zu liefern vermag, sondern nur eben wieder ein Bewegungsbild, welches in der betr. Substruktion dem wirklichen Vorgang entspricht. Wir fragen nun, was haben eigentlich der wirkliche Vorgang und sein Bewegungsbild Gemeinsames? Um beide auf gleichen Boden zu stellen, können wir fragen: Was hat die Vorstellung des wirklichen Vorgangs mit dem Bewegungsbild Gemeinsames, oder aber, was hat ein wirkliches Modell des Bewegungsbildes mit dem wirklichen Vorgang Gemeinsames?

Damit aber sind wir zu einem Kernproblem aller erklärenden Physik vorgedrungen und damit einem Kernproblem aller wissenschaftlichen Erkenntnistheorie überhaupt. Unserem Prinzipe, dem wir in diesem Buche folgen, gemäß wäre hier dieses Problem nicht theoretisch-synthetisch in Angriff zu nehmen, sondern analysierend und induktiv.[1]

Damit aber sind wir bereits an die Probleme des folgenden Abschnittes herangelangt. Ehe wir aber dort die Frage der Substruktionen unter dem weiteren Gesichtspunkte der Hypothese und schließlich der Universalhypothese in Angriff nehmen, wollen wir am Beispiele der Optik uns noch einige kleine Illustrationen zum Gesagten und noch zu Sagenden vor Augen führen.

Zur Optik.

Zunächst ist mir auf dem naiven Zustand meine Gesichtswahrnehmung einfach gegeben. Ja, daß es eine „Wahrnehmung“ sei, ist bereits ein „Schluß“, eine logische Substruktion, wie wir

[1] Ich hoffe dieses Problem, das besonders auch in der Mathematik von grundlegender, aber noch unerkannter Bedeutung ist, in Bälde ausführlicher behandeln zu können. Hier würde dies zu weit führen.

im philosophischen Teil näher behandeln werden. Der Zusammenhang dieser Wahrnehmung mit „meinem Auge“ kommt auf diesem Wege zustande. Wenn ich „die Augen schließe“, ist diese Wahrnehmung sehr stark verändert, ebenso, wenn ich in einem ganz dunkeln Raume bin. Ich bezeichne diesen Unterschied durch die Begriffe „Licht“ und „Nichtlicht“. Ebenso wie ich zwei Elektrizitäten unterscheide, könnte ich auch hier zwei polare Vorgänge unterscheiden. Aber auch in der Elektrizität kommt man allmählich von der polaren Unterscheidung ab, und zu der konträren Unterscheidung hin, indem die positive Elektrizität als ein Mangel an negativer aufgefaßt wird.

Dies veranlaßt, ein paar Worte hierüber einzuschieben. Es ist leicht einzusehen, daß die konträre Unterscheidung stets die einfachere ist gegenüber der polaren. Eine polare Unterscheidung bedarf zweier verschiedener Ursachen (die natürlich wieder für diese Verschiedenheit nach einer Erklärung verlangen), eine konträre dagegen bedarf nur einer Ursache. Man kann daher sofort sagen, daß beim allerersten Anfang eines synthetischen Aufbaues, dem nichts mehr vorhergehen soll, der also mit der letzten Elementarerscheinung beginnen soll, niemals eine polare Unterscheidung gewählt werden kann. Diese Frage ist nicht so fernliegend, wie es zunächst scheint. Man hat gelegentlich gemeint, die elektrischen Vorgänge könnten in der polaren Form unauflösbare Elementarerscheinungen der Wirklichkeit sein. Aus obigem zeigt sich, daß dies nicht angeht, daß die Newtonsche Attraktion schon aus diesem formalen Grunde vor der polaren Elektrizität stets vorzuziehen wäre. Wird aber die Elektrizität, wie oben angedeutet, nicht polar aufgefaßt, dann liegt ja schon darin, daß ihre polaren Vorgänge selbst wieder einer Erklärung aus einer nichtpolaren Elementarerscheinung bedürftig sind. Diese Bemerkungen werden im Fortgang des Buches noch weitere Bedeutung erlangen.

Man kann in elementaren Fällen stets einen Übergang von der polaren Auffassung zur konträren in der Geschichte der Wissenschaft bemerken. Außer der Elektrizität sei noch auf das Beispiel der Mendelschen Gesetze in der Biologie verwiesen, wo man von der ursprünglichen polaren Unterscheidung dominierender und rezessiver Merkmale zu der von Bateman und Correns vertretenen (konträren) presence and absence-theorie überging.

Zum Thema zurückkehrend, finden wir ferner in den überall bemerkbaren Schatten den Beweis für geradlinige Ausbreitung. Verdecken der Lichtquelle entfernt den Schatten, Bewegung der Lichtquelle bewegt den Schatten. Alles natürlich erst feststellbar auf dem Hintergrunde unserer stabilen Verhältnisse und starren Körper. Denn wenn die Körper nicht starr sind, bewegt sich der Schatten auch ohne die Bewegung der Lichtquelle und wenn die Lichtquellen sehr instabil sind, ist nicht festzustellen, von welcher der Schatten kommt, dieser kann verschwinden ohne Verdeckung und kann bleiben trotz Verdeckung. So enthalten diese einfachen Konstatierungen von sog. Tatsachen bereits wiederum sehr ausgedehnte stabilisierende Ordnungselemente.

Daraus also, daß unter diesen stabilen Verhältnissen sich diese Vorgänge so konstant und stabil verhalten und eindeutig fest erscheinen, geht hervor, daß wir, ohne es zu wissen, mit unserer Wahl dieser stabilen Verhältnisse bereits auch die für die Lichtausbreitung wesentlichen Umstände indirekt festgelegt haben. Da nämlich das von uns bei Definition des st. K. und sonstiger Konstanzen Festgelegte nicht etwa lauter ganz unter sich und von anderem gänzlich unabhängige Elemente sind, vielmehr bereits durch „übergreifende Begriffsbildung" Gewonnenes, so ist mit dieser Festlegung auch festgelegt, was wir noch nicht wissen und beurteilen können. Daher sind, wie aus unseren Darlegungen über den st. K. schon zwingend hervorgeht, nach dessen Festlegung sämtliche übrigen Erscheinungen schon implizite festgelegt, und scheinen daher einer rein experimentellen Erforschung zugänglich zu sein. Dies ist jedoch nur Schein, da wir von den Erscheinungen nur diejenigen Äußerungen feststellen können, die der von uns gewählte st. K. schon gestattet und so, wie er sie gestattet, indem alle diese Äußerungen durch ihn nämlich bereits implizite **eindeutig festgelegt** sind.

Alle experimentelle Untersuchung neuer Erscheinungen beruht also auf dem Bestreben, eine solche durch lauter st. K. derart einzuengen, daß sie nur noch bestimmte zugelassene Äußerungen zeigen kann (Apparate).

Welche Arten von Physik sind nun auf Grund dieser Erkenntnis noch möglich? Zunächst eine „quasi experimentelle Physik“, indem rein experimentell auf Grund des st. K. an den Erscheinungen festgelegt wird, was nur möglich ist. Eine rein experimentelle Physik hat sich als Ideal ein gewisser extremer Positivismus vorgestellt. Dieser dachte sich ein völliges Zurücktreten unseres Geistes gegenüber den Resultaten des objektiven messenden Experimentes als das einzig erstrebenswerte. Er wußte nicht, daß auch diese scheinbar so einfache und selbstverständliche Forderung den Keim unseres Geistes unausrottbar in sich trug. Die Natur des st. K., der ja die Grundvoraussetzung dieser rein messenden Physik sein würde, entspringt bereits, wie wir sahen, unserer Festsetzung. Es zeigt sich eben, daß dieses Ideal in dieser absoluten Fassung etwas Unmögliches bedeutet. Nun könnte dieser Positivismus, unseren Resultaten über den st. K. Rechnung tragend, sich etwa ein neues Ideal bilden, indem er sagt: Wir wollen dann wenigstens den st. K. das einzige von uns in die Natur Getragene sein lassen. Wir werden alsbald sehen, ob dieser Wille irgendein Ideal vorzustellen vermag.

Wir fassen nochmals kurz zusammen: Jedes Experiment beruht auf dem st. K. Der st. K. aber ist reine Festsetzung. Daher beruht jedes durch messende Experimente gefundene Gesetz zuletzt auf Festsetzung. Praktisch aber stellt sich die Sache so dar, daß nach Festlegung des st. K. alles Weitere in der Wirklichkeit eindeutig meßbar und damit feststellbar geworden ist. Dadurch wird für den, welcher sich die Herkunft des st. K. nicht überlegt, die Möglichkeit einer rein experimentellen Physik vorgetäuscht. Eine solche ist aber, wie wir sahen, weder möglich, noch vorhanden.

Teil II.

Das Wesen der Hypothese.

Kapitel 1. Die gewöhnliche Hypothese.

Sind „Erklärungen“ notwendig?

Wir könnten uns mit einem Weltbild, das auf Messung verzichtet, genügen lassen. Das hieße, daß wir uns in unseren Erfahrungen auf das beschränken, was uns der bloße Augenschein lehrt. Aber schon dieser zeigt sich bei näherem Zusehen untrennbar verknüpft mit „Schätzungen“, mit Wahrnehmungen über „weniger“ oder „mehr“, die ganz wesentlich in unsere „Erklärungen“ der Dinge eingreifen. — Man könnte ja nun sich auch eine Einstellung ausmalen, die auch auf „Erklärungen“ völlig verzichtet. Aber dies wäre gleichbedeutend mit einem völligen Verzicht auf eigenes aktives Eingreifen in den Lauf der Dinge, denn alles zielbewußte Eingreifen setzt kausale Überlegungen, also Erklärungen voraus. Ein solcher Zustand wäre etwa realisiert beim großhirnlosen Frosch oder bei einem Krankheitsbilde wie es manche Fälle einer überaus weit vorgeschrittenen progressiven Paralyse darbieten. Wir sehen also, daß wir auf Erklärungen nicht verzichten können, wenn wir leben wollen, und wenn wir einmal mit Erklärungen angefangen haben, so ist kein Grund einzusehen, warum wir auf einmal damit aufhören sollten. Nun findet aber die Möglichkeit begründeter Erklärungen ein natürliches Ende an der Wahrnehmungs- und Vergleichungsgenauigkeit meiner Sinnesorgane, wenn ich diesen nicht durch künstliche Mittel zu Hilfe komme. Höre ich hier aber an dieser Stelle mit Forschen auf, so werden eine große Menge von Erscheinungen unerklärt bleiben müssen, eben die, deren Gründe unterhalb meiner natürlichen Wahrnehmungsgenauigkeit fällt.[1] So werde ich also auch hier mit genauen Instrumenten tiefer zu dringen versuchen müssen. Dieses Tieferdringen aber, und dies ist das Ziel unseres Gedankenganges, kann wiederum nicht geschehen ohne genauere Scheidung der Erscheinungen voneinander, und diese Scheidung kann über den bloßen Augenschein hinaus nicht geschehen ohne zahlenmäßige Festlegung und Definition der einzelnen Vorgänge. Dies aber wiederum kann nur durch Messung ausgeführt werden. So sehen wir, daß wir von allen Seiten zur Notwendigkeit der Messung geführt werden, wenn wir nicht auf einem künstlich primitiven Zustande verharren wollen.

Betrachten wir nun die „Messung" etwas näher unter diesen Gesichtspunkten. Messung geschieht notwendig an einer Skala, d. h. an einem Maßstab. Daß dieser Maßstab starr, also ein starrer Körper sein muß (innerhalb der Genauigkeitsgrenzen) wurde schon oben betont, denn was soll eine Messung für einen Wert haben, wenn der Maßstab selbst unbekannte reale Veränderungen erleidet. Daß aber Messung an einer Skala geschieht, sagt noch etwas anderes. Es sagt, daß immer eine räumliche Veränderung gemessen wird. Es mag also ein Vorgang aussehen wie er will, was gemessen wird, ist stets eine räumliche Veränderung. Sogar wenn nur ein konstant begrenzter Lichtfleck lediglich seine Farbe oder Intensität ändert, so wird dies am Spektroskop oder der Intensitätsmeßvorrichtung auf eine räumliche Veränderung zurückgeführt.

Da aber sämtliche räumliche Änderung nur kontinuierlich gedacht wird (es ist das auch eines der stillschweigend auch von den Empiristen angenommenen und stets benutzten a priorischen Prinzipien), so muß dies auch hier angenommen werden.

Dann aber kommen wir wieder zur „Erklärung" oder sogar auch zur „Beschreibung" räumlicher Veränderung.

Man könnte „räumliche Veränderung" festlegen, indem man einfach die neuen räumlichen Grenzen der Erscheinung angäbe oder sogar deren „Bewegung" während einer gewissen Zeit, d. h. die Gestalt dieser Grenzen dargestellt als Funktion der

[1] Bzw. die ich dorthin verlegen muß, da das Makroskopische keine hinreichende Begründung für sie mehr darbietet.

Zeit. Dies würde tatsächlich nur Beschreibung sein. Nun kommt aber hinzu, was wir oben zeigten, daß jeder Vorgang immer feinere Details mit der Zeit aufweisen wird. Wie sollen dann diese mit hineinverwebt werden in diese „Beschreibung"? Ferner ist natürlich bei einer derartigen Beschreibung von einer „kausalen Erklärung" keine Rede. Dies ist nicht etwa als ein rein eingebildetes Manko zu betrachten, sondern hat sehr reale Konsequenzen. Wir haben nur durch eine „kausale Erklärung" die eventuelle Möglichkeit, die Erscheinung nach unserem Willen zu beeinflussen. Denn dies eben besagt dieser Terminus, daß wir die „Bedingungen" des Vorgangs irgendwie kennen, also genau wissen, wo wir angreifen müssen, wenn wir den Vorgang in irgendeiner bestimmten Weise beeinflussen, ändern wollten.

So sehen wir, daß eine solche Beschreibung unseren notwendigen Anforderungen nicht genügen kann, daß nur eine kausale Erklärung diese wird befriedigen können. Denn aus einer Beschreibung obiger Art kann ich niemals die kausalen Zusammenhänge, d. h. die Beeinflussungsmöglichkeiten erkennen.

So werden wir also auch von dieser Seite her auf die Notwendigkeit „kausaler Erklärungen" hingeführt.

Nun hat bekanntlich E. Mach stets von „Beschreiben" der Naturerscheinungen gesprochen. Er meinte aber dabei nicht ein solches rein gestaltmäßiges Beschreiben wie das obige Beispiel es zeigte, sondern eben „kausales Beschreiben", in seiner Anschauungsweise also „funktionales Beschreiben". Auch Kirchhoff hat von Beschreiben gesprochen, allerdings durch Differentialgleichungen. Diese letztere Anschauung stammt in erster Linie von C. Maxwell, der in ihr die Begründung seiner eigenen Aufstellungen fand, wenn er auch das Wort „beschreiben" nicht explizit gebraucht. Maxwell will das Gebiet des Elektromagnetismus durch eine, wie er es nennt, Analogie mit einem anderen Erscheinungsgebiet (dem Strömen einer Flüssigkeit) darstellen und auf diese Weise die nötigen Gleichungen gewinnen, was ihm denn auch in seinem Sinne gelingt.

Wenn wir nun fragen, ob oder wie uns derartiges die kausale Erklärung ersetzen kann oder inwieferne diese Auffassung mit der von Mach als „funktionale Beschreibung" geschilderten Darstellungsweise zusammenfällt, darüber wäre sehr viel zu sagen. Wir wollen diese Fragen uns folgendermaßen näher zu bringen versuchen.

Angenommen, wir hätten sämtliche allgemeinen Naturgesetze in Form von Differentialgleichungen erfaßt — übrigens ein Gedanke, mit dem zu spielen zurzeit sehr beliebt ist — hat diese Annahme überhaupt einen Sinn? Nein, sie hat keinen Es handelt sich, da wir hier nicht als Mathematiker auftreten, ja nicht etwa darum, irgendwie besonders „schöne" Differentialgleichungen mit besonders eleganten Lösungen aufzustellen, dies ist eine rein mathematische Aufgabe. Verwirrung kommt nur zustande, wenn der Mathematiker meint, auf diese Weise Physik treiben zu können. Was bisher solchen Versuchen ausnahmslos gefehlt hat, war eine kritische Untersuchung des Zusammenhangs dieser mathematischen Luftgebilde (so schön und in sich fehlerfrei diese auch vom mathematischen Standpunkte aus sein mochten) mit der Wirklichkeit.

Die ganze Basislosigkeit dieser Vorstellung von dem Beschreiben der Welt durch Differentialgleichungen wird einem sofort klar, wenn man einmal fragt, wie diese denn aufgestellt werden und wie sie in ihrer Richtigkeit nachgewiesen werden sollen. Die Differentialgleichungen der theoretischen Mechanik werden aufgestellt aus den Galilei-Newtonschen Axiomen der Mechanik und sind nichts anderes als ein mathematischer Ausdruck für diese. Die Gleichungen z. B.

$$m\ddot{x} = X$$

usw. sind der mathematische Ausdruck des 2. Newtonschen Bewegungsgesetzes. Die mathematische Behandlungsweise derselben involviert noch weitere. Hier also ist die Differentialgleichung nicht unmittelbar entstanden, sondern einfach der mathematische Ausdruck vorher aufgestellter endlicher Prinzipien (deren eigene Herkunft uns jetzt nicht beschäftigt).

Anders, wenn wir die Maxwellschen Gleichungen betrachten. Diese fließen nicht aus vorher aufgestellten allgemeinen Prinzipien, sondern aus dem Analogiebilde einer strömenden inkompressibeln Flüssigkeit von bestimmten Eigenschaften, das mit einer Gruppe von Beobachtungstatsachen übereinstimmt. Dies ist etwas fundamental anderes. Wenn man genauer zusieht, steckt ja auch hier eine kausale Erklärung dahinter. Wenn nämlich die elektromagnetischen Vorgänge aus dieser Vorstellung der strömenden Flüssigkeit einer gewissen Art völlig abgeleitet werden können, dann ist eben diese strömende Flüssigkeit gewisser Art die kausale Erklärung, so unvollkommen diese unseren später zu stellenden Anforderungen an eine solche gegenüber sein mag.

Nun, wenn aber die Erscheinungen eines Gebietes sich nicht so bequem zu einem anderen Gebiet in „Analogie" setzen lassen, wie dies hier der Fall war? Woher soll ich dann meine Differentialgleichungen nehmen oder ableiten? Das eine ist sicher, ich kann Differentialgleichungen nur ableiten auf Grund der Kenntnis funktionaler Zusammenhänge. Diese können nur in Form von Tabellen gegeben sein, dann brauche ich immer wieder v o r der Aufstellung meiner Gleichung eine Fassung dieser Tabellen in funktioneller Form, was ohne Hypothese nicht abgeht (denn die Tabelle enthält endlich viele Werte, eine Funktion aber ein Kontinuum von solchen, das nur unter dem Gesichtspunkt der Einfachheit ev. eindeutig für die Tabelle ausgewählt werden kann. Siehe die bekannten Untersuchungen von F. Klein hierüber.) Da aber eine Differentialgleichung, die einen Vorgang beschreiben soll, die Zeit t als Variable enthalten muß, so muß auch meine Funktion diese Variable enthalten. Die meisten Messungstabellen aber bringen die Abhängigkeit von Erscheinungen voneinander, ohne die Zeit zu enthalten. Um in diesen Fällen die Zeit hineinzubringen, bedarf es also notwendig ergänzender Vorstellungen, Hypothesen, die nicht unmittelbar aus der Erscheinung entnommen werden. Wie aber sollen Vorstellungen anders beschaffen sein als vorstellungsmäßig, d. h. bildhaft, anschaulich? So ergibt sich, was zu erwarten war, daß solche Gleichungen, wenn sie nicht direkt als rein mathematischer Ausdruck von Beobachtungstabellen auftreten, was in den seltensten Fällen eintritt, notwendig aus anschaulichen Vorstellungen abgeleitet werden müssen. Solche aber sind, wie wir sehen werden, in ihrem innersten Wesen nichts anderes als kausale Erklärungen und damit ist (vorläufig) gezeigt, daß auch die Beschreibung durch Differentialgleichungen die kausale Erklärung nicht zu ersetzen vermag, bzw. heimlich mit einer solchen identisch ist.

Es ist natürlich ganz unmöglich, die ganzen Knäuel von schiefen Anschauungen und Vorurteilen, die sich immer noch in dogmatischer Starre mit allen diesen Dingen verknüpfen, in jede einzelne Faser aufzulösen und in ihrer Unrichtigkeit aufzuzeigen. Hier kann es sich nur darum handeln, die Grundprinzipien der Kritik zur Klarheit zu bringen. Und auch dies kann bei der induktiven Darstellungsform dieses Buches niemals an einer Stelle allein zur Ausführung kommen, sondern jede einzelne Frage darf nur auf dem Hintergrunde des Ganzen betrachtet werden. Glücklicherweise sind ja in neuerer Zeit alle diese Vorurteile schon in einem fortgesetzten Lockerungsprozeß begriffen, der sich hauptsächlich in der Leichtigkeit äußert, mit der alle paar Jahre eine prinzipiell verschiedene Anschauungsweise Platz greift.

Es sind verschiedene Erklärungssysteme möglich.

Wir sahen also das Resultat des vorstehenden Abschnittes. Wir kommen um „Erklärungen" nicht herum. Dies wird uns noch viel einleuchtender werden, wenn wir uns nun mit diesen selbst beschäftigen.

Wir wollen die Grundlagen unserer Überlegungen rekapitulieren. Wir sahen, alle Physik studiert Vorgänge. Und zwar Vorgänge nicht insoweit sie einzigartig, sondern insoferne sie reproduzierbar, wiederholbar sind. Dies aber sind sie nur, wenn die Umstände reproduzierbar sind (innerhalb Genauigkeit). Wir brauchen hierzu also Umstände, welche entweder selbst in der Zeit konstant bleiben, oder auf solche zurückführbar sind. Nun könnten diese letzteren konstanten Umstände in nichts anderem bestehen als in den „Engrammen" unseres Gedächtnisses oder in den Schreibzeichen auf Papier oder sonstigem Material, worauf wir uns das Rezept zur Wiederholung unseres Versuches aufgezeichnet haben. Sollte dies letztere der Fall sein, so wären wir darauf angewiesen, allein nach unserem Gedächtnis, das durch die gelesenen Worte die früheren Wahrnehmungen reproduziert, solche Umstände aufzusuchen, welche denen des früheren Vorganges nach unserem Gedächtnis entsprechen oder gleich sind. Äußere Anhaltspunkte hätten wir dann nach Voraussetzung nicht. Es ist klar, daß auf diese Weise niemals etwas „nach Maß" reproduziert werden kann. Denn einen Maßstab kann mir weder das beste Gedächtnis, noch die beste Beschreibung wiederschaffen. Wir sehen also auch hier wieder, will ich überhaupt Vorgänge mit einigem

Rechte als reproduzierbar, als gleich betrachten, so bedarf ich des Maßes. Natürlich vorerst noch nicht in Form eines Maßstabes, sondern für die einfache Reproduzierung genügt meist die starr bleibende Schablone, der Apparat. Wir erkennen: Will ich überhaupt Vorgänge als reproduzierbar bezeichnen, so bedarf es dazu des starren Körpers.

A fortiori bedarf ich desselben natürlich, wenn ich durch Messung die Reproduktion herstellen will.

So enthält also jeder reproduzierbare Vorgang und a fortiori jeder gemessene Vorgang eine definierende Beziehung zum starren Körper. Der st. K. geht dabei nämlich wesentlich in die Definition eines jeden solchen Vorganges ein, denn dieser Vorgang ist nur insoweit und insoferne reproduzierbar, als der benutzte starre Körper starr ist, und was ich bei zwei solchen Vorgängen als gleich bezeichne, wird durch den starren Körper erst definiert. Erinnern wir uns dann, was wir über die Definition des st. K. fanden, so wird klar, wie die a priorische Definition desselben in jeden reproduzierbaren Vorgang hereinreicht.

Nun bedingt das experimentelle Studium jeder Abhängigkeit zweier Erscheinungen voneinander eine Veränderung. Denn ich kann die Abhängigkeit experimentell nur studieren, indem ich die Umstände der einen oder sie selbst verändere, variiere, und zusehe, welchen Effekt dies auf die andere ausübt. Wird durch die Variation der ersten Erscheinung die zweite berührt, so heißen die beiden Erscheinungen „experimentell abhängig" voneinander, andersfalls unabhängig. Nun sind an sich schon alle Veränderungen, bei denen sich die Grenzen des Gesehenen verändern, räumliche, also geometrische Veränderungen. Nur reine Farben- oder Intensitäts- oder Klangveränderungen (natürlich auch Geruchs- und Geschmacksveränderungen) sind für sich allein nicht unmittelbar räumlich, obgleich die letzteren beiden doch enger mit dem Raum zusammenhängen, als es eines Hinbewegens bedarf in vielen Fällen.

Nun besteht der Umstand, daß jede Messung, wie wir oben sahen, den st. K. und räumliche Beziehungen benutzt. Da erhebt sich die Frage, ob es nicht für die genannten unräumlichen Veränderungen Messungen ohne räumliche Beziehungen gibt. Zunächst scheint dies der Fall zu sein. Wir können Farbenveränderungen durch Vergleich mit Normalfarben feststellen[1], und wenn wir die Normalfarben irgendwie durch ein Zeichensystem bezeichnen, auch durch Schätzung in unser Farbensystem einordnen und benennen. Dann aber müssen wir, wenn dies überall und vor allem dauernd sein soll, unsere Normalfarben als konstante festlegen können, etwa in einem Museum, und müssen Sicherheiten haben, daß sich diese Farben nicht verändern. Letzteres ließe sich auch in gewissem Grade durch Vergleich der Farben des Systems untereinander feststellen. Diese Farbenskala wäre damit in ihrer Definition dauernd völlig unabhängig von jeder anderen Art von natürlichen Vorgängen. Sowie ich aber diese Farben von anderer Seite festlegen will (Spektrum, chemische Stoffe) bedarf ich des st. K. und der Maße, dies natürlich insbesondere, wenn ich sie „kausal" mit anderen Vorgängen verknüpfen möchte. Ich könnte mir (mit einiger Mühe) ein Weltbild konstruieren, das die Farbe zur unabhängigen Variabeln macht, ebenso, wie es jetzt der Raum und die Zeit ist. Dann würde eine konstante Farbe der ganzen Umgebung absolute Ruhe bedeuten usw. Dann würde alles darauf ankommen, konstante Farbenskala zu erzeugen, wie jetzt den st. K., und eine geometrische Veränderung der Farbgrenzen wäre ebensosehr eine sekundäre Wirkung einer Farbenänderung, wie jetzt Farbenänderung eine sekundäre Wirkung eines räumlichen Vorgangs darstellt.[2]

Nun ist aber doch sicher das eine wichtig, daß es äußerst unpraktisch ist, völlig getrennte Systeme unabhängiger Variabeln dauernd nebeneinander zu haben. Wenn es auch praktisch sein kann, die verschiedenen Systeme für besondere Zwecke dann und wann gesondert herauszuziehen, so muß doch für allgemeine Zwecke ein System als das alleinige einmal bestimmt werden, auf das dann alles bezogen wird. So ist es auch in der Farbenlehre. Die Goethesche und die Ostwald-Heringsche Farbenlehre sind Gebäude, in denen die Farbe die unabhängige Variable allein ist. Die Newtonsche Farbenlehre bedeutet die Eingliederung der Farbenlehre in das all-

[1] Ich verweise auf die grundlegenden Forschungen W. Ostwalds und den von ihm herausgegeben „Farbenatlas" (Leipzig, Verlag Unesma G. m. b. H.).

[2] Diese rein erkenntnistheoretischen Erwägungen ändern gar nichts an der außerordentlichen und umwälzenden Bedeutung der Ostwaldschen Forschungen.

gemeine mechanische System (wie wir vorläufig kurz sagen wollen), dessen unabhängige Veränderliche Raum, Zeit und Masse sind. So zeigt sich denn, daß vom höchsten umfassendsten Standpunkte der Erkenntnistheorie aus Goethe soviel Recht hatte wie Newton, nur war bei der Ungeklärtheit aller wissenschaftstheoretischen Fragen kein Urteil darüber möglich.

Wir stehen also vor der Aternative: entweder mehrere ganz getrennte und dann niemals zu verbindende Wissenschaften der Farbe, der Töne, der räumlichen Veränderungen usw. zu haben, oder aber alle diese auf eine einzige zu reduzieren. Und welche das ist, das ist nicht schwer zu entscheiden. Rein statistisch hat im täglichen Leben und Handeln (das ja durch Bewegung der Glieder geschieht) das System der räumlichen Veränderungen derart das Übergewicht, daß die anderen Dinge praktisch dagegen sehr in den Hintergrund treten. So werden auch wir für unsere Wissenschaft uns für das System der räumlichen Veränderungen (als unabhängigen Variabeln) entscheiden (indem wir dem übrigen im obigen Sinne seine Existenzberechtigung lassen). Aber es zeigt sich durch solche Überlegungen, daß irgendein absoluter Zwang zu einem dieser Systeme aus der Realität heraus nicht besteht. Höchstens eine Nötigung aus dem Gesichtspunkt des Praktischeren heraus durch die zufällige Beschaffenheit unseres Körpers und unserer Gewöhnung.

Dann aber werden wir folgerichtig trachten, alle übrigen Erscheinungen auf dieses System zurückzuführen. Und dies geschieht von selbst durch Ausführung von Messungen mittels des starren Körpers. Daß alle Dinge mit dem st. K. in Verbindung gebracht werden können, davon werden wir uns noch besonders überzeugen. Es wird sich ergeben, daß es nichts gibt, das nicht in unser System der räumlichen Veränderungen einbezogen werden könnte und mit ihm nicht in Zusammenhang stünde.

Das System der räumlichen Veränderungen.

Betrachten wir nun unsere Physik unter dem Gesichtspunkte, daß wir einmal streben, alle Erscheinungen so zu behandeln, daß sie irgendwie in damit zusammenhängenden räumlichen Veränderungen zur Wirkung kommen, wie wir dies ja auch als das fanden, was sich uns sozusagen von selbst aufdrängt und in der bei weitem überwiegenden Mehrzahl der Fälle von selbst so darbietet. Dann aber sind diese Erscheinungen in ausschlaggebender Abhängigkeit vom st. K. Zunächst bedarf, wie hinreichend dargelegt, die Konstanthaltung der Reproduzierbarkeit der Erscheinungen notwendig des st. K., ferner aber bedeutet jede Messung der Erscheinung eine Anwendung des st. K., ebenso wie seine Unverändertheit den „Nullpunkt einer Erscheinung" (wo die Einwirkung der Erscheinung auf einen Körper gleich Null ist) definiert.

Wir können als für die folgende Betrachtung ganz allgemein festhalten: es wird jede Erscheinung in messende Behandlung zu nehmen gesucht mittels Maßstabes. Damit wird sie auf eine Äußerung zurückgeführt, die eine räumliche Veränderung ist. Es wird also jede Erscheinung auf räumliche Veränderungen zurückgeführt.

Da wir nämlich bei einer Messung notwendigerweise uns hauptsächlich mit der „Ablesung" beschäftigen, so wird diese (bzw. eine Reihe von ihnen) die Grundlage unserer ganzen weiteren Überlegungen bezüglich der Messung bilden.[1] Da aber die Messung diejenige Seite der Erscheinung gerade behandelt, welche eine räumliche Veränderung (nämlich meist Verschiebung längs der Skala) darstellt, so folgt, daß wir uns stets hauptsächlich mit derjenigen Seite der Erscheinung beschäftigen, die eine räumliche Veränderung darstellt.

Durch einen weiteren Umstand ist alles Erforschen der Erscheinungen gerade mit räumlichen Veränderungen verknüpft, und dieser letztere ist vielleicht der Ausschlaggebende. Wenn wir eine Abhängigkeit studieren, so müssen wir, wie wir sahen, den einen der beiden Umstände variieren. Dieses Variieren ist eine Willenshandlung von mir. Nun aber besteht folgende wichtige Tatsache: Es ist mir nicht möglich, mit meinem Willen direkt eine Farben- oder eine Geruchs- oder Geschmacksänderung hervorzubringen. Die fast einzige, sicher aber die weit überwiegendste Art von Veränderungen, die sich mit meinem Willen direkt hervorbringen kann, sind Bewegungsveränderungen. Auch bei der willensmäßigen Herstellung von Lauten mittels der Stimme habe ich zuerst

[1] Siehe meine „Grundl. d. ang. Geom." Kap. II, § 12.

Bewegungsveränderungen hervorzubringen, auch bei Wärmeveränderungen ist dies meist der Fall. Daher kommt es, daß unser direkter Verkehr mit der Außenwelt (wir reden hier ganz naiv, ohne uns auf die Erkenntnistheorie einzulassen, vom „Tagesstandpunkt“ aus, wie ich es in Grundl. d. Ph.[1] genannt habe) soweit er in einer willensmäßigen Beeinflussung derselben durch mich besteht („Handeln“) ausnahmslos durch räumliche Veränderungen (sog. Bewegungen) geschieht.

Daher wird jede Variation, die ich an einem Vorgang anbringen will, notwendig zunächst durch eine von mir bewirkte räumliche Veränderung (Bewegung) ausgeführt werden. Da nun aber in der logischen Formulierung eines solchen Variationsexperimentes der von mir willkürlich veränderte Umstand sich naturgemäß auch als die „willkürlich Veränderliche“ (daher auch „unabhängige Veränderliche“ genannt) darstellen muß, so ergibt sich weiterhin, daß das unabhängig Veränderliche bei allen experimentellen Abhängigkeitsuntersuchungen zuletzt fast ausnahmslos räumliche Veränderungen sein müssen.

Wir sehen also: Die unabhängigen Veränderlichen unserer Vorgänge sind räumliche Veränderungen, und was wir als Effekt der Variation dieser unabhängigen Veränderlichen an der Skala eines Apparates ablesen, ist ebenfalls räumliche Veränderung.

Beabsichtigen wir also unsere untersuchten Erscheinungen irgendwie zu erklären und zu unterbauen, so wird zu berücksichtigen sein, daß das unabhängig Veränderliche und das Resultat unserer Experimente stets räumliche Veränderungen sein müssen. Eine reine Beschreibung dieser räumlichen Veränderungen fällt unter die gleichen Gründe der Ablehnung und der Unzureichendheit, wie wir es oben von den reinen Beschreibungen überhaupt zeigten. Dies wird auch im folgenden sich noch näher zeigen.

Die Hypothese.

Wenn also die reine Beschreibung, wie wir sahen, nicht genügt, so müssen wir versuchen auf andre Art weiter zu kommen.

[1] „Die Grundlagen der Physik“. Berlin u. Leipzig, Vereinig. wiss. Verl. 1919.

Allgemein gesprochen gilt hier nun Folgendes: Man kann das ganze Forschen zunächst als eine Aufgabe rein logischer Tendenz betrachten, wie wir sofort näher ausführen werden. Es besteht nämlich darin, die unabhängigen Elemente der Erscheinungen von den abhängigen herauszufinden[1], und dann zu versuchen, die letzteren aus den ersteren logisch abzuleiten. Um dies zu erreichen, soll das ganze Erfahrungsmaterial logisch unterbaut werden. Da ist nun die Frage, wie letzteres am besten geschieht. Da dies Unterbauen nun darauf hinauslaufen wird, eine Feinstruktur der Vorgänge anzugeben, so werden wir diese so einzurichten haben, daß sie möglichst für ihre Zwecke geeignet ist. Wir werden strikte nachweisen können, daß wir bei unserer diesbezüglichen Wahl unter bestimmten logischen Bedingungen ganz frei sind. Dadurch wird sich dann die Möglichkeit ergeben, zur einfachsten und empfehlenswertesten Wahl zu greifen.

Überlegen wir uns nun, was wir bei bester physikalischer empirischer Forschung wirklich haben. Wir finden Abhängigkeiten, das ist alles. Der Umstand, daß wir dabei immer neue Apparate aufbauen, ist eine Begleiterscheinung, welche bewirkt, daß wir immer mehr und immer feinere Erscheinungen durch Einengung mittels möglichst konstanter Umstände (starrer Körper) in meßbare Bahnen zwängen. Wir messen an unseren Skalen gewisse Zahlen und werden gewisser Veränderungen gewahr an unseren Vorrichtungen und Apparaten. Wir wissen zwar, daß in allen diesen Messungen und Apparaten implizite der auf unsere Festsetzungen zurückgehende starre Körper darinnen steckt, ist der aber einmal eingeführt, dann sind die durch diese Messungen und Apparate gefundenen Abhängigkeiten nach Art und Größe völlig objektiv und erscheinen völlig eindeutig festgelegt. Dies ist es, was die Physiker sich vorstellen und vor Augen haben, wenn sie davon sprechen, daß alles in der Natur rein empirisch gegeben sei, und durch das Experiment festgestellt werden müsse (die vom starren Körper eben ausgesprochene Tatsache war ihnen ja bisher unbekannt und unbewußt geblieben).

[1]) wie sie sich eben beim Experiment herausstellen. Wir wissen natürlich, daß wegen des st. K. letzten Endes auch wieder wir selbst es sind, die indirekt und implicite festlegen, was unabhängige Veränderung sein soll.

Es erhebt sich nun aber eine andere wichtige Frage, welche bisher stets mit der vorstehenden Überlegung vermischt wurde, wodurch die jetzt herrschende Unsicherheit auf diesem Gebiete entstand. Kann in dieser „empirischen Physik" wie wir das auf die vorstehend geschilderte Weise gewonnene Wissensmaterial nennen wollen, irgendeine „Erklärung" der gefundenen Tatsachen eindeutig empirisch gefunden werden?

Diese Frage enthält das Thema unserer ganzen folgenden Ausführungen zur Wissenschaftslehre. Auch diese Frage, trotzdem an ihr die ganzen herrschenden Grundanschauungen und mit ihnen ausgedehnte Theorien hängen, und durch sie in ihrer Begründung entschieden würden, ist niemals ernstlich zum Gegenstande der Untersuchung gemacht, ja kaum überhaupt formuliert worden. Doch liegt dies daran, daß ein Weg zu ihrer Beantwortung nicht zu erkennen war.

Hier steht die Sache nun so, daß wir vor allem uns die vollständige Selbständigkeit formal logischer Gedankengänge gegenüber der Anwendung derselben auf irgendein Gebiet der Wirklichkeit, d. h. hier der empirischen Physik völlig klar machen müssen. Dem Mathematiker ist dies ja vollkommen geläufig, findet er doch den gleichen „logischen Zusammenhang" an ganz verschiedenen Stellen seiner Wissenschaft unter ganz verschiedenen Interpretationen wieder. So findet er den ganzen logischen Zusammenhang der hyperbolischen Geometrie innerhalb der gewöhnlichen euklidischen Geometrie im Kugelgebüsch (Kreisbündel), ferner in der Geometrie auf den Flächen konstanter negativer Krümmung, im Gebiete der projektiven Metrik und noch an anderen Stellen vollkommen wieder.[1] Ebenso andere Gedankengänge. F. Klein hat in seinem „Erlanger Programm" diese Möglichkeit zu einer mathematischen Methode von überaus großem Erfolge erhoben, und David Hilbert hat dieselbe systematisch angewandt, um die Unabhängigkeit verschiedener Axiome nachzuweisen. Die überaus große prinzipielle Tragweite dieses Prinzips ist bisher noch kaum genügend von anderer Seite gewürdigt und erkannt worden. Ich selbst habe

[1] Siehe z. B. Weber-Wellstein, Enzyklopädie der Elementarmathematik; Bianchi, Vorlesungen über Differentialgeometrie; F. Klein, Math. Ann. 4. und 6. usw.

schon 1905[1] ausdrücklich darauf hingewiesen, indem ich zeigte, daß man sich dasselbe konkret vergegenwärtigen kann, wenn man annimmt, daß der ganze Gedankengang in „Begriffsschrift" oder symbolischer Logik geschrieben sei. Nimmt man dann die Ausdrücke der spezifischen momentanen Interpretation aus dem aufgeschriebenen Gebäude hinweg, dann bleiben nur noch die rein logischen Zeichen übrig, und man sieht, daß es durchaus möglich ist, daß auch eine ganz andere Wissenschaft oder ein Teil von ihr einen logischen Zusammenhang aufweist, der diesem völlig identisch ist. Man braucht jetzt nur in die Lücken, welche durch Wegnahme der Ausdrücke der früheren Interpretation entstanden sind, die entsprechenden Ausdrücke der neuen Interpretation einzusetzen, um die neue Wissenschaft zu erhalten. Es zeigt sich, daß diese beiden Wissenschaften durch eine Art „Wörterbuch" sozusagen in einander übersetzt werden können. Wir sagen also: zwei solche Wissenschaften haben den gleichen logischen Zusammenhang, und das Prinzip selbst bezeichnen wir als „das Prinzip der logischen Abbildung". Ersetzt man in einer Wissenschaft alle Ausdrücke, welche mit dieser speziellen Wissenschaft zusammenhängen, durch allgemeine unbestimmte Symbole (wie etwa die Algebra unbestimmte Zahlen durch a, b, c . . . ersetzt), so erhalten wir ein Stück einer rein logischen Wissenschaft von dem gleichen logischen Zusammenhang wie die vorige. Wir wollen ein solches Stück einer rein logischen Wissenschaft ein „logisches Gebäude" nennen, und können feststellen, daß jede logisch exakt aufgebaute Wissenschaft sozusagen ein logisches Gebäude darstellt, wenn man sich eben die speziellen Terme der Wissenschaft durch unbestimmte Terme ersetzt denkt.

Übrigens ist gerade auch in der Physik dieses Prinzip der logischen Abbildung vielfachst zur Verwendung gelangt. Die Maxwellsche Methode der Analogie ist in Wirklichkeit nichts anderes. Jedem Physiker ist geläufig, welch' vielfache Verwendung die Theorie des Newtonschen Potentials oder die

[1] „Über die Methodik in der Mathematik", Jahresber. d. d. Math. Vergg. — E. Husserl hat schon in seiner „Philosophie der Arithmetik" später im 1. Bd. seiner logischen Untersuchungen das Prinzip der logischen Abbildung unter anderer Bezeichnung erwähnt und für seine Untersuchungen fruchtbar gemacht.

Theorie der Wärmeausbreitung in ganz verschiedenen physikalischen Gebieten finden.[1]

Natürlich müssen, um das Wesen und die Anwendungsart dieses wichtigen Prinzips einigermaßen beurteilen zu können, Beispiele dieser Art praktisch etwas geläufig sein. Aber schon die elementarere Mathematik und Physik bietet dem kritischen Beschauer eine Menge Beispiele. So kann z. B. schon der Zusammenhang zwischen der elementaren und der analytischen Geometrie in dieser Weise aufgefaßt werden. Ich habe in meiner Erstlingsschrift („Grundlinien einer Kritik und exakten Theorie der Wissenschaften, insbesondere der mathematischen", München 1907) eingehend diesen Gesichtspunkt behandelt.

Halten wir uns diese wichtige logische Erkenntnis vor Augen, die sich im Prinzip der logischen Abbildung ausdrückt, dann löst sich uns das Logische vom Material und wir erlangen jene Freiheit in der Handhabung des Logischen, die nötig ist, um unsere Überlegungen anzustellen.

Gehen wir dann von dem hiermit gewonnenen Standpunkt an unsere Frage nach den „Erklärungen" heran, so erhalten wir sehr wesentliche Einsichten.

Angenommen, ich habe eine Gruppe von Erscheinungen meiner empirischen Physik, so stellt diese in angeschriebener Form sich dar als eine Gruppe von Sätzen. Diese Sätze enthalten gewisse „Begriffe", und diese letzteren „verstehe" ich, indem ich bei Nennung des betreffenden Wortes an eine bestimmte Erscheinung denke, so daß sich nun der ganze Satz zu einem sinnvollen Bilde zusammenschließt. Nun kommen die gleichen Begriffe vielleicht in verschiedenen Sätzen der Gruppe vor. Dieser Zusammenhang verschiedener Sätze der Gruppe kann so weit gehen, daß sich einer der Sätze als eine direkte „logische Folge" zweier oder mehrerer der übrigen Sätze erweist, d. h. daß er sich nach formalen logischen Regeln aus diesen „ableiten" läßt. Einen solchen Satz wollen wir als „ab-

[1] Hierauf hat A. Voss in seinem grundlegenden Artikel über Mechanik in der Enzyklop. d. math. Wiss. hingewiesen. W. v. Dyck hat in seiner Akademierede „Über die wechselseitigen Beziehungen zwischen der reinen und angewandten Mathematik", München 1897, ausführlich davon gehandelt. Literatur zu diesem Prinzip siehe meine Grundl. d. ang. Geom. S. 43. Anm. Siehe auch E. Müller in Jahresber. d. d. Math. Vergg. XXII. 1913.

leitbar aus den übrigen Sätzen der Gruppe" bezeichnen. Ist ein Satz nicht aus den übrigen Sätzen der Gruppe ableitbar, so heiße er „unableitbar". Es gibt ein sehr einfaches und überaus viel verwendbares Kriterium der Unableitbarkeit: Enthält nämlich ein Satz einen Ausdruck wesentlich, der in keinem der anderen Sätze der Gruppe vorkommt, so kann er nicht ableitbar sein. Denn es ist unmöglich, durch Anwendung formaler logischer Regeln einen neuen Ausdruck abzuleiten.[1] Ist ein Satz so beschaffen, daß auch sein Gegenteil mit den übrigen Sätzen der Gruppe zusammen nicht zu einem Widerspruche führt, dann heißt er „logisch unabhängig von den übrigen Sätzen der Gruppe" (das klassische Beispiel ist das Euklidische Parallelenaxiom und der Nachweis von dessen Unabhängigkeit von den übrigen Axiomen).

Wenden wir diese Formulierungen nun auf die „Hypothese" an, dann kommen wir zu folgenden wichtigen Konsequenzen: Aus dem Gesagten ergibt sich, daß eine solche Gruppe von Sätzen, die sich auf das gleiche „Gebiet" beziehen (wo also die gleichen Begriffe in verschiedenen Sätzen vorkommen) einen „logischen Zusammenhang" hat. Eine Hypothese[2] also, welche in der Lage wäre, diese Sätze sämtlich aus sich ableiten zu lassen, müßte also ebenfalls diesen logischen Zusammenhang zum mindesten als einen Teil ihres eigenen aufzuweisen vermögen. Wir haben den:

Satz: Eine Hypothese muß den logischen Zusammenhang einer Gruppe von Sätzen, die sie zu „erklären" (d. h. abzuleiten) vermag, selbst als (mindestens) einen Teil ihres eigenen logischen Zusammenhanges aufweisen.

Ist der logische Zusammenhang der Hypothese identisch mit dem der Erscheinungen, dann fallen beide zusammen, es bedarf dann keiner Hypothese.

Aus diesen Fundamenten gelingt es nun, alle Sätze über Hypothesen vollständig und logisch zwingend abzuleiten. Haben wir z. B. zwei Hypothesen für das gleiche „Gebiet", die gleiche Erscheinungsgruppe. Ergibt sich dann im weiteren Verlauf der

---

[1] Siehe meine Schrift „Das Prinzip der logischen Unabhängigkeit in der Mathematik, zugleich als Einführung in die Axiomatik". München, Th. Ackermann, 1915.

[2] Unter „Hypothese" hier ein völlig ausgeführtes logisches Gebäude verstanden.

empirischen Erforschung des Gebietes eine neue Erscheinung, welche zwar aus der einen, nicht aber aus der anderen dieser Hypothesen ableitbar ist, dann ist dadurch die letztere Hypothese als „Erklärung" des Gebietes ausgeschaltet. Aber auch die erste wäre nur dann endgültig, wenn die Gruppe der zu erklärenden Erscheinungen „vollständig" gewesen wäre. Dies aber ist sie dann, wenn sie sich deckt mit der vollständigen Axiomengruppe oder Gruppe von Voraussetzungen, die einer bestimmten Hypothese zugrunde liegen. Dann nämlich fallen diese Hypothesen und dieses Gebiet in ihrem logischen Zusammenhang völlig zusammen. Eine solche Hypothese kann von diesem Gebiete aus nie mehr umgeworfen werden, da sie ein geschlossenes Erscheinungsgebiet völlig darstellt. Eine Weiterbildung dieses Gebietes kann nur mehr in der Weise stattfinden, daß das Gebiet als Ganzes als Teil eines größeren erkannt, die zugehörige Hypothese als Teil einer umfassenderen erkannt wird. In dieser umfassenderen Hypothese werden dann die Axiome der ersteren selbst als abgeleitete Sätze erscheinen müssen. Wir sprechen daher von einer „Unterbauung" der ersten Hypothese durch die zweite. Die erste Hypothese wird durch die umfassendere zweite Hypothese unterbaut. Ein solches „abgeschlossenes Erscheinungsgebiet" wie vorstehend geschildert ist z. B. die Lehre von der geradlinigen Ausbreitung des Lichtes (nebst Reflexions- und Brechungsgesetz). Dieses wird dann unterbaut durch die umfassendere Lehre von der Wellenbewegung des Lichtes.

Weiteres über die Hypothese.

Wir können also nunmehr als logischen Sinn der Hypothese das bezeichnen: Aus einer Gruppe von Erscheinungen eines Gebietes diejenigen herauszusuchen, aus welchen die übrigen logisch abgeleitet werden können, oder aber, eine Gruppe von Annahmen zu finden, aus denen die Erscheinungen der Gruppe logisch abgeleitet werden können.

Nun müssen wir, um noch weiter in die Bedeutung der Hypothese einzudringen, zu früher schon gestreiften Gesichtspunkten zurückkehren. Soweit wir sie eben behandelten, stellt eine Hypothese nichts weiter als eine Gruppe von Voraussetzungen dar, aus denen rein logisch gewisse Konsequenzen gezogen werden können. Das ist der rein formal logische Standpunkt der Hypothese gegenüber. Dies ist nicht der einzige, aber der erste solche Standpunkt, der trotz seiner Wichtigkeit bisher meist nur nebenher betrachtet wurde. Es ist von großem Vorteil, diesen Standpunkt in seiner vollen Reinheit und Einseitigkeit zur Wirkung kommen zu lassen, getrennt von den übrigen.

Auf Grund dieses Standpunktes erkennen wir, daß es möglich wäre, eine Hypothese sozusagen rein in Begriffsschrift mit allgemeinen Termen niederzulegen, indem wir nämlich allein ihren logischen Zusammenhang anschreiben. Dann müssen sich daraus alle Konsequenzen ableiten lassen. Dieser „logische Zusammenhang" kann dabei natürlich auch in mathematischen Formeln bestehen, denn diese sind ja ebenfalls einer logischen Zeichenrechnung angehörig, nur daß die Zeichen speziell Zahlen und nicht sonstige Begriffe bedeuten sollen.

Nun hat aber die Hypothese nicht nur die geschilderte logische Funktion, sondern sie will mehr: ihr letztes Ziel ist das, eine Wiedergabe der „wirklichen Verhältnisse" zu sein, welche die zu erklärende Erscheinungsgruppe hervorbringen.

Dieses Ziel müssen wir noch etwas näher betrachten. Es ist bei dessen Formulierung offenbar folgende Anschauung stillschweigend vorausgesetzt: a) Die mir zur Wahrnehmung kommenden Erscheinungen sind irgendwie „begründet" durch mir bisher noch nicht wahrnehmbare Erscheinungen. b) Wären diese noch nicht wahrnehmbaren Erscheinungen irgendwie wahrnehmbar gemacht, so müßte ich direkt wahrnehmen können, wie es zugeht, daß die in a) genannten grob wahrnehmbaren Erscheinungen durch sie bewirkt werden.

Denn durch günstige Umstände könnte es ja jederzeit möglich werden, daß wir diese feineren Gründe direkt oder fast direkt wahrnehmen.

Welcher Art nun müßten diese supponierten Vorgänge sein, damit wir in der Lage wären, direkt zu sehen, wie sie die zuerst gegebenen Erscheinungen „bewirken"? Sie müßten Bewegungsvorgänge oder mechanische Vorgänge sein. Nur bei solchen fragen wir nicht mehr nach weiteren Ursachen. Haben wir bestimmte Körper als fest, als starr in ihrer Form und als undurchdringlich einmal zugegeben, dann folgt rein logisch aus der Annahme, daß sich einige von ihnen bewegen, auch die Bewegung von anderen. Wir sehen, diese Überlegung führt uns wiederum auf den gleichen Weg wie früher: Die Hypothese soll womöglich aus anschaulichen Bewegungs- oder mechanischen Vorgängen bestehen. Doch soll dies nur vorläufig sein.

Betrachten wir die logische Funktion der Hypothese, so erkennen wir folgendes: Die Erscheinungen, welche durch eine solche erklärt werden sollen, sind ja selbst nichts anderes als einige Bestimmungen eines gewissen Gebietes der Wirklichkeit. Vollständig können wir ja die Wirklichkeit, wie wir sahen, doch nie fassen. So müssen wir uns damit zufrieden geben, einige Bestimmungen, soweit sie unserer momentanen Genauigkeit zugänglich sind, zu erfassen. Wir erstreben dann mittels der Hypothese diese Bestimmungen zu unterbauen, so daß sie alle fließen aus einer einheitlichen Grundvorstellung.

Rein logisch muß nämlich diese Grundvorstellung mindestens ebensoviele untereinander unabhängige Bestimmungen enthalten wie die zu erklärende Gruppe von Erscheinungen solche enthält. Es kann also in dieser Hinsicht durch eine Hypothese nichts gewonnen werden als das, daß diese letztere ihre Bestimmungen in einer leichter merkbaren Form enthält. Die aber wird erreicht z. B. durch eine anschauliche Hypothese.

Wir sehen also folgendes wichtige Resultat unserer bisherigen Ausführungen zur Hypothese:

Rein logisch bedeutet die Hypothese einfach die Forderung, eine gegebene, in Sätzen ausgesprochene Gruppe von Erscheinungen aus einer anderen Gruppe von Sätzen (Grundsätzen) auf logischem Wege abzuleiten, wobei diese Grundsätze nach Möglichkeit untereinander logisch unableitbar, besser noch unabhängig voneinander sein sollen. Auf diese Weise wird nämlich die logische **„Verfilzung"** der gegebenen Erscheinungen zurückgeführt auf untereinander unabhängige logische Elemente, aus denen die Erscheinungen dann logisch ableitbar sind. Es kann dann die Abhängigkeit der einzelnen Erscheinungen von den einzelnen unabhängigen logischen Elementen der Hypothese im Detail genau studiert werden. Es ist dies in weitem Maße der logische Sinn der theoretisch physikalischen Forschung.

Dem Mathematiker aber wird sofort klar sein, daß dies genau die gleiche logische Aufgabe ist, wie sie David Hilbert für die Grundlagen der Geometrie in seiner Festschrift (1900) so klassisch gelöst hat. Hilbert hat diese Forschungsarbeit als die axiomatische bezeichnet und hat sie klarsehend auch auf physikalische Fragen angewandt, ohne allerdings den oben geschilderten Zusammenhang mit dem allgemeinen Problem der Hypothese dabei zu behandeln. Das Problem, wie nun diese logischen Formulierungen mit der Realität in Verbindung treten können, ist bisher stets außer Betracht geblieben. Es ist aber das Kernproblem der heutigen Physik und bildet einen Hauptgegenstand dieses Buches.

Nun ist folgendes klar: Wenn wir eine vorgelegte Erscheinungsgruppe haben, die in Sätzen ausgesprochen ist, dann besteht also das eben formulierte, rein logische Problem, eine Gruppe von untereinander unabhängigen Annahmen zu finden, welche diese Gruppe aus sich logisch ableiten lassen. (Diese Unabhängigkeit ist schon zu dem Zwecke praktisch notwendig, um bei irgendeiner Unstimmigkeit, neuen Erscheinung alsbald feststellen zu können, welche der Annahmen geändert werden muß oder müssen, um die Unstimmigkeit zu entfernen. Sind die Annahmen unabhängig, so kann man diese Feststellung und Entfernung bzw. Änderung ohne Störung der übrigen Annahmen vornehmen.) Diese rein logische Aufgabe ist dann unbestimmt, wenn die Sätze, welche die Erscheinungsgruppe aussagen, an sich schon untereinander unabhängig sind. Dann stellen sie selbst schon eine Lösung der Aufgabe dar, insofern sie eine Gruppe unabhängiger Annahmen vorstellen. Sind die Erscheinungen nicht unabhängig voneinander, dann gibt es sicherlich einen Weg, auf dem es möglich ist, die einfachste Annahmengruppe aufzufinden, welche das Verlangte leistet. Ich kann dies hier nicht beweisen (man erkennt aber, welch wichtige Probleme einer exakten Logik, die für die Forschungspraxis in den exakten Naturwissenschaften von grundlegendster Bedeutung sind, noch der Bearbeitung harren), aber man braucht nur an den Gesichtspunkt der kleinsten Zahl logischer Schritte und logischer Konstanten zu denken, um einzusehen, daß diese Möglichkeit sehr nahe liegt. Diese Aufsuchung der einfachsten Zerlegung in unabhängige Annahmen kann man sich in irgendeiner logistischen Form ausgeführt denken, um den reinen logischen Zusammenhang vor sich zu haben.[1]

Während nun diese rein logische „Minimallösung" oder logische Minimalhypothese (wie wir sie, die wir weiterhin i. allg. als möglich annehmen, kurz nennen wollen) sicherlich in den meisten Fällen eindeutig, in allen Fällen nur sehr wenigdeutig ist, wird die Sachlage sofort eine andere, wenn wir diesen Gesichtspunkt beiseite lassen. Zunächst können wir in Rücksicht auf frühere Überlegungen einmal folgenden Satz aussprechen:

Der logische Zusammenhang der logischen Minimalhypothese einer Erscheinungsgruppe muß in jeder anderen Hypothese dieser Erscheinungsgruppe ebenfalls vorhanden sein. Nur daß er bei einer von der Minimalhypothese verschiedenen Hypothese noch irgendwie weiter logisch unterbaut ist.

Und hiermit kommen wir zu der Erkenntnis, daß trotz einer angenommenen Einzigkeit der Minimalhypothese einer Erscheinungsgruppe die Zahl der überhaupt für diese Gruppe möglichen Hypothesen eine unbegrenzte ist. Die meisten Hypothesen, wie sie uns in der Praxis der Forschung vorkommen, sind keine Minimalhypothesen.

Nun zeigt man aber leicht, daß in dieser Hinsicht die Minimalhypothesen im allgemeinen nicht direkt das Erstrebenswerteste sein kann. Wir haben schon eingangs dieses Buches konstatiert, daß der Vereinheitlichungstrieb des Menschen (der auf die zuerst von E. Mach in verschiedenen Schriften seit 1872, später von R. Avenarius in dessen Habilitationsschrift 1878 erkannte ökonomische Funktion der denkenden Forschung zurückgeht, die sich in meinem synthetischen Aufbau[2] dem allgemeinen „Zweckprinzip" unterordnet) ihn zwingt, schon aus Einfachheitsgründen zu versuchen, mehrere Erscheinungsgruppen aus der gleichen Hypothese zu „erklären". Diesen Gesichtspunkt haben wir nun weiter zu verfolgen.

---

[1] So, wie wir einen Vorgang durch unsere Apparate (die ja vom st. K. abhängen) „eingefangen" haben, dies wird auch sozusagen das Gerippe der Begriffsbildung sein, nach der wir den Vorgang „zerlegen" (d. h. die Gesamtheit seiner Bedingungen in Begriffe fassen). Denn jeder wesentliche Teil der Apparate stellt sozusagen eine wesentliche Teilbedingung des Vorganges dar.

[2] Grundlagen der Physik 1919, S. 9.

Betrachten wir also einmal zwei verschiedene Erscheinungsgruppen. Dann gelten für die Aufstellung einer Hypothese, welche für beide gemeinsam gelten soll, offenbar die gleichen Gesichtspunkte, wie wenn wir die beiden Erscheinungsgruppen zu einer einzigen vereinigen und für diese Gruppe eine Hypothese suchen. Wir werden also auch für diesen Fall eine Minimalhypothese als möglich annehmen dürfen. Betrachten wir dagegen diese aufgestellte gemeinsame Minimalhypothese nur im Hinblick auf eines der beiden Erscheinungsgebiete, so wird diese im allgemeinen Bestimmungen aufweisen müssen, welche nur durch das andere Gebiet bedingt sind, die also, wenn die Minimalhypothese nur für das erste Gebiet gelten sollte, wegfallen könnten. Daraus zeigt sich der Satz, daß eine Hypothese, welche gemeinsame Minimalhypothese für zwei Gebiete ist, meist nicht auch Minimalhypothese für jedes einzelne der beiden Gebiete sein wird.

Die gleiche Richtung der Überlegung führt uns jedoch zu der Idee einer alles umfassenden Hypothese, einer „Universalhypothese", wie wir sie kurz nennen wollen, und wir werden zu untersuchen haben, was sich auf Grund unserer vorstehend erlangten Erkenntnisse über sie aussagen läßt.

Die Universalhypothese.

Wir sagen nun also: es muß erstrebenswert sein, eine Hypothese zu haben, welche allen Vorgängen ohne Ausnahme gerecht zu werden vermag. Was können wir über eine solche aussagen?

Zunächst verliert natürlich der Begriff der Minimalhypothese hier in gewisser Hinsicht seinen Sinn. Denn es ist mir unmöglich, alle Sätze, welche Erscheinungen aussprechen, vorauszuahnen und deren logischen Zusammenhang festzustellen. Hieraus aber zeigt sich weiterhin, daß auch die sonstigen oben über die logische Funktion der Hypothese gemachten Aussagen ihren Sinn verlieren. Es erhebt sich nämlich die Frage: Hat die Gesamtheit der Erscheinungen überhaupt einen gemeinsamen logischen Zusammenhang, wie das bei einer Gruppe von Sätzen der Fall ist?

Da wir für die Zukunft nicht wissen können, welche Erscheinungen noch zutage kommen werden, so ergibt sich, wenn die Universalhypothese auch alle zukünftig gefundenen Erscheinungen soll umfassen können, daß diese die Möglichkeit haben muß, jederzeit beliebige Bestimmungen mit ihren Mitteln zum Ausdruck bringen zu können. Sie soll jeden möglichen Tatbestand darstellen können. Welcherlei Tatbestände aber kommen hier in Betracht? Zunächst allein räumliche Tatbestände. Wir haben gesehen, daß jede Messung, ja daß jedes auf eine Variation von Umständen gerichtetes Experiment auf räumlicher Grundlage ruht. Diese Tatbestände also sind es, welche der Universalhypothese unterworfen werden sollen. Sie soll ferner diese Tatbestände nicht nur qualitativ sondern auch quantitativ darzustellen vermögen.

Die Universalhypothese kann nicht zu jeder unabhängigen Bestimmung einer möglichen Erscheinung schon eine Bestimmung enthalten. Denn sonst müßte sie selbst unbegrenzt viele unabhängige Bestimmungen bereits enthalten. Sie kann also nicht in dem logischen Sinne eine Hypothese sein, in dem eine Minimalhypothese eine solche ist. Sie kann sozusagen nur „die Möglichkeit“ von solchen Detailhypothesen für beliebige Fälle enthalten, sie selbst kann sie aber noch nicht explizit enthalten. Sie muß also vom logischen Standpunkte aus, den wir oben einnahmen, etwas prinzipiell anderes sein als eine gewöhnliche Minimalhypothese. Denn letztere muß für jede unabhängige Bestimmung der Erscheinungen ebenfalls eine solche enthalten.[1]

Kausalität und Hypothese.

Nun wird doch immer gesagt, eine bewährte Hypothese lasse uns „den Grund“ einer Erscheinung erkennen. Und daneben besteht der schwierige und vielumworbene Begriff der „Kausalität“. Wie hängt dies alles untereinander und mit dem vorstehend erforschten logischen Wesen der Hypothese zusammen?

Betrachten wir eine Erscheinungsgruppe eines Gebietes und die zugehörige Minimalhypothese. Diese liefert mir eine Zerlegung der Erscheinungen in unabhängige Annahmen. Habe

[1] Hierzu wäre natürlich noch manches zu sagen, was zukünftiger logischer Detailuntersuchung überlassen bleibt.

ich irgendeinen Grund, etwas mehreres zu verlangen? Rein logisch nicht. Rein logisch kann mir keine andere Hypothese etwas anderes leisten. Was soll aber dann „der Grund" dieser Erscheinungsgruppe sein?

Im gewöhnlichen Sprachgebrauch sind Gründe: Abhängigkeiten derart, daß wenn eine primäre Veränderung eintritt, diese eine sekundäre mit sich führt in der Art, daß cessante causa cessat effectus. Nun sind aber sämtliche Experimente Aufsuchungen solcher Gründe und das, was wir als in Sätze gefaßte Erscheinungen eines Gebietes bezeichneten, sind ebenfalls lauter solche „Gründe", d. h. Abhängigkeiten, Verknüpfungen. Also würden ja diese Erscheinungen selbst schon Gründe enthalten. Es müssen also die Hypothesen noch andere „Gründe" liefern, denn sonst wären letztere ja gar nicht mehr nötig. Welcher Art sind nun diese Gründe, welche die Hypothesen liefern?

Zunächst offenbar solche, welche nicht direkt wahrgenommen werden können. Denn die direkt beobachtbaren Abhängigkeiten zweier direkt wahrnehmbarer Umstände (z. B. Öffnungszeit des Hahnes am Rezipienten der Luftpumpe und Bewegung der Quecksilbersäule am Manometer, Drehung des Griffes am Schleifrheostaten und Ablenkung der Nadel im Voltmeter usw.) sind ja Erscheinungen unseres Gebietes, können also schon zu den Sätzen gehören, welche die Erscheinungen des Gebietes wiedergeben. Daß aber die Hypothese mit diesen nicht zusammenfällt, zeigt, daß auch in Fällen, wo sämtliche jetzt erreichbaren Erscheinungen in Sätze gefaßt vorliegen, wir dennoch eine Hypothese nicht für zwecklos halten. Ich erinnere an die kinetische Gastheorie. Hier sind für ein gewisses Gebiet alle Erscheinungen in Sätzen gefaßt bekannt, trotzdem halten wir eine Hypothese für nötig. Es zeigt sich also, daß die Hypothese einen anderen Zweck hat, als nur beobachtbare Abhängigkeiten zwischen direkt wahrnehmbaren Umständen zu enthalten. Sie will ja diese beobachtbaren Abhängigkeiten logisch ableiten aus unabhängigen Annahmen. Wären mir diese Annahmen selbst direkt und gleichzeitig mit den Erscheinungen beobachtbar, so brauchte ich gar keine Hypothese. Daraus folgt, **daß die Hypothese also wesentlich nicht direkt beobachtbare Elemente und Abhängigkeiten enthalten muß.** Damit haben wir eine weitere überaus wichtige

Funktion der Hypothese abgeleitet, welche deren Bedeutung grundlegend bestimmt.

Natürlich werden aus einer Hypothese oft wiederum direkt beobachtbare Tatsachen abgeleitet werden können. Aber sie selbst wird wesentlich auch nicht direkt beobachtbare Elemente enthalten müssen. Wir sagen, die Hypothese liefere eine „Substruktion“ für die beobachtbaren Tatsachen.

Wird man nun hoffen können, später einmal direkt die jetzt nicht beobachtbaren Tatsachen beobachten zu können? Dies ist offenbar nur dann der Fall, wenn die nicht beobachtbaren Elemente der Hypothese überhaupt anschaulicher Natur sind. Im Falle einer rein logischen oder mathematischen Substruktion ist das nicht ohne weiteres der Fall. Im Falle der rein logischen Substruktion würde sich die Sache so darstellen, daß die sich neu offenbarenden Dinge den von der logischen Substruktion gezeigten logischen Zusammenhang aufweisen würden. Im Falle der mathematischen Substruktion würden die sich neu offenbarenden Dinge die aus den Gleichungen folgenden Maßzahlen aufweisen (vorausgesetzt, daß eben die Hypothese „stimmt“).

Wann „stimmt“ nun eine Hypothese?

Auch diese Frage können wir auf Grund unserer logischen Überlegungen beantworten. Zwischen der (endlichen) Gruppe von Annahmen oder Bestimmungen, welche die Hypothese darstellt und der (ebenfalls endlichen) Gruppe von Aussagen oder Bestimmungen, welche die Gruppe der zu erklärenden Erscheinungen darstellen, kann offenbar in folgender Art ein Verhältnis einer gewissen logischen Reziprozität bestehen. Bezeichnen wir die beiden Gruppen von Bestimmungen kurz als „Hypothesengruppe“ und „Erscheinungsgruppe“, so kann es vorkommen, daß auf bestimmte Art die eine Gruppe aus der anderen ableitbar ist.

In diesem Falle nämlich ist es ausgeschlossen, daß etwa eine neue Tatsache gefunden wird, welche die Hypothese als „falsch“ nachweisen könnte. Denn wegen der gemachten Voraussetzung hat jede einzelne selbständige Bestimmung der Hypothesengruppe bereits ihre empirische Bestätigung erhalten. Würde also eine der Hypothese widersprechende empirische Tatsache gefunden, dann wären zwei sich widersprechende empirische Tatsachen gefunden, was abgesehen von logischen Fehlern, nur daran liegen könnte, daß wir die eine oder die andere falsch beobachtet haben, eine Möglichkeit, die wir von vornherein ausschließen.

Es zeigt sich: Ist jede selbständige Bestimmung einer Hypothese in der Gruppe der Erscheinungen verankert, so daß ihr nicht widersprochen werden kann, ohne den Erscheinungen zu widersprechen, dann kann die Hypothese niemals durch neue Beobachtungen widerlegt werden.

Eine solche Hypothese nennen wir (wie früher) eine vollständige Hypothese. Es ist gleich zu untersuchen, inwieweit es überhaupt vollständige Hypothesen geben kann.

Eine vollständige Hypothese müßte also absolut dauernd sein. Doch kann sie in bestimmter Weise sich ändern. Neue Tatsachen können, wie gesehen, sie niemals umwerfen, es sei denn, daß die alten Tatsachen sich als falsch beobachtet ergeben sollten. So kann eine neue Tatsache, die, um wesentlich zu sein, natürlich aus den bisherigen unableitbar sein muß, nur eine Ergänzung der Hypothese herbeiführen — dabei stellt diese Ergänzung selbst eine neue Bestimmung dar, die von der bisherigen Hypothesengruppe unabhängig ist.

Eine andere Möglichkeit ist die, daß die neue Tatsache nicht eine qualitativ neue Tatsache darstellt, sondern nur in einer genaueren Zahlenangabe besteht, als sie bisher auf Grund des Experimentes möglich war. Dies ist ein besonders in letzter Zeit wegen der ausgedehnten experimentellen Untersuchungen, die überall angestellt werden, besonders häufig vorkommender Fall der Veränderung einer Hypothese.

Finden wir bei einer neuen experimentellen Untersuchung einen genaueren Zahlenwert, dann haben wir eigentlich den oben ausgeschlossenen Fall, daß die Gruppe der Erscheinungen eine „unrichtige" Beobachtung enthielt.

Enthält nämlich die Erscheinungsgruppe auch Messungen. d. h. aus solchen hervorgegangene Zahlen, so muß die Hypothese die gleichen Zahlen liefern, denn der gleiche logische Zusammenhang wird, wo es Zahlen angeht, zur Identität. Eine volle Identität kann aber schon rein messungsmäßig gar nicht festgestellt werden. So werden wir auch im besten Falle keine absolute Übereinstimmung haben, vielmehr Abweichungen konstatieren können. Hier treten nun Überlegungen ein, wie ich sie in meinen „Grundlagen d. angew. Geom." im Abschnitt über

Messung angestellt habe, die noch durch Betrachtungen über sog. Fehlertheorie zu ergänzen wären. Hierfür dürfte jedoch hier nicht der geeignete Platz sein. Es genügt folgendes festzustellen: Finden wir rein quantitativ systematische Abweichungen von den durch die Hypothese geforderten Zahlen, so ist bei dem untersuchten Vorgang diese Hypothese nicht rein realisiert. Und es ist dann die Frage, ob uns in weiteren Experimenten diese Realisierung noch voll gelingt oder aber, ob dies ausgeschlossen erscheint. Dieses letztere wäre der Fall, wenn der Vorgang bekanntermaßen durch dieselbe Gruppe der Qualität nach bekannten Bedingungen bestimmt ist, wie andere beherrschbare und durch die gleiche Hypothese erklärbare Vorgänge, und trotzdem nicht durch die Hypothese dargestellt werden kann. Dann ist klar, daß dieser Vorgang durch die gleichen Hypothesen müßte erklärt werden können, wie die anderen, daß aber die angewandte Hypothese die Gesamterklärung dieser zusammengehörigen Vorgangsgruppe nicht zu leisten vermag.

Konstitutionshypothesen.

Nun kann ich fragen: was wird das Resultat der vorstehend geschilderten physikalischen Forschung sein? Eine Unmenge von beobachtbaren Abhängigkeiten und eine Unmenge von Hypothesen.

Wir sahen ein, daß diese Hypothesen, welche die gleiche Erscheinungsgruppe erklären sollten, sowohl ihrem logischen Zusammenhang als dessen Interpretation (d. h. die „Bekleidung“ mit bestimmten Vorstellungen, die wir einem bestimmten logischen Zusammenhange überstreifen können) nach äußerst verschieden sein können, wenn sie auch alle dadurch verbunden sind, daß sie den logischen Zusammenhang der Minimalhypothese aufweisen müssen. Diese außerordentliche Beliebigkeit führt nun auf den Gedanken, daß doch auch hier das „Zweckprinzip“, der Wille zu möglichst praktischer, ökonomischer Gestaltung der wissenschaftlichen Arbeit zu Gesichtspunkten führen müßte, welche eine bestimmte Wahl oder Richtung in dieser unübersehbaren Fülle von Möglichkeiten erkennen lassen.

Überblicken wir den Prozeß der Forschung einmal im ganzen. Wir sahen früher, daß immer feinere Details bei näherem Studium der Dinge sich offenbaren.

Nun ist es naheliegend, daß, wenn wir doch die gröberen Erscheinungen an einem Ding, Gegenstand, durch Hypothesen erklären sollen, wir anschauliche Hypothesen vorziehen, in dem Gedanken, dann später die Äußerungen solcher Hypothesen auch direkt vielleicht beobachten zu können. Denn dies ist ein Vorzug anschaulicher Hypothesen unter vielen, daß die Möglichkeit besteht, die versteckten Vorgänge der Hypothese entweder selbst oder doch unmittelbare Wirkungen derselben direkt zu beobachten. Dann aber ist es das einfachste, diese versteckten Vorgänge dieser Hypothesen mit den feineren Erscheinungen des Dinges selbst in Verbindung zu bringen. Denn dann gruppieren sich die Aussagen von selbst um dieses Ding und bedürfen keiner besonderen späteren Verknüpfungen zu diesem Zweck.

Bevor wir aber weiter schreiten, müssen wir uns noch über einen sehr wichtigen Punkt Rechenschaft geben. Wir sprachen von experimentell festgestellten Abhängigkeiten, die zusammen uns die „empirische Physik" liefern. Welche Sicherheit haben wir nun für die absolute und dauernde Geltung der so festgestellten Abhängigkeiten?

Je mehr wir einen Gegenstand „kennen", desto sicherer werden unsere Aussagen über ihn zutreffen. Jede in Worte gefaßte solche „Abhängigkeit" ist ja in ihrer Geltung völlig abhängig von der Verknüpfung dieser Worte mit der Wirklichkeit. Kommt in einem solchen Satz das Wort „Eisen" vor, so hängt die Geltung dieses Satzes davon ab, mit welcher Genauigkeit ich den Begriff „Eisen" in der Wirklichkeit festgelegt habe (natürlich auch davon, inwieweit in dem betr. Satze diese Genauigkeit beansprucht wird: wenn ich sage, ich lege auf meine Wage ein eisernes Gewicht von 250 g, dann könnte das Gewicht auch aus Kupfer oder Stein sein, heißt es aber in einem Satze: ich nehme ein Metall vom Atomgewicht des Fe, so zeigen die Forschungen von Fajans und Hönigschmid, daß es hier passieren kann, daß zwischen Fe und Fe ein großer Unterschied sein kann, und dasselbe Experiment sehr verschiedene Resultate liefern kann).

Auf Grund unserer im 1. Teile angestellten Überlegungen können wir zu dieser Frage folgendes sagen: Das eindeutige Entsprechen zwischen unseren wissenschaftlichen Begriffen und den gemeinten Dingen der Wirklichkeit wird ein immer exakteres im Laufe der Zeit. Wenn ich einen Gegenstand mit dem Worte „Eisen“ bezeichne, so heißt dies, daß ich damit sagen will, daß dieser Gegenstand bestimmte Grundeigenschaften hat (Aussehen, spez. Gewicht, chemische Eigenschaften). Folgen dann aus diesen Grundeigenschaften rein logisch schon andere Eigenschaften, dann gelten diese natürlich von selbst davon. Aber bei vielen Eigenschaften ist das eben noch nicht bekannt, und darum weiß ich nicht bestimmt, ob sie stets und ausnahmslos mit den Grundeigenschaften vergesellschaftet sein müssen oder nicht.

Je nachdem ich mit größerer oder geringerer Genauigkeit das Eisen auf seine Grundeigenschaften beanspruche, muß ich mehr oder weniger sorgfältig in seiner Auswahl sein. Was also früher als Eisen bezeichnet wurde, entpuppt sich immer wieder einige Zeit später der Menschheit als eine ganze Gruppe von Dingen, die durch feinere Unterscheidungen wiederunterschieden werden können und über deren Verhalten bei feinerer Inanspruchnahme ganz verschiedene Aussagen zu machen sind.

Damit aber werden wir hinübergeführt zu dem Thema des nächsten Kapitels, das darnach fragt, welche Vorstellungen ich mir unter den geschilderten Umständen von der feineren Beschaffenheit aller Dinge (darunter des Eisens) machen muß.

Kapitel 2. **Die Konstitutionshypothese.**

Das Wesen der Konstitutionshypothese.

Es ist nun die Frage, ob man etwas darüber aussagen kann, ob es Hypothesen so allgemeiner Natur gibt, daß sie allen Erscheinungen letztlich zugrunde gelegt werden könnten. Wir haben solche Gebilde „Universalhypothesen“ genannt, und uns schon überzeugt, daß sie eigentlich etwas prinzipiell anderes sind, als die gewöhnliche Hypothese. Wir wollen nun zusehen, was sich allgemein über solche sagen läßt.

Und zwar wollen wir solche Fundamentalhypothesen behandeln, welche wirklich möglicher Vorgänge sich bedienen, also in ihren Konsequenzen „direkt gesehen“ werden können, wir nennen solche: „anschauliche Fundamentalhypothesen“ oder kurz „Konstitutionshypothesen“.

Die Konstitutionshypothese wird also Bilder liefern müssen von dem gleichen Charakter, wie unsere eigene grobe Welt. Diese nun aber ist, wie wir im ersten Teile näher behandelt haben, aufgebaut auf dem „Ding", dem „Körper". Wir sahen: wollen wir ein Ding benennen und später wieder erkennen, so bedarf es einer gewissen Konstanz, die uns eine „Gleichheit" mit unserem Erinnerungsbilde erkennen läßt. So sehen wir, daß schon der allererste Anfang einer ordnenden geistigen Behandlung der Wirklichkeit, die sich auf Wiedererkennung und bleibende Benennung beschränkt, schon des „Dinges" und zwar des mehr oder weniger „konstanten Dinges" bedarf. Dabei ist dieses Ding des allerersten Anfanges im groben Sinne schon „räumlich" (was zu der Entstehung dieses primitivsten „konstanten räumlichen Dinges" selbst zu sagen ist, wird im philosophischen Teile folgen). Wir nennen ein räumliches Ding einen „Körper".

So wird also auch eine Konstitutionshypothese sich der Vorstellung von Körpern bedienen müssen, denn dies ist die Art unserer Auffassung der Wirklichkeit.

Was werden wir nun noch über diese Körper aussagen können, deren sich die Konstitutionshypothese bedient? Werden wir annehmen, daß diese sich in irgend einer Weise verändern? Sollte dies der Fall sein, dann bedarf es nach unserem Bedürfnis nach Begründung wieder neuer Annahmen, um die Gründe dieser Veränderung festzulegen, dann aber ist diese Hypothese keine Konstitutionshypothese, welche ja die letzte, auf alle Fälle anwendbare Hypothese sein soll. So folgt der **Satz**:

Die in der Konstitutionshypothese zur Anwendung kommenden „Körper" sind unveränderlich.

Nun sollen doch diese Körper etwas „bewirken", mit einem Wort, sie haben ja die Aufgabe, schließlich **alles** zu bewirken, was ich in meiner Wirklichkeit wahrnehme, denn sie sollen eine Konstitutionshypothese bilden, und zwar sollen sie dies alles auf eine Weise bewirken, daß mir nichts mehr zu fragen übrig bleibt nach weiterer Begründung, denn eine Hypothese will ja „erklären" und eine Konstitutionshypothese soll fähig sein, schließlich alles zu erklären.

In welcher Weise soll ich also annehmen, daß diese Körper irgend einen zur Erklärung vorgelegten Vorgang bewirken? Zu diesem Zwecke muß natürlich eine Wirkung der Körper untereinander vorhanden sein. Denn wäre dies nicht der Fall, so würde jeder dieser Körper nur für sich existieren und die übrigen in keiner Weise beeinflussen können, zuletzt also auch unsere Sinnesorgane nicht[1], wodurch sich zeigt, daß die Existenz dieser Körper in diesem Falle überhaupt nicht zur Wahrnehmung gelangen könnte, während doch ihre Aufgabe ist durch ihr Zusammenwirken uns die Wahrnehmung der zu erklärenden Erscheinung zu erzeugen. So werden wir also die Annahme hinzufügen müssen, daß die Körper irgendwie aufeinander, bzw. auf bestimmte unter ihnen „wirken".

Die vorstehende Überlegung zeigt, daß wir irgendeine Wirkung der behandelten Körper annehmen müssen auf irgend etwas, zum mindesten auf unsere Sinnesorgane, wenn sie überhaupt irgend etwas sollen erklären können. Nun sind es aber die Körper einer Konstitutionshypothese, d. h. solche, die überall und allen Erscheinungen zugrunde liegen sollen. Also werden schließlich auch unsere Sinnesorgane selbst durch sie erklärt werden müssen, und eine Wirkung dieser Körper auf unsere Sinnesorgane würde wiederum nichts anderes sein als eine Wirkung dieser Körper auf gleichartige. Wir kommen also notwendig dazu, eine Wirkung dieser Körper untereinander (vorläufig noch in spezieller Auswahl) annehmen zu müssen.

Wie kann nun diese „Wirkung" beschaffen sein? Offenbar werden wir dieselbe niemals selbst wieder „erklären" können im vorstehenden Sinne. Denn unsere Hypothese soll ja eine Konstitutionshypothese sein, die schließlich allen Erscheinungen zugrunde liegen soll. Dann kann aber offenbar die bei ihr selbst angewandte Wirkung nicht selbst wieder in gleicher Weise erklärt werden, denn dies würde zu einem unendlichen Regreß führen.

Auch die Annahme, daß wir in der Konstitutionshypothese beliebig viele verschiedene Wirkungen der Körper aufeinander einführen, kann diesen Umstand nicht beseitigen. Im Gegenteil, dann müssen die sämtlichen hier angewandten Wirkungen ebenfalls dauernd unerklärbar bleiben.

---

[1] Man müßte sonst eine besondere Wirkung der Körper nur auf unsere Sinnesorgane annehmen. Wir kommen gleich darauf zurück.

Wir haben den **Satz**: Die in der Konstitutionshypothese zur Anwendung kommenden Wirkungen müssen dauernd unerklärbar bleiben (insoferne als sie auf andere solche Wirkungen zurückgeführt werden).

Diese Konsequenz veranlaßt uns zu der Überlegung, ob wir hr nicht dadurch entrinnen können, daß wir auf eine Konstitutionshypothese Verzicht leisten. Oder ist es überhaupt so, daß es immer Wirkungen geben muß, die nicht auf andere zurückgeführt werden können, (sondern etwa ihre Begründung von ganz anderer Seite her empfangen müssen)? In der Tat zeigen die vorstehenden Überlegungen, daß, wenn wir überhaupt Vorgänge durch andere erklären wollen, immer solche vorhanden sein müssen, die nicht auf andere zurückgeführt werden können.

Was heißt das, wir leisten auf eine Konstitutionshypothese Verzicht? Wir verzichten darauf, mehrere Hypothesen nach Möglichkeit zu einer immer wieder zu vereinigen. Wäre dies an sich schon ein Streben, welches unserem notwendigen Streben nach Vereinfachung (Ökonomie, um für neue Arbeit Zeit und Kraft zu bekommen) direkt entgegenarbeitete, so zeigt nähere Untersuchung, daß wir überhaupt gar nicht anders können, als der Konstitutionshypothese zustreben, wenn wir überhaupt Hypothesen machen wollen. Und daß dies letztere unumgänglich ist, habe ich zur Genüge gezeigt. Denn, wie wir noch näher sehen werden, ist die ganze Konstitutionshypothese selbst nichts anderes, als der notwendige Ausdruck unseres Willens nach einer einfachsten logischen Fassung des Wirklichen. So hat unsere obige Ableitung, daß die Konstitutionshypothese notwendig „Körper" und „Wirkungen von Körpern aufeinander" braucht, dies schon gezeigt, denn die gleichen Ableitungen zeigen, daß überhaupt jede anschauliche Hypothese sich dieser beiden Mittel bedienen muß. Wir werden finden, daß die Konstitutionshypothese nichts anderes als die einfachste Form der Anwendung dieser Mittel bedeutet.

Eine besonders wichtige Eigenschaft der Vorgänge (Körper + Wirkung), deren sich die Konstitutionshypothese bedienen muß ist die, daß sie für Erscheinungen jeder Größenordnung zur Erklärung dienen muß. Denn in ihrer Eigenschaft als Konstitutionshypothese muß sie universal sein und für alle Zeiten gelten. Nun wächst aber im Laufe der Zeit die Genauigkeit unbeschränkt, so daß immer feinere zu erklärende Vorgänge vorliegen werden. Nichtsdestoweniger sollen alle durch die gleiche Konstitutionshypothese erklärt werden. Dabei können auf jeder Genauigkeitsstufe Vorgänge gefunden werden, welche innerhalb der momentanen Genauigkeit Vorgänge der Konstitutionshypothese direkt oder fast direkt rein darstellen.

Die Vorgänge der Konstitutionshypothese müssen also auch im beliebig Kleinen stets wieder auftreten.

Würden wir nun für einen solchen Vorgang der Konstitutionshypothese irgendeinen der uns im Groben geläufigen Vorgänge (Abhängigkeiten) wählen, so würde dieser damit auf die Dauer, wie wir gesehen haben, in dieser Weise unerklärbar bleiben.

Ist es nun überhaupt unmöglich, diese Fundamentalvorgänge der Konstitutionshypothese empirisch festzustellen, (wir werden darüber noch zu handeln haben) unterliegt dieser Vorgang unserer Wahl, dann ist es nach mehrfach angeführten Grundsätzen selbstverständlich, daß wir den einfachsten derartigen Vorgang (Wirkung, Abhängigkeit zwischen Körpern) wählen.

Dieser einfachste mögliche Vorgang der Wirkung von Körpern aufeinander ist der des Newtonschen Gravitationsgesetzes, wie sich logisch strikte nachweisen läßt, d. h. des Falles, wo zwei homogene Kugeln eine Wirkung aufeinander ausüben, welche direkt proportional einer für jede charakteristischen Konstanten, indirekt proportional dem Quadrate ihrer Entfernung ist.[1]

Die Abhängigkeiten, die wir in der empirischen Physik feststellen, sind natürlich immer nur festgestellt innerhalb der Grenzen der momentanen Genauigkeit. Jede von ihnen kann daher außer von den feststellbaren Umständen noch von beliebig vielen feineren Umständen abhängen, die nur in den feststellbaren unerkannt darinstecken, und nur bisher nicht getrennt werden konnten. Wir können daher auf diesem Wege, d. h. empirisch, nie zu letzten Abhängigkeiten kommen. Jede der so gefundenen Abhängigkeiten bedarf selbst wiederum der „Erklärung". Denn wie sollte eine empirisch gefundene Abhängigkeit aussehen, die keiner Erklärung mehr bedarf?

---

[1] Siehe meinen zit. Aufsatz über „Einfachstheit" (Ztschr. f. Physik).

Jedes Ding, ja jedes konstante Ding erfordert in seiner Existenz, in seinem Sosein eine „Erklärung“, denn es ist anders als andere Dinge, und sein Konstantsein allein schon ist ein Vorgang, der einer Erklärung bedarf. Da aber ist unser natürlicher Weg, wenn wir anschauliche Erklärung haben wollen, was Körper und deren Wirkung, wie wir sahen, involviert, „der Rückzug in das Kleinere oder Feinere“, indem wir den Körper aus kleineren und deren Wirkung untereinander erklären.

Nun ist ja der einzige Zweck dieser Hypothesen, die gefundenen Erscheinungen logisch daraus ableiten zu können. Man wird also seine anschauliche Hypothese (da es schon wirkende Körper sein müssen), dadurch zu dieser Leistungsfähigkeit bringen, daß man die Körper mit hinreichenden Bestimmungen ausstattet, nämlich bezüglich ihrer geometrischen Form, Dichte, und auch ihrer Wirkung. Eine solche Hypothese kann natürlich gelegentlich alles Gewünschte leisten. Aber eben die hinzugefügten Bestimmungen geben selbst wieder zu weiteren Fragen Anlaß. Ich erinnere hier an das sehr ausgedehnte Gebiet der modernen Versuche, die „Konstitution der Materie“ zu erklären auf Grund des periodischen Systems der chemischen Elemente sowie der Erscheinungen der Spektralanalyse sowohl im gewöhnlichen, als im Röntgenlicht. Hier werden die Atome in allen möglichen Gestalten angenommen, ihre Wirkungen nach den verschiedensten Gesetzen, meist nach denen der Elektrizität behandelt bzw. vorausgesetzt.

Nun besteht aber die Möglichkeit, daß, wenn man hinreichend weit unterbaut, daß man dann auf diese Spezialbestimmungen die wir eben erwähnten, verzichten könnte, d. h. mit einer Theorie einfachster Wirkung einfachster Körper (Newtonsches Gesetz) auskommen und durchkommen könnte. Es müßte diese Theorie dann fähig sein, logische Gebäude jeder vorkommenden Art aus sich entwickeln zu lassen, in unserem Zusammenhange also, müßte sie in der Lage sein, alle nur vorkommenden räumlichen Veränderungen auch in ihrer Abhängigkeit von der Zeit darzustellen. Konnten wir ja zeigen, daß alle empirisch feststellbaren Abhängigkeiten sobald sie gemessen werden, von dieser Art sind.

Um diese Gesichtspunkte, die von äußerster Wichtigkeit sind, noch näher zu untersuchen, wollen wir eine mathematische Analogie heranziehen, die soweit entfernt ist, eine bloße Analogie zu sein, daß sie vom logischen Standpunkte aus mit dem Obigen völlig zusammenfällt. Ich meine den mathemathischen Vorgang der Entwicklung einer gegebenen Funktion in eine Reihe. Es wird dabei die gegebene, in weiten Grenzen beliebige Funktion dargestellt, zusammengesetzt, aufgebaut aus gewissen Normal- oder Elementarfunktionen. Diese Elementarfunktionen stellen gewissermaßen die „Konstitutionshypothese“ dar, aus der alles aufgebaut werden soll. Wir wollen kurz dies näher betrachten.

Das bekannteste Beispiel sind die trigonometrischen oder Fourierschen Reihen in der Mathematik. Es gelingt da irgendeine einfach periodische Funktion, welche gewissen, sehr allgemeinen Bedingungen (Dirichletsche Bedingungen) genügt, durch eine Reihe von trigonometrischen Funktionen $\sin x$, $\sin 2x$, $\sin 3x$ usw., sowie $\cos x$, $\cos 2x$, $\cos 3x$ usw. darzustellen, wenn man nur die Koeffizienten geeignet bestimmt. Sei $f(x)$ die darzustellende Funktion, so wird:

$$f(x) = b_0 + a_1 \sin x + a_2 \sin 2x + a_3 \sin 3x + \ldots$$
$$+ b_1 \cos x + b_2 \cos 2x + b_3 \cos 3x + \ldots$$

Die Kurven, welche durch $\sin x$ usw. dargestellt werden, sind die bekannten Wellenlinien. Dennoch gelingt es z. B. eine Kurve wie folgende:

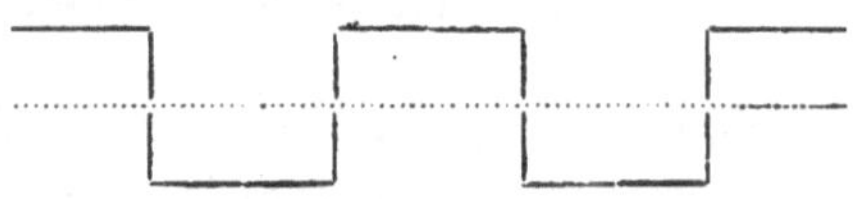

durch eine unendliche Reihe immer feiner werdender solcher sich übereinanderlagernder Wellenzüge völlig (d. h. mit jedem beliebigen Grade von Genauigkeit) darzustellen.[1] Was hat dies nun aber mit unseren Überlegungen zu tun? Sehr viel.

Es wird nämlich hier eine in sehr weiten Grenzen ganz beliebige Funktion aufgebaut aus bestimmten anderen einfachen und für alle Fälle hinreichenden Bausteinen. Der Zusammenhang mit unseren Überlegungen wird uns klar werden an dem Beispiel der Lehre von der Bewegung der Himmelskörper. Jeder Gelehrte weiß vom sogenannten ptolemäischen Weltsystem

[1] Siehe z. B. die schöne Darstellung bei C. Runge „Theorie und Praxis der Reihen“ (Sammlung Schubert).

und man weiß, daß dieses durch das Kopernikanische abgelöst und überwunden wurde. Etwas weniger bekannt ist aber die Tatsache, daß das ptolemäische Weltsystem an sich völlig in der Lage gewesen wäre, die Planetenbahnen darzustellen. Erst langsam beginnt sich die Ansicht durchzuringen, daß das ptolemäische Weltsystem nicht insoferne „falsch“ war, als es einen logischen Widerspruch in sich hätte; dies ist keineswegs der Fall.

Seit Newton aber stellen wir die gleichen Vorgänge durch das Newtonsche Gravitationsgesetz dar. Hier ist die „Elementarfunktion“, der Elementarvorgang ein offenbar viel einfacherer. Natürlich ist dabei das „Entwickeln in eine Reihe“ nicht immer so zu verstehen, als ob da stets eine unendliche Summe zustande käme. Wir benutzen ja auch nur die Analogie. Und diese besteht darin, daß ein Himmelsvorgang in eine unbegrenzte Reihe immer feiner werdender Glieder zerlegt wird nach dem Attraktionsgesetz.

Bevor wir aber daran gehen, die „wahre“ Konstitutionshypothese zu beweisen, sei noch einiges zur Konstitutionshypothese überhaupt gesagt. Welcher Art wird die Wirkung aufeinander, welche die Konstitutionshypothese für ihre Körper annehmen muß, sein? Wir haben gesehen, daß sie an sich von irgendeiner beliebigen Art sein kann, daß aber diese Wirkung damit der Erklärung durch andere Wirkungen dauernd entzogen ist.

In der Wirklichkeit finden wir immer neue Wirkungen von Körpern aufeinander, immer neue verschiedene, so daß deren Zahl unaufhörlich wächst. Soll eine solche Wirkung anschaulich erklärt werden, so muß sie auf andere Wirkungen zurückgeführt werden. Es besteht also der Wunsch nach einer möglichst geringen Zahl von Wirkungen, die fundamental sind, d. h. die zur Erklärung der anderen dienen sollen. Es soll also der Zustand, wo immer neue Wirkungen auf wieder neuere zurückgeführt werden, wo also deren Zahl unbegrenzt sich erhöht, nicht als wünschenswert betrachtet werden (wie das ja aus ökonomischen Gründen selbstverständlich ist). Einmal angenommen, daß es möglich sei, die Zahl der fundamentalen Wirkungen zu begrenzen, so folgt, daß diese Zahl an sich möglichst klein gemacht werden soll, so daß sie im besten Falle gleich „eins“ ist. Ferner ist klar, daß alle fundamentalen Wirkungen selbst nicht wieder durch

Wirkungen erklärt werden können. Es steht also die Sache vom logischen Gesichtspunkte aus so, wie wir es in folgendem **Satze** ausdrücken:

Entweder sind die empirischen Abhängigkeiten nicht auf eine endliche Zahl von Fundamentalwirkungen zurückzuführen, dann wird, trotzdem man von keiner Wirkung dann sagen kann, daß sie dauernd unerklärbar sei, eine stetig sich vergrößernde bedeutende Anzahl von Wirkungen in jedem Moment unerklärt sein, und niemals wird bei irgendeiner Wirkung irgendein Ende der Erklärung erreicht sein, von einer Einheit des physikalischen Weltbildes wird keine Rede mehr sein können, die Physik in eine bald nicht mehr zu bewältigende Zahl von Einzelwirkungen zerfließen. Oder, die obige Reduktion ist möglich, dann sind diese Fundamentalwirkungen selbst nicht in gleicher Weise erklärbar.

Nun gibt es scheinbar noch einen Mittelzustand. Es könnte sein, daß in einem (etwa sehr großen) Teile der Physik eine Reduktion auf eine endliche Gruppe von Fundamentalwirkungen möglich, in dem übrigen Teile unmöglich wäre. Dann bestände das Problem, ob die Fundamentalwirkungen des 1. Teiles der Physik durch die Wirkungen des 2. Teiles ableitbar, erklärbar wären, oder ob das umgekehrte der Fall ist. Dann würde es wohl immer möglich sein, die Erscheinungen des 2. Teiles durch solche des 1. Teiles zu erklären, indem wir sie mittels solchen des 1. Teiles unterbauen (wir werden die logischen Vorbedingungen hierzu noch zu studieren haben). Damit aber hätten wir wiederum den Fall, daß die Reduktion möglich ist.

Es leuchtet aber ein, daß eine Entscheidung über diese Fragen niemals aus der Beobachtung kommen kann.

Beweis der wahren Konstitutionshypothese.

Nachdem wir durch unsere vorhergehenden Studien genügend vorbereitet sind, können wir nun daran gehen, die wichtige Grundfrage nach der „wahren" Konstitutionshypothese endgültig zu erledigen.

Was wir als Ideal von unserer Physik verlangen würden, wäre eine vollständige letzte Begründung unserer Aussagen, oder mindestens ein Gebiet, worin die letztbegründeten Aussagen sich sammeln, während die noch nicht so begründeten diesem Schicksal automatisch entgegengehen.

Nun wäre eine letzte Begründung nur möglich, wenn alles darin von mir selbst ausgeht. Der Beweis für diesen Satz ist der, daß bei allem „nicht selbst begründeten“ (wie wir Elemente nennen wollen, die nicht von mir allein ausgehen) immer noch das Bedürfnis einer weiteren Begründung vorhanden ist. Die einzige Art der Begründung, die allein von mir selbst ausgeht und gar keine nicht selbstbegründeten Elemente oder solche, die noch weiterer Begründung bedürften, enthält, ist die „Festsetzung von mir“ (oder „freie Setzung“).

Damit ist erkannt, daß ein Gebäude von letztbegründeten oder letztbegründbaren Aussagen ein rein geistiges Gebäude sein muß. Von irgendwelchen der „Wirklichkeit“ entnommenen Tatsachen kann darin nicht die Rede sein. Alle Aussagen eines solchen Gebäudes von letztbegründeten Aussagen (eines letztbegründeten Gebäudes) sind gänzlich allgemeine Aussagen, die absolute Geltung haben. Ja, es ist der einzige Weg für eine Aussage, absolute Geltung zu haben, der, eine letztbegründete Aussage zu sein (dies beweist die Gesamtheit unserer obigen Untersuchungen darüber, ob nicht doch von anderer Seite her eine letzte Begründung erreicht werden könne).

Dieser vollkommenen Allgemeinheit der Aussagen gegenüber enthält jede der Wirklichkeit entnommene Tatsache „spezielle Elemente“. Sie braucht sie natürlich nicht im Ausdruck zu enthalten, denn man kann oft eine reale Tatsache ausdrücken durch einen Satz aus einem (oder dem) letztbegründeten Gebäude. Aber dieser Satz enthält auch diese reale Tatsache nicht vollständig. Denn hierzu würde eine Anfügung sämtlicher Umstände dieser realen Tatsache gehören. Wir sehen (wegen der Unbegrenztheit der Zahl dieser Umstände): Man kann eine reale Tatsache überhaupt nicht vollständig in Worten zum Ausdruck bringen.

Man kann eben eine reale Tatsache durch einen letztbegründeten Satz nur in der Form zum Ausdruck bringen, daß man sagt: Unter Abwesenheit störender Umstände gilt der und der letztbegründete Satz (siehe meine „Grundl. d. angew. Geom.“).

Was ist nun empirisch überhaupt zu erreichen? d. h. wie sieht das empirische „Rohmaterial“ aus, das wir direkt aus der

Wirklichkeit entnehmen können? Es sind, wie wir sahen, „Abhängigkeiten“, die wir entnehmen können, in Worte oder in Zahlen und Zahlentabellen gefaßt. Sonst können wir nichts entnehmen.

Nun haben wir durch unsere genauen logischen Überlegungen gesehen, daß diese empirischen Abhängigkeiten zwar gewisse logische Zusammenhänge von Gruppen von ihnen liefern, aber niemals etwas liefern können, was eine vorstellungsmäßige Erklärung wäre. Was sie liefern können sind einzig und allein Zahlentabellen, funktionale Abhängigkeiten gemessener Art.

Nun kann man eine Gruppe solcher empirischer funktionaler Abhängigkeiten mit einer vorstellungsmäßigen Erklärung darzustellen versuchen oder „unterfahren“ (ein Ausdruck, den wir Alois Höfler verdanken). Aber, da wir ja nichts haben, als zahlenmäßige Abhängigkeiten, als zu erklärendes Material, so kann die Form dieser anschauungsmäßigen Erklärung nicht durch das empirische Material vorgeschrieben sein.

Dies ist leicht zu beweisen. Wir nannten oben eine Minimalhypothese „vollständig“, wenn die Gesamtheit der empirischen Tatsachen[1] den Grundannahmen der Hypothese äquivalent waren, so daß beide Satzgruppen logisch auseinander herleitbar waren, zwei gegenseitig ersetzbare Axiomensysteme darstellten. Dann aber, so sahen wir, konnten weitere Erfahrungen diese Minimalhypothese weder bestätigen noch widerlegen, da sie ja selbst dann einfach der logische Ausdruck des vorhandenen empirischen Materials war. Eine solche Minimalhypothese nun brauchte aber keinerlei anschauliche Erklärung zu enthalten, sie konnte einfach in einem rein logischen oder (was dasselbe ist) mathematischen Zusammenhang bestehen. Damit aber ist gezeigt, daß aus den empirischen Daten allein lediglich ein logischer oder mathematischer Zusammenhang,

---

[1]) die natürlich als „in Sätzen ausgesprochen“ vorausgesetzt sind. Denn nur ein bereits begrifflich gefaßtes Tatsachengebiet kann eine Minimalhypothese haben, die eben durch diese begriffliche Fassung implicite festgelegt ist. Diese „begriffliche Fassung“ ist zunächst ein rein geistiger Vorgang und die „Begriffe“ können vorhanden sein, ehe ein Wort für sie geprägt ist. Aber das Vorhandensein dieser Begriffe ist das Wesentliche. Nur so ist das Wort „Tatsache“ oben aufzufassen.

auch dieser nur innerhalb bestimmter Grenzen, niemals aber eine anschauliche Erklärung, niemals eine Konstitutionshypothese mit Notwendigkeit entnommen werden kann.

Dieser Satz ist von fundamentaler Wichtigkeit.

Natürlich wird man irgendeine Gruppe von Erscheinungen durch eine bestimmte Art von Konstitutionshypothese restlos erklären können. Aber damit ist niemals der Beweis geführt, daß dies die einzig mögliche solche Konstitutionshypothese ist. In dieser Hinsicht entspricht die allgemeine Meinung in keiner Weise den Tatsachen. Denn die Meinung, daß eine Konstitutionshypothese dadurch immer besser bewiesen wird, daß neue reale Tatsachen aufgefunden werden, die sich durch sie erklären lassen, ist falsch. Durch solche Umstände wird lediglich gezeigt, daß eine wirklich ausreichende Konstitutionshypothese vorliegt und daß man einen Fortschritt in der Erklärung der Erscheinungen durch sie gemacht hat. Dafür, daß dies aber die einzige Konstitutionshypothese sei, die diese Tatsachen zu erklären vermag, ist gar nichts bewiesen.

Fragen wir nunmehr nach der Beschaffenheit dieser Konstitutionshypothesen, so können wir in Übereinstimmung mit unseren früheren Überlegungen folgendes sagen:

Wir sahen: eine Konstitutionshypothese muß anschaulicher Natur sein, denn sie soll die Möglichkeit eröffnen, ins beliebig Feine hinein, die Vorgänge anschaulich sich erklären zu können. Nun heißt aber „anschaulich" soviel, als daß die bei der Konstitutionshypothese zur Erklärung verwandten Vorgänge solche sind, wie sie uns im Groben in unserer Anschauung entgegentreten oder entgegentreten könnten. Denn andere Anschauung haben wir ja nicht. Die Konstitutionshypothese muß ferner die Eigenschaft haben, daß sie bis ins beliebig Feine hinein immer wieder geeignet ist, die Vorgänge zu erklären und aufzubauen. So daß niemals sie selbst bzw. die bei ihr benutzten Vorgänge nun an der Grenze angelangt sind, wo sie als Resultate des Zusammenwirkens noch feinerer anders gearteter Vorgänge aufgefaßt werden müssen. Andernfalls hätten wir aber keine wirkliche Konstitutionshypothese vor uns.

Aus diesen fundamentalen Eigenschaften der Konstitutionshypothese geht aber hervor, daß diejenigen Vorgänge, die sie selbst enthält und zur Erklärung aller übrigen Vorgänge verwendet, selbst niemals wieder eine besondere Erklärung finden können. Die Vorgänge der Konstitutionshypothese selbst müssen dauernd unerklärt bleiben (können niemals aus anderen Vorgängen aufgebaut, erklärt werden). Auch dies ist ein sehr wichtiger Satz. Wir wollen die Vorgänge der Konstitutionshypothese daher als „Fundamentalvorgänge“ bezeichnen.

Würden wir also einen optischen oder elektrischen Vorgang als Fundamentalvorgang wählen, so müßte dieser selbst dauernd unerklärt bleiben.

Nun steht die Gesamtlage unserer Überlegung so: Wir wissen, es kann niemals das Experiment für eine bestimmte Konstitutionshypothese entscheiden. Es folgt also, daß diese Hypothese nach rein logischen Gesichtspunkten gewählt werden muß, wenn man einmal über das naive Stadium wo diese Entwicklung dem Zufall überlassen bleibt, sich erheben will. Wir stehen momentan an dieser Schwelle. Das gleichzeitige Auftauchen verschiedener Möglichkeiten, die teils in kurzen Fristen einander ablösen, teils direkt nebeneinander bestehen, kennzeichnet den Moment, wo die Entwicklung einer Krise zudrängt, wo die Lösung kommen muß. Und diese Lösung liegt eben in den hier gegebenen Überlegungen.

Um nun auf die Art der zu wählenden Konstitutionshypothese näher einzugehen, so lehrt uns unser Zweckprinzip, daß sie nach dem Gesichtspunkte der größten Zweckmäßigkeit gewählt werden muß. In dieser Hinsicht nun sind folgende Gesichtspunkte ausschlaggebend.

Um eine logisch eindeutige Auffassung des Geschehens zu ermöglichen, müssen die in Frage kommenden Elemente der Wirklichkeit eindeutig festhaltbar, sie müssen Individuen sein. Dies können sie aber nur, wenn sie in den wesentlichen Punkten Konstanzen sind, d. h. sich nicht beliebig verändern.

Nehmen wir nun an, daß sich diese Elemente nicht beliebig verändern, dann können sie sich nur gesetzmäßig verändern. Nun lassen sich alle gesetzmäßigen Veränderungen aufbauen aus noch feineren Elementen, die dann selbst ganz ungeändert bleiben. Ferner ist auch das völlige Ungeändertbleiben der Elemente der einfachste Fall (Zweckprinzip). So zeigt sich denn, daß wir stets die Möglichkeit haben, bei der Konstitutionshypothese zu völlig ungeänderten Elementen, d. h. zu konstanten Elementen zu greifen.

Nun sahen wir aber, daß die alleinige Annahme von konstanten Elementen uns noch keinen Vorgang sichert. Um logische Ableitbarkeiten, Abhängigkeiten zu erhalten, die uns dann erlauben, aus diesen Fundamentalvorgängen höhere aufzubauen, bedürfen wir der Festsetzung, daß aus bestimmten Gegebenheiten solcher Elemente bestimmte andere sich ergeben, logisch erschlossen werden können. Zu diesem Zweck muß eine fundamentale solche Annahme (mindestens) einmal festgelegt werden. Sie bildet dann den Fundamentalvorgang. Denn es ist sofort klar, daß wir auf Grund des Zweckprinzips mit dem einfachsten Falle uns zu begnügen suchen werden, der vorliegt, wenn nämlich nur ein Fundamentalvorgang vorhanden ist.

Haben wir nun aber einmal das Räumliche als dreidimensional eingeführt, wie wir es aus vorwissenschaftlichen Stadien schon vorfinden, so daß alles in meiner Welt räumlich ist, dann werden wir die konstanten Elemente der Konstitutionshypothese insbesondere räumlich konstant wählen. Da aber räumliche Elemente „Körper" heißen, so finden wir: Wir werden die konstanten Elemente unserer Konstitutionshypothese als konstante Körper wählen. Räumlich konstante Körper heißen wir aber „starre Körper", womit wir ein weiteres wichtiges Resultat erlangt haben.

Es wird also der gesuchte Fundamentalvorgang ein Vorgang an starren Körpern sein müssen, d. h. wie wir sahen, eine „Abhängigkeit" verschiedener solcher Körper voneinander. Diese Abhängigkeit könnte nun irgendwelcher anschaulicher Art sein: Änderung der Farbe, des Tones usw. Die Gestalt der Körper wollen wir im Fundamentalvorgang nicht ändern lassen, da eine Formänderung immer auf Lageänderung noch feinerer st. K. zurückgeführt werden kann. Nun haben aber Körper im Raume schon ohne Hinzunahme weiterer Erscheinungen an sich die Möglichkeit einer Variabilität, nämlich ihrer Lage, und innerhalb der Zeit betrachtet, in ihrer Bewegung. (Die Definition der Zeit wird gelegentlich unserer Kritik der Relativitätstheorie noch näher zu besprechen sein.)

Wir werden also als einfachsten Fundamentalvorgang denjenigen der Beeinflussung der Bewegung starrer Körper durch andere im Raume haben.

Da läßt sich nun einwandfrei nachweisen, daß die logisch einfachste derartige Beeinflussung oder Bewirkung die des

Newtonschen Gravitationsgesetzes ist (siehe meinen Aufsatz: „Über den Begriff der Einfachstheit in der Methodik der Physik usw.").[1] So sind wir denn zu dem wichtigen Resultat gelangt: Der einfachste Fundamentalvorgang ist die gegenseitige Bewirkung von starren Körpern nach dem Newtonschen Gravitationsgesetz. Damit aber ist also auch die einfachste Konstitutionshypothese bestimmt. Es ist diejenige der „reinen Synthese", wie ich sie genannt habe (Grundl. d. Physik).

Es ist ohne weiteres zu sehen, daß die Konstitutionshypothese der reinen Synthese alle die von uns oben aufgestellten Bedingungen einer solchen erfüllt. Sie ist bis ins beliebig Feine hinein brauchbar und sie ist anschaulich.[2]

---

[1] Ztschr. f. Physik. 1920.

[2] Hier ein Wort über die Fernwirkung. Man lebt in weiten Kreisen heute der Ansicht, daß durch Maxwell irgendwie die Fernwirkung als unmöglich nachgewiesen sei. Wer sich aber die Sache einmal genauer überlegt, der sieht, daß dies keineswegs der Fall ist. Was Maxwell nachwies, war nur, daß durch seine mathematischen Bilder die elektrischen Tatsachen besser dargestellt wurden als durch frühere Theorien, die auf ganz vagen Hypothesen aufgebaut waren, die sich gewisser Fernwirkungen bedienten. Dabei sind wir noch so weit von dem wahren Mechanismus der Elektrizität entfernt, daß auch die beste Theorie, die wir besitzen, sich zu der Wirklichkeit verhalten wird wie eine von uns hergestellte Mondkarte zu einem auf dem Monde selbst aufgenommenen Katasterblatt. Also kann auch die Maxwellsche Theorie nur ein gewisses äußeres Kleid der elektrischen Erscheinungen geben, das gar nichts darüber aussagt, ob bei dem Zustandekommen derselben Fernwirkungen mitspielen. — Aber wir sind glücklicherweise auf solche empirische Unzulänglichkeiten bei dieser Frage nicht angewiesen. Man kann nämlich leicht zeigen, daß eine einfachste Welterklärung ohne actio in distans überhaupt unmöglich ist. Nehmen wir an, zwei Körper bewirken einander durch Berührung, wie wollen wir ihre Festigkeit erklären? Doch durch kleinere Teile, da die Körper doch zusammendrückbar sind. Dann müßten doch ihre kleinsten Teile selbst wieder nur sich berühren, wenn es keine Fernwirkung gäbe, für diese gelte das gleiche usw. Zuletzt aber wäre ein solcher Körper, der nur durch Berührungen bestünde, völlig unzusammendrückbar. Das kann es also im allgemeinen nicht geben. Dann aber können die kleinen Teile nur beweglich sein. Gibt es keine Fernwirkung, so werden sie keinerlei Grund haben, zusammenzubleiben und sich schleunigst in immer feinere Bestandteile auflösen und zerstreuen. Nur durch Druck von außen können sie zusammengehalten werden. Dieser Druck aber könnte nur ein dynamischer sein. Also einseitig in den meisten Fällen. Es würde sich also darum handeln, die Gravitation durch Stoß zu erklären. Nun sollen aber die Körper, die den Stoß ausführen,

Nun wäre noch der detaillierte Beweis zu führen, daß diese Konstitutionshypothese tatsächlich jede mögliche Erscheinung zu erklären vermag.

Zu diesem Zweck überlegen wir uns zunächst folgendes: Wir haben einwandfrei gezeigt, daß experimentelle Erfahrungen niemals eine Konstitutionshypothese irgendwie beweisen oder widerlegen können.[1] Alle von daher dafür oder dagegen gebrachten Gründe sind daher notwendig völlig wirkungslos. Es können daher nur rein logische Erwägungen sein, welche eine Hypothese zur Konstitutionshypothese machen.

Nun haben wir ja das eine wenigstens sicher, daß man alle Vorgänge durch bewegte st. K. muß erklären können. Sahen wir doch, daß alle unsere empirischen Beobachtungen auf räumliche Veränderungen hinauslaufen.

Das einzige, was also noch zu beweisen ist, ist das, daß jede beliebige Bewegung irgendwelcher st. K. durch das Newtonsche Gesetz dargestellt werden kann, wobei die Masse dieser Körper erst durch diese Darstellung zu bestimmen wäre (denn der Begriff der Masse wird ja in der reinen Synthese erst durch das Newtonsche Gesetz bestimmt).

Man wird eine solche Aufgabe, die vorgegebenen Bewegungen einer endlichen Zahl von Körpern nach dem Newtonschen Gesetz zu „erklären", natürlich nur dann erfüllen können (falls die gegebenen Körper als von konstanter Masse angenommen werden, was schon geschieht, wenn sie überhaupt in jeder erkennbaren Hinsicht als konstant angenommen werden), wenn man noch weitere Massen annehmen darf. Dies ist ja aber in der Wirklichkeit stets möglich, denn wir haben ja stets die Möglichkeit, ins Weite und ins Feine beliebig weit fortzuschreiten und beim synthetischen Aufbau ist dieser Weg der

---

selbst erst wieder durch Stöße zusammengehalten werden. Dies würde für jeden einzelnen Körper, bei Sandhaufen für jedes einzelne Korn, einen komplizierten äußeren Apparat bedingen. Theoretisch wäre eine solche Synthese natürlich ebenfalls ausführbar, aber sie ist nicht die einfachste, denn ihr Elementarvorgang, der Stoß zweier Körper, ist von einer großen Anzahl von Umständen abhängig (Beschaffenheit der beiden Körper im einzelnen), während der Elementarvorgang der Gravitation (Attraktion zweier Körper) nur von einem Umstand (deren Masse) abhängt.

[1] Es werden ja die Massen selbst erst durch Anwendung des Gesetzes festgestellt. Siehe auch S. 183.

einzige, der erlaubt, Massen festzustellen.[1] So ist es unmöglich, daß wir einmal zu einem Widerspruch kommen.

Natürlich ist das Gesagte nur ein Überschlag und es wäre eine ganz konkrete Aufgabe der höheren Mathematik und Potentialtheorie, unsere Aufgabe bis in alle Einzelheiten zu lösen. Aber die Antwort ist sicher. Unter den genannten Bedingungen kann jede gegebene Bewegung bestimmter Körper durch das Newtonsche Gesetz dargestellt werden.

Damit ist aber auch gezeigt, daß das Newtonsche Gesetz tatsächlich als Fundamentalvorgang genommen eine vollständige Konstitutionshypothese darstellt. Da dies zugleich die einfachste Konstitutionshypothese ist, unter den möglichen Konstitutionshypothesen uns aber „die Wahl frei steht", so zeigt sich (Zweckprinzip), daß diese Konstitutionshypothese, die ich als die „reine Synthese" bezeichnet habe, auch die richtige, wahre ist. Und wir finden hier auf induktivem Wege die Richtigkeit der in meinen „Grundlagen der Physik" aufgestellten reinen Synthese voll bestätigt und bewiesen.

Sehr wichtig ist, daß diese Konstitutionshypothese ins beliebig Feine hinein anwendbar ist. Denn die feinsten Elementarkörper, welche in einem gegebenen Moment der Konstitutionshypothese zugrunde liegen, werden weiterhin wieder als in verschiedener Weise differenziert, und damit als aus feineren Elementarkörpern zusammengesetzt erkannt. Und dieser Prozeß schreitet in infinitum vorwärts. (Über das Verhältnis dieser Dinge zur statistischen Methode siehe meine Grundl. d. Physik.)

Fragen wir nun noch, wie sich die momentanen Tendenzen bezüglich einer Konstitutionshypothese zu unserem Resultat verhalten. Was zunächst das sog. „elektrodynamische Weltbild" angeht, das alles auf die sog. Maxwellschen Gleichungen zu gründen sucht, so haben wir vorhin hinreichend gezeigt, daß Differential- oder sonstige Gleichungen niemals eine Konstitutionshypothese darstellen oder ersetzen können. Damit erledigte sich auch die Kirchhoffsche Ansicht von dem „Beschreiben der wirklichen Vorgänge durch Differentialgleichungen". Dieser Kirchoffsche Standpunkt ist in gewisser Hinsicht durchaus möglich, er übersieht aber völlig die sehr wesentlichen Vorteile, die eine wirkliche Konstitutionshypothese bietet. Und

[1] Gewöhnliche Hypothesen können ja experimentell widerlegt werden.

die Darstellung durch Differentialgleichungen ist letzten Endes ebensowenig rein phänomenologisch, wie die durch eine Konstitutionshypothese.

Eine Art von Konstitutionshypothese, die zurzeit sehr beliebt ist, ist der Versuch, alles durch elektrische Vorgänge erklären zu wollen. Dieser Versuch nähert sich in weiten Teilen schon der reinen Synthese, dort nämlich, wo es mit Korpuskeln arbeitet. Nimmt er nun zwei Arten von Elektrizität an, so haben wir die so häufig versuchte polare Konstitutionshypothese. Aber diese ist an Einfachheit der reinen Synthese unterlegen. Und in der Tat machen sich schon starke Bestrebungen geltend, die polare Theorie der Elektrizität in eine „presence and absence theory“ (wie man in der Biologie sagt) zu verwandeln, indem die positive Elektrizität als ein Manko an negativer betrachtet wird.

Noch I. Kant hat stets neben der Attraktion eine abstoßende Molekularkraft für nötig erachtet. Aus unseren Überlegungen ergibt sich, daß zuletzt alles auf eine Kraft, die Attraktion, muß zurückgeführt werden können, und daß es sonst keiner Elementarkraft bedarf.[1]

Nachlese.

Werfen wir einmal zu einem kurzen Vergleich einen Blick auf frühere Erkenntnisse und Ansichten in unserer Richtung. Man kann die Art, wie wir Raum und reine Synthese durch Festsetzungen einführen, in einem gewissen Sinn als „a priorisches Vorgehen“ bezeichnen, wobei das Ausschlaggebende das Ausgehen vom Subjekt aus ist. Das ist natürlich himmelweit verschieden vom Kantschen a priori. Immerhin ist beiden das Ausgehen vom Subjekt gemeinsam. Nun hat Kant in seinem Sinne außer dem Raume noch die allgemeinen Grundsätze der sog. reinen Naturwissenschaft als a priori bezeichnet.

[1] E. Machs Stellungnahme gegen die Atomistik hat ihren tiefen Grund. Mach wendet sich nicht gegen sie als gegen eine Hypothese (oder Darstellungsform der Wirklichkeit wie wir sagen würden), sondern gegen sie als metaphysische Annahme. Und darin hat er völlig Recht. Bei uns ist sie eine Darstellungsform, zu der dann auch alle Wahrnehmungen stimmen, wenn man sie anwendet. Die Annahme einer Existenz von Atomen als Dingen an sich ist dagegen sinnlos (siehe Teil III).

Schließlich hat er sogar versucht, das Newtonsche Gesetz aus a priorischen Prinzipien abzuleiten. Tatsächlich hat damit Kant diejenigen Elemente, welche wirklich a priori sind, im Groben erkannt. Aber diese sind in ihrer Bedeutung und Abgrenzung bei ihm nicht recht zu erkennen. Man sieht erst auf Grund unserer Theorie, wie die Dinge innerlich zusammenhängen und warum gerade Raum und Newtonsches Gesetz eine solche Rolle spielen.

Nun ist es von äußerstem Interesse, zu erfahren, daß Kant in seinem Alter aufs heftigste an einer Naturphilosophie arbeitete, einer Ausführung also derjenigen Grundlagen, die er in seiner Erkenntnistheorie gelegt hatte. Wir sind eigentlich erst in allerletzter Zeit durch das hochverdienstliche Werk von Adickes (Kants opus postumum. Berlin, Reuther u. Reichard, 1918) in der Lage, uns ein wirkliches Urteil über die hinterlassenen Kantschen Manuskripte zu bilden. Da ist es nun pikant zu sehen, wie wenig Verständnis unsere Zeit für die Kantsche Lehre im eigentlichen Sinne hat, trotz des Kultus, der mit diesem Forscher getrieben wird. Man hat dieses Werk für eine senile Alterserscheinung gehalten. Ein Vergleich mit unseren Untersuchungen aber zeigt zur Evidenz, daß der alte Kant gerade den Punkt gesehen hatte, an dem sein System versagte und der wesentlichsten Ergänzung bedurfte, und von wo aus der Weg zur weiteren Lösung abzweigte.

Es ist das „Problem der Anwendung", das Kant dort behandelt, und es ist bemerkenswert, daß er im Alter noch die zentrale Bedeutung dieses Problems erkannt hat. Kant fordert direkt eine Wissenschaft, um „den Übergang vom Rationalen zum Empirischen unter Grundsätze zu bringen" (Adickes l. c. S. 160). Dies aber ist genau das Problem, das den Kern meiner eigenen Überlegungen seit 1905 gebildet hat. Es ist dieses nachgelassene Werk Kants ein ragendes Denkmal für den Scharfsinn dieses Forschers, wenn auch seine Bemühungen dort versagen. Sie scheitern hauptsächlich an dem Mangel einer Genauigkeitstheorie (wie ich sie zuerst ausführlich in meinen Grundl. d. angew. Geom. aufgestellt habe seit 1910; Exhaustionstheorie veröffentlicht seit 1907) und daran, daß er die Prinzipien nicht zu finden vermag, nach denen die zwischen den Körpern wirkenden Kräfte bestimmt werden. Während Kant aber noch jenes instinktive Gefühl für das Mögliche und „Wohlanständige“ (wie er selbst sagen würde) in seinen Spekulationen bewies, das ihm eignete, verfallen seine naturphilosophischen Nachkommen in die tollsten Ungereimtheiten, Phantastereien und Verzerrungen. Wir wissen jetzt, daß das Newtonsche Gesetz seine einzigartige Rolle spielt und warum, daß und warum eine „Fernkraft“ nötig ist, und daß die einzige wirkliche „Molekularkraft“ die Newtonsche Gravitation ist. Darin nämlich liegt unter anderem die eminente Bedeutung der von uns eingeschlagenen Untersuchungsrichtung, daß sie uns eindeutig und endgültig die Frage nach der Natur der Molekularkräfte zu beantworten erlaubt.

Es ist eine Menge Arbeit im letzten Jahrhundert in dieser Hinsicht aufgewendet worden. Nach unseren Untersuchungen ist es klar, daß rein experimentell nur sehr schwer viel über diese Molekularkräfte auszumachen sein wird. Insbesondere waren immer wieder verschiedene Arten von solchen anzunehmen versucht worden. Alle diese Arbeit ist nun als unnötig erkannt und der Physiker hat eine feste Wegroute vor sich.

Noch ein Wort über das „Anwendungsproblem“. Der Kenner der antiken Philosophie weiß, daß sich alsbald nach dem Erwachen der griechischen Spekulation ein fundamentaler Gegensatz herausbildete. Dieser entstand zwischen Heraklit, dem Philosophen des πάντα ῥεῖ, und den Eleaten (Parmenides usw.). Während ersterer das fließende Sein als das Wesen der Dinge betrachtete, war für die letzteren die logische Form, der Begriff, das Letzte der Dinge. Diesen Gegensatz zu überbrücken, war im Stillen das stete Ziel der griechischen Philosophie. Wir erkennen leicht, daß es genau der Gegensatz zwischen Wirklichkeit und Theorie, zwischen Realität und Logik, zwischen Theorie und Anwendung der Theorie ist, der hier zugrunde liegt (nur natürlich in ganz primitiver Form) und daß die Überbrückung dieses Gegensatzes letzten Endes zusammenfällt mit dem „Problem der Anwendung“, das Kant wieder gesehen hat und das den Kern unserer Überlegungen bildet.

Man kann genau verfolgen in der Tradition, wie die Pythagoraeer eine solche Überbrückung versuchten, trotzdem sie den Eleaten viel näher standen, und Aristoteles preist von Plato, wie dieser gerade durch den Wunsch einer solchen Überbrückung zu seiner Philosophie gekommen sei. Dennoch läßt sich nicht leugnen, daß die Überbrückung nicht gelang und diese Niederlage war es nicht zuletzt, die der griechischen Philosophie am Ausgang der Antike den Todesstoß versetzte, so daß sie dem andringenden Mystizismus nicht mehr zu widerstehen vermochte. Es ist hier nicht der Ort, die großartigen historischen Perspektiven zu verfolgen, welche eine Untersuchung der Geschichte der Philosophie unter dem Gesichtspunkte dieses Problems eröffnet, es ragt mit seiner Reichweite weit in das geistige und religiöse Leben der Menschheit hinein. Der Gegensatz von Geist und Materie ist letzten Endes auf die gleiche Quelle zurückzuführen. Hier sei nur soviel noch bemerkt.

Das Problem wurde nicht gelöst. Man kann die weiteren philosophischen Untersuchungen der neueren Zeit (seit dem Mittelalter) zum Teil verstehen als Versuche zur Lösung (trotzdem das Problem als solches explicit gar nicht erkannt wurde). Aber es ist klar, daß alle Forscher mehr oder weniger ganz auf einer der beiden entgegengesetzten Seiten (der empiristischen und der idealistischen) standen, weil nämlich für jemand, der auf einem der beiden Standpunkte steht, der andere falsch sein muß, wodurch natürlich auch das Vermittlungsproblem sinnlos wird, und daß deshalb kein Grund vorlag, ein „Vermittlungsproblem" für sie anzuerkennen. So sehen wir, daß erst der alte Kant zu einer klaren Einsicht in die Existenz dieses Problems gelangte, was ihm wiederum ein ganzes weiteres Jahrhundert hindurch als Senilität ausgelegt wurde.

Teil III.

Der erkenntnistheoretische Kern.

Kapitel 1. Das Grundproblem.

Vorbemerkung.

Wenn ich mich nun im folgenden zur Behandlung derjenigen Konsequenzen und Ausbauungen wende, die sich auf Probleme beziehen, die man der Philosophie zuzurechnen pflegt, dann wird man gewahr werden, daß ein eigentlich scharfer Schnitt zwischen dem Bisherigen und dem Folgenden gar nicht gezogen werden kann. Vielmehr wird derjenige, der beide Teile verstehend zu bewältigen vermag, finden, daß wir hier zu den letzten Abschlüssen und notwendigen Vollendungen dessen vorschreiten, was in dem vorstehenden an der konkreten Wissenschaft und ihren speziellen Problemen mehr im einzelnen erarbeitet wurde.

Sicherlich wird sich mancher Physiker und Mathematiker unter meinen Lesern zunächst etwas fremd vorkommen auf dem Gebiete, das wir hier betreten wollen. Hat er sich aber einmal etwas mit Axiomatik beschäftigt (und wer hat das heute nicht?), dann müßte ein Verständnis und auch ein gewisses inneres Verhältnis zu diesen Problemen sofort zu gewinnen sein, sobald einmal die (sehr enge) Beziehung zur Axiomatik erkannt ist. Haben auch die folgenden Probleme mit irgendeiner speziellen Axiomatik nichts zu tun, so haben sie um so mehr Beziehung zu den Fragen der axiomatischen Methodik. Denn die Frage, wie die Axiome selbst wieder aus neuen Axiomen abgeleitet werden können, ob dieser Regreß unendlich sein kann oder nicht, was die bei allen philosophischen Betrachtungen noch stillschweigend benutzten Voraussetzungen (Axiome) sind und vieles andere sind die Fragen, welche in mehr oder weniger direkter Weise hier behandelt werden. Es ist gerade das Nichtverstehen der eigentlichen philosophischen Probleme von seiten der exakten Naturwissenschaften, welches das Zusammenkommen von Philosophie und Naturwissenschaft so erschwert. Vielleicht wird gerade die bisher noch von keiner Seite bemerkte enge Beziehung zwischen diesen philosophischen Problemen und der Axiomatik diesem Verständnis die Wege ebnen.

Die Philosophie.

Für den Philosophen erhebt sich nun vor allem die Frage: wie verhält sich das vorstehende zu den Grundlagen der Erkenntnistheorie, vor allem zu dem Problem des Verhältnisses von Subjekt und Objekt? Um uns hierüber Klarheit zu verschaffen, empfiehlt es sich, die Resultate unserer Untersuchung noch einmal kurz zusammenfassen, und zwar speziell möglichst unter diesem Gesichtspunkte. Da ist denn zu sagen: Wir fanden, daß wir in der Lage und gezwungen sind, auf Grund rein logischer Regeln (Zweck-, Ökonomieprinzip) gewisse Gesetze und Begriffsbildungen aufzustellen, welche als a priori gültig an die Erscheinungen herangetragen und mittels der von uns aufgestellten „Genauigkeitstheorie“ mit der Wirklichkeit in eine stets innigere Verbindung gebracht werden.

Wenn man dies so hört, dann möchte mancher zunächst meinen, daß danach überhaupt nichts mehr zu fragen sei.

Dennoch drängen sich dem, der sich das erstemal in diese Gedankengänge vertieft, noch viele Fragen auf. Vor allem eben in Hinsicht des Verhältnisses von Subjekt und Objekt.

Solange wir ohne Reflexion leben, ist alles eine selbstverständliche Einheit, über die es erkenntnistheoretisch nicht das geringste zu fragen gibt, denn „Erkenntnis“ ist ja noch gar nicht da.

Wenn ich soweit zu reflektieren beginne, daß ich sage: „Ich nehme wahr. Die Welt ist meine Wahrnehmung,“ so ist dazu verschieden zu bemerken.

So hört man z. B. fragen, ob unsere Empfindungen mit der Wirklichkeit übereinstimmen. Diese Frage enthält schon eine ganze Menge stillschweigender Voraussetzungen von einer Art, welche selbst nicht durch Erfahrung geprüft werden können. Daß eine Scheidung bestehe zwischen unseren Empfindungen und einer Wirklichkeit ist die wesentlichste von ihnen. Sie kann in zweierlei Weise wieder aufgefaßt werden: 1. Entweder wir haben **nur** Empfindungen, dann ist die Wirklichkeit eine „Wirklichkeit an sich“ im **Kant**schen Sinne, und auf keine Weise ist es möglich, von dieser empirisch etwas auszumachen, sie ist eine völlige, und wie näheres Zusehen zeigt, unnötige Gedankenkonstruktion. 2. Oder aber, ich sehe mich selbst in der Vorstellung als einen Wahrnehmungsapparat physiologischer Art in die räumliche Gesamtwelt gestellt, dann kann ich sicher nach der Übereinstimmung meiner Empfindungen mit der von mir wahrgenommenen Wirklichkeit fragen. Nur darf ich mir nicht verhehlen (was stets geschieht), daß diese ganze Anschauungsweise doch selbst schon wieder auf einer theoretischen Konstruktion beruhen muß. Denn entweder habe ich nur Empfindungen, dann haben wir Fall 1 und ich kann von einer Wirklichkeit nichtserlei wissen. Weiß ich aber von der räumlichen Wirklichkeit etwas, wie es für den 2. Standpunkt angenommen wird, so folgt, daß ich mein Wissen nicht selbst wieder allein aus Sensationen haben kann.

Wir sehen also: a) Wir verlangen stillschweigend die Anwendbarkeit der logischen Gesetze bei diesen Überlegungen. Diese Gesetze müssen also auch diesen ersten erkenntnistheoretischen Überlegungen gegenüber bereits a priori sein, diese Überlegungen also bereits zu großen Teilen aus logischen Konstruktionen bestehen. b) Wollen wir auf diesem Gebiete widerspruchslose Klarheit haben, dann müssen wir einen Standpunkt einzunehmen suchen, wo noch keine logische Konstruktion zugrunde liegt, um diese dann von hier aus unter strenger Kontrolle ihrer Wirksamkeit einführen zu können.

Wir erlangen diesen Standpunkt auf folgende Weise: Wenn wir einfach „leben“, ohne auf die Art dieses „Lebens“ bewußt zu reflektieren. Wir wollen diesen Standpunkt als den „**Lebensstandpunkt**“ bezeichnen. Auf ihm steht jeder von uns beinahe stets, solange er eben nicht auf dieses „Leben“ selbst reflektiert. (Dabei ist dieses „Leben“ nicht etwa der biologische Begriff dieses Namens, sondern vielmehr das „**Erleben**“, das ich von mir selbst kenne.) Dabei ist jedes „Denken“ durchaus erlaubt, solange es sich eben nicht auf das Erleben selbst bezieht.

Auf diesem Lebensstandpunkt nun wird überhaupt nicht erkenntnistheoretisch gefragt, weil alles unmittelbar, naiv hingenommen wird. Hier ist alles eine große Einheit. Es gibt zwar vielleicht die Begriffe „innen“ und „außen“ in bezug auf mich, aber sie sind von lediglich praktischer Bedeutung und sind erkenntnistheoretisch gar nicht fundiert.

Nun gelangt aber das Denken bei seiner Ausübung zu Widersprüchen und wird durch den (dann noch rein naiven) Wunsch, solche aufzuheben, schließlich zur Reflexion auf sich selbst geführt. Aber auch dieses alles könnten wir noch dem Lebensstandpunkt hinzurechnen, denn die Grundlagen dieses Denkens (eben z. B. der Wunsch nach Vermeidung von Widersprüchen) sind noch rein naiv. Erst wenn einmal die Erkenntnis sich regt, **daß für alle diese Grundlagen selbst keine zwingenden empirischen Grundlagen vorhanden sind,** dann beginne ich den naiven Standpunkt zu verlassen und gelange damit unmittelbar zu dem, wie ich an anderer Stelle es genannt habe, synthetischen Standpunkt.

Es handelt sich also darum, einzusehen, daß für alle diese Dinge selbst keine empirischen Gründe vorhanden sind. Nun ist zu sagen, daß ich, um zu dieser Einsicht zu gelangen, selbst wieder gewisser Denkregeln und Denkprinzipien bedarf. Um diese einzusehen, d. h. aus unseren Denkresultaten abzuleiten, wieder solcher und so in inf. Dies würde also auf einen unendlichen Regreß führen. Doch werden wir auch hier bald klar sehen.

Um dies schon hier vorwegzunehmen, ergibt sich, daß wir solange in diesen unendlichen Regreß verwickelt bleiben, der immer neuer Denkregeln ohne Grenze bedürfte, als wir überhaupt uns auf empirische Feststellung von Denkregeln einlassen. Dies ist mit dem Gesagten unmittelbar bewiesen. So ist unsere einzige Rettung ein Durchhauen dieses Netzes, die bewußte synthetische Aufstellung von Denkregeln. Diese bewußte synthetische Aufstellung muß aber selbst als völlig grundlos betrachtet werden. Wollten wir sie nämlich damit begründen, daß das andere Verfahren versagt, dann wären damit die Denkregeln, welche bei dem Nachweis dieses Versagens angewandt werden, vor dieser Synthese und würden diese begründen, und damit würde die Begründung der Synthese selbst dem obigen unendl. Regreß wiederum ausgeliefert sein, uns also das Gewünschte nicht leisten können. So bleibt uns nichts übrig, als rücksichtslos auf jede Rückendeckung zu verzichten und nur die reine Synthese walten zu lassen. Wir können ohne diesen energischen Schnitt niemals auf eine letzte Begründung von Denkregeln hoffen, eine solche ist ausgeschlossen, wie eben gezeigt, und unsere Denkregeln und mit ihnen alles, was sich darauf aufbaut, d. h. alle Wissenschaft schwebt völlig in der Luft.

Wir müssen hier eines Forschers gedenken, dessen Verdienst in dieser Richtung wohl nicht genügend gewürdigt wird. Ich meine Leonard Nelson. Unsere Überlegungen, welche auf dem (1907 zuerst veröffentlichten) Exhaustionsprinzip beruhen, sind von den Nelsonschen ihrer ganzen Entstehung nach völlig unabhängig. Um so erfreulicher ist die Tatsache, daß Nelson („Über das sogenannte Erkenntnisproblem", Göttingen 1908) durch seine Überlegungen über die Grundlagen der Erkenntnistheorie zu Gedankengängen gelangte, die wir von unserem Gesichtspunkte aus trefflich verstehen und in ihrem haltbaren Teile voll würdigen können.

Nelson will die „Unmöglichkeit der Erkenntnistheorie" nachweisen, indem er sagt, die Erkenntnistheorie muß ein Kriterium für die Gültigkeit der Erkenntnis suchen. Er schließt dann so: dieses Kriterium ist entweder selbst eine Erkenntnis oder nicht. Im ersteren Falle fällt das Kriterium selbst unter die Unsicherheit der Erkenntnis und bedürfte eines neuen Kriteriums. Im andern Falle müsse, trotzdem das Kriterium selbst keine Erkenntnis ist, um als Kriterium der Erkenntnis verwandt werden zu können, es erkannt sein. So folgt für ihn der Satz. Der letzte Satz enthält aber die Lücke, durch welche gerade der wirkliche Sachverhalt herein kann. Ist nämlich das gesuchte Kriterium eine freiwillige Festsetzung von mir, so ist es keine Erkenntnis und bedarf zu seiner Anwendung als Kriterium auch keines „Erkanntseins", wenigstens in dem plausibeln Sinne dieses Terminus, daß es einer Rückbeziehung auf andere Dinge meines Erkennens bedarf. Natürlich muß auch eine freiwillige Festsetzung irgendwie apperzipiert werden im psychologischen Sinne, aber wenn man dies unter „erkennen" versteht, dann kann man nicht davon sprechen, daß dieses Erkennen immer unsicher sei und eines Beweises für die Gültigkeit bedürfe. Daß ich etwas will, muß ich als unmittelbar gewiß annehmen für die Gültigkeit dieses Satzes kann ich keines besonderen Kriteriums bedürfen. Irgendetwas müssen wir als unmittelbar gültig voraussetzen, und das ist das, daß ich etwas will. Ohne diese Voraussetzung ist überhaupt keine Erkenntnis möglich, niemals eine sichere Erkenntnis zu erlangen. Für eine Nichtannahme dieser Voraussetzung kann aber keinerlei Grund beigebracht werden.

So zeigt also die Nelsonsche Überlegung für unsern Zweck das mit Sicherheit, was wir oben auf anderem Wege fanden, daß die genannte die einzige mögliche Art ist, Erkenntnis letztlich zu begründen.

Machen wir uns diese Situation recht klar, dann haben wir tatsächlich hier die letzte Lösung der Frage nach der Begründung der Erkenntnis vor uns.

Im ganzen nochmals überschaut, liegt also die Sache folgendermaßen: Im vorsynthetischen Zustande, wenn wir versuchen, die logischen Gesetze selbst erst durch Abstraktion aus konkreten Gedankengängen festzustellen, darauf die logischen Prinzipien, die bei dieser Abstraktion zur Anwendung kommen, wieder durch Abstraktion, und für diese Abstraktion von neuem und so weiter, dann gelangen wir zu einem unendlichen Regreß, dessen wesentlichen Inhalt wir so etwa formulieren könnten: Durch „Abstraktion" im vorstehenden Sinne, d. h. auf empirischem Wege, ist es unmöglich, jemals zu letzten Denkgesetzen zu gelangen. Jedes so gefundene Denkgesetz bedarf zu seiner Begründung einer unendlichen Reihe anderer solcher, die bei seiner Feststellung zur Anwendung kommen und damit vorausgesetzt werden. Dies aber bedeutet, daß es unmöglich ist, diejenigen Denkgesetze völlig anzugeben, welche zur Feststellung eines anderen dienen. Wir finden also auch hier wieder, daß jeder konsequent durchgeführte Relativismus sich selbst aufheben muß; denn das gefundene Resultat bedeutet ja, daß es eine letzte Begründung der Denkregeln auf diese Weise nicht geben kann.

In Wirklichkeit würden wir nämlich finden, daß die Denkregeln sich bei jedem neuen Schritt im wesentlichen immer wieder als die gleichen herausstellen, nämlich als die uns allen aus der Logik geläufigen. Die vorstehende Überlegung zeigt aber, daß es unmöglich ist, diese Denkregeln empirisch begründen zu wollen, denn bei der Entnahme derselben aus der Wirklichkeit können wir nicht umhin, uns ihrer selbst schon wieder zu bedienen, so daß jeder Versuch einer empirischen Begründung derselben sie schon selbst wieder notwendig voraussetzt.

Machen wir „naiv“ (d. h. auf dem vorsynthetischen Standpunkt) irgendeine Überlegung („logischer“ Art), so kann stets die Frage erhoben werden: Woher bezieht diese Überlegung die Überzeugung von ihrer Richtigkeit? Da meinen manche aus einer „Evidenz“, d. h. einem Vermögen unmittelbarer Einsicht in diese Richtigkeit. Will man dies festhalten, so zeigt sich, daß verschiedene Menschen verschiedene Arten von Evidenzgefühlen haben können, denn es war häufig da, daß verschiedene Menschen entgegengesetzte Ansichten (kontradiktorische) als evident ansahen. Wer garantiert mir ferner, daß nicht zwei kontradiktorische Aussagen beide mit Evidenzgefühl behaftet sind und außerdem zugleich auch das principium contradictionis selbst? Man müßte also auf allgemeine Richtigkeit verzichten. Außerdem wäre diese Richtigkeit selbst jeder eigenen Begründung entzogen, da sie bei jeder Anwendung logischer Gesetze schon vorausgesetzt wird, und ihre eigene Begründung würde ohne Anwendung logischer Gesetze unmöglich sein, würde also immer schon sie selbst wieder voraussetzen. So zeigt sich, daß eine Begründung der Evidenz sicher unmöglich wäre.

Genau die analoge Überlegung gilt nun aber auch von jeder von der Evidenz verschiedenen Begründung der letzten Denkgesetze. Sobald zu der Begründung dieser Begründung selbst wieder logische Gesetze benötigt sind, ist eine solche Begründung unmöglich. Dieser Satz ist strikte bewiesen unter Voraussetzung der Denkgesetze.

Das ontologische Problem.

Ich will darlegen, wie sich seine Lösung mir auf Grund des vorstehenden darstellt. Inwiefern diese Lösung „die“ richtige und einzige ist, wird noch behandelt werden.

Unser Ausgangspunkt ist der, den ich den „Tagesstandpunkt“ genannt habe,[1] d. h. es ist vollkommen meine jetzige Welt, nur einmal betrachtet ohne bewußte Festsetzungen von meiner Seite. Da wir solche im naiven Zustande keine haben, so können wir für die meisten Menschen den Tagesstandpunkt direkt mit ihrer gewohnten Alltagswelt identifizieren. (Man könnte sogar ohne viel Schwierigkeiten den Alltagsstandpunkt

[1] „Grundlagen der Physik“, Berlin u. Leipzig 1919.

direkt mit meiner gewohnten Alltagswelt auch ohne Rücksicht auf bewußt gemachte Festsetzungen identifizieren, wenn ich nur festsetze, daß meine neuen Festsetzungen sich nicht auf die früheren beziehen sollen.)

Man muß hinzufügen, daß dieser „Standpunkt" nicht etwa ein zeitlicher Moment sein soll, sondern ein „Zustand".

In diesem Zustande nun sind mir die Häuser, die Bäume, die Menschen, ich, kurz die Objekte so gegeben, wie sie mir gegeben sind, d. h. ohne eine endgültige Entscheidung über die wissenschaftliche Art ihres Gegebenseins.

Es gilt nun folgende Überlegung: Es ist unmöglich über die Art dieser Objekte zu meditieren, ohne logische Gesetze ohne Denkgesetze anzuwenden, ja sogar ohne Gesetze der „reinen Naturwissenschaft" im Kantschen Sinne, d. h. das Kausalgesetz, das Eindeutigkeitsprinzip usw. anzuwenden. Damit zeigt sich, daß diese Gesetze vor jeder Lösung des ontologischen Problems „bestehen" müssen.

Verlangen wir also „Begründungen", d. h. klare Einsicht, worauf unsere Aussagen ihre Berechtigung jeweils gründen, dann müssen vor der Lösung des ontologischen Problems diese Gesetze ihre Begründung gefunden haben. Nun gelten aber für die Begründung der logischen Gesetze die soeben im vorigen Abschnitt gemachten Überlegungen.

Von diesem Standpunkt aus sind dann alle Meinungen oder Überlegungen, die auf ihm über das ontologische Problem gemacht werden, völlig belanglos. Die einzigen wesentlichen Resultate können nur diese zwei sein:

1. Jede weitergehende Überlegung über das ontologische Problem setzt selbst schon wieder logische und wissenschaftstheoretische (methodologische) Gesetze voraus, die also durch sie niemals begründet werden können.

2. Es gelingt niemals auf „empirischem Weg", d. h. durch denkende Betrachtung von auf diesem Standpunkte gemachten Wahrnehmungen, Erfahrungen („Selbstbeobachtungen") eine letzte Begründung unserer Aussagen zum ontologischen Problem zu geben, denn jede geistige Verarbeitung solcher Erfahrungen setzt selbst wieder logische und methodologische Gesetze und Prinzipien voraus, die damit aus dieser Begründung schon wieder herausfallen.

Diese beiden Bemerkungen, die unter sich selbst eng zusammenhängen, können unabhängig von jeder besonderen Art der verwendeten logischen Gesetze gemacht werden.

Zur Anknüpfung an andere von verschiedenen Seiten gepflegte Untersuchungsrichtungen sei hier bemerkt, daß unsere Untersuchungen sich betrachten lassen als auf die sog. „Grundlagen der Logik" bezüglich. Erinnert man sich, daß die Untersuchungen D. Hilberts die Widerspruchslosigkeit der Geometrie auf die der Arithmetik zurückführten und darnach strebten, die Widerspruchslosigkeit der letzteren auf die der Logik zurückzuführen und daß dies letztere Problem mit dem der Grundlagen der Logik in weitem Maße zusammenfällt, dann erkennt man, daß diese Untersuchungen auch für die genannten Wissenschaften von Bedeutung sind.

Der prinzipielle Punkt bei allen diesen Überlegungen ist der, daß wir beim gewöhnlichen, naiven Denken, mag es so scharf sein, wie es will, unvermeidlich Regeln und Prinzipien anwenden, die selbst keine logische Begründung haben. Man kann dann zu der Ausflucht greifen, diesen eine transzendente Gegebenheit in sich zuzubilligen. Dann aber sind diese Gesetze selbst nur durch empirische Erfahrung unserer Erkenntnis zugänglich. Und dieser Umstand führt bei näherem Zusehen in ein unübersehbares Wirrsal der unmöglichsten Konsequenzen, abgesehen davon, daß durch Hereinlassen der Transzendenz natürlich jede weitere wissenschaftliche Untersuchung abgeschnitten ist, analog wie wir es im Schlußteil vom Hereinlassen der nichteuklidischen Geometrie in die Physik sehen werden. Damit kann man dann mühelos alles machen. Der Versuch aber, jedes dieser Prinzipien und Gesetze selbst wieder logisch zu begründen, führt zu einem unendlichen Regreß, der die Sinnlosigkeit dieses Versuches erweist. So zeigt die nähere Untersuchung, daß in dem Wesen der Dinge selbst begründete und aus ihm heraus begründbare solche Gesetze überhaupt nicht vorhanden sein können. Damit aber haben wir die Bahn frei, um innerhalb eines systematischen Aufbaues aller logischen Wissenschaften die geeignetsten solchen Gesetze und Prinzipien selbst auszuwählen und durch freiwillige Festsetzung derselben allen diesem Aufbau angehörigen Überlegungen zugrunde zu legen.

Das Denken des täglichen Lebens bleibt dadurch völlig ungeändert. Dort wird eben, wie meist im Praktischen, zunächst ohne kritische Rückendeckung gearbeitet, dabei haben sich von selbst in den meisten Fällen die zweckmäßigsten (einfachsten) Gesetze schon herausentwickelt (aus biologischer Ökonomie im Laufe der Evolution — so wenigstens erklären wir uns diese Tatsache innerhalb des weiteren Aufbaues der kausalen Wissenschaft), so daß schließlich die Diskrepanz zwischen dem bis ins Letzte streng begründeten Denken unseres systematischen Aufbaues (der „reinen Synthese") und dem täglichen Denken eine meist nur recht geringe sein wird.

Die vorstehenden Überlegungen sind nun, wie man leicht sieht, völlig unabhängig von der Lösung des ontologischen Problems, denn das Verhältnis zwischen Subjekt und Objekt kommt in ihnen überhaupt nicht vor.

Wenden wir uns nunmehr zu diesem, dem eigentlichen ontologischen Problem, so ist hierzu von meinem Standpunkt aus folgendes zu sagen: Sind auf dem naiven (vorsynthetischen) Standpunkte unsere Urteile nicht letztlich begründet und begründbar, d. h. nicht über jede Kritik erhaben (mögen sie sich später noch so sehr als „richtig" — nämlich innerhalb der reinen Synthese — herausstellen), so gilt dies natürlich auch für unsere Urteile über das ontologische Problem.

Wir können vollauf leben, ohne irgendwelche Urteile hierüber zu fällen, und dies also ist unser Ausgangspunkt. Alle Dinge, alles ist uns da genau so gegeben wie eben im wirklichen, konkreten Leben. Alle Untersuchungen über das ontologische Problem sind aber nachträgliche gedankliche Konstruktionen, die dazu dienen sollen, uns von dem Gelebten eine gedanklich geordnete Übersicht und Rechenschaft zu geben, die aber das Gelebte selbst ganz ungeändert lassen müssen.

Und wenn wir nun einsehen gelernt haben, daß alle unsere Urteile solange nicht über jede Kritik erhaben sind, als sie nicht soweit überhaupt möglich an die reine Synthese angeschlossen sind, diese letztere aber in ihren wesentlichen Elementen auf freiwilligen Festsetzungen beruht, so wird uns die Bedingtheit aller solcher Urteile erst völlig klar.

Nun ist eine der beliebtesten Lösungen des ontologischen Problems die sensualistische. Man sagt: Die ganze Außenwelt gelange erst durch das Medium unserer Sinnesorgane zu unserer Kenntnis und diese Kenntnis muß daher stets mit jener Unsicherheit bedacht sein, welche diese Mittelbarkeit notwendig mit sich führe. Ich glaube, es ist zweckmäßig, gerade diese Ansicht ganz ausführlich zu behandeln und an ihr als Beispiel alle die unerkannten Voraussetzungen einmal wirklich aufzuzeigen, welche die mehr oder weniger kritischen Vertreter einer solchen Lösung unbewußt mit herübernehmen.

Kritik der sensualistischen Lösung.

Der Sensualist behauptet, daß ich die Außenwelt erst durch meine Sinnesorgane erkenne. Das Merkwürdige ist, daß er von meinem Standpunkte aus mit dieser Behauptung sowohl Recht als Unrecht hat, dies nämlich hängt ab von dem „logischen Ort" seiner Behauptung.

Solange er nun überhaupt nicht nachdenkt darüber, ist ihm seine gesamte Wirklichkeit, Dinge, Gedanken, Gefühle usw. alles gegeben wie es ist. Erst wenn er nun diesen ganzen Erlebniskomplex „erklären", ordnen möchte, kommen Schwierigkeiten. Daß er sieht, hört, fühlt, daß dies getrennte Dinge sind und besonders, daß diese „durch" Augen, Ohren, Tastorgane geschehen, sind bereits logische Konstruktionen. Dies geht daraus hervor, daß wir uns darin täuschen können. Wir können Gesichtswahrnehmungen usw. haben, die bleiben, wenn wir die Augen usw. schließen. Daß irgendeine spezielle Eigenschaft (Verzerrung, mouches volantes usw.) meiner Welt „Folge" meiner Augen ist, ist bereits logische Konstruktion.

Dies alles sind schon Anfänge meines begrifflichen Ordnungswillens.

Daß ich Ohren habe und „mittels" dieser Ohren (auf eine in der Physiologie näher zu erforschende Weise) höre, dies auch ist logische Konstruktion. Ebenso, daß mein Nebenmensch mittels seiner Ohren hört. Sicherlich also kann der Sensualist alle diese Dinge auf einem Standpunkte nicht behaupten, wo er auf jede synthetische logische Konstruktion verzichtet hat.

Es gibt also einen Standpunkt — wir wollen ihn den „reinen Lebensstandpunkt" nennen, wo wir auf jede synthetische logische Konstruktion verzichtend, uns allein dem bloßen „Leben" hingeben, wo wir nicht bewußt Schlüsse und kausale Verknüpfungen vornehmen. Auf diesen Standpunkt kann sich jeder jeden Augenblick ohne Schwierigkeit versetzen, wenn er nur zu denken aufhört und dann ruhig weiterlebt; es ist etwa der Zustand, den man beschreiben kann als „frei von jedem konstruktiven Denken“.

Er ist deshalb auch nicht direkt der Zustand der reinen Selbstbeobachtung wie ihn die Psychologen behandeln; denn dort herrscht ein gewisser Wille. Hier soll keiner herrschen, außer dem, nichts zu wollen, dazu aber bedarf es keines eigentlichen Willens.

Auf diesen reinen Lebensstandpunkt, der stets zugänglich ist, beziehen sich die obigen Ausführungen. Hier haben wir keine Überlegung, ob jenes Haus erst durch mein Auge in mich gelangt, hier habe ich einfach jenes Haus.

Da ich nun, wenn ich von hier aus zu logischen und kausalen Schlüssen übergehe, unvermeidlich gewisse logische Regeln anwende, die dann also nicht selbst erst wieder aus dem reinen Erleben erschlossen sein können, so folgt, daß also auch die Resultate dieses Nachdenkens in Anbetracht dieser Regeln nicht völlig direkt aus dem reinen Erleben abgenommen sein können, sondern von dieser Seite her ein wesentliches a priorisches Moment in sich tragen.

Es ist auch folgender Punkt von fundamentaler Wichtigkeit: Während wir die Wirklichkeit in der im Vorstehenden (und in meinen anderen Schriften) angewandten Weise untersuchen, während wir sie weiterhin im Sinne der reinen Synthese betrachten, bedürfen wir niemals einer Theorie über die Beziehung zwischen Subjekt und Objekt, einer Lösung des ontologischen Problems. In der Tat kommt bei allen diesen Untersuchungen dieses Problem als ein Grundproblem, wenn man genau zusieht, überhaupt nicht in Frage. Der Standpunkt, auf dem ich bei diesen Untersuchungen mit dem Objekt verkehre, ist ausnahmslos der unmittelbare des „Lebensstandpunkts“. Zu einer Anzweiflung dieses Standpunktes bietet sich überhaupt keine Gelegenheit. Dies ist ein Resultat von großer Wichtigkeit.

Wo aber haben dann diese Fragen ihren Platz? Nach der Natur unseres Aufbaues muß im groben der Gang des Gedankenfadens folgender sein. Vom Lebensstandpunkt aus beginne ich die reine Synthese und mache überall Ansätze zu vorläufiger Synthese (siehe Grundl. d. Physik).

Bei dieser Gelegenheit ergibt sich, daß „ich“ ebensolche Sinnesorgane habe wie meine Nebenmenschen und daß ich konsequenterweise schließen muß, daß auch meine ganze „Außenweltserfahrung" durch diese Sinnesorgane an mich gelangt. So sieht man, daß diese ganze Anschauungsweise, die die meisten Forscher heute überhaupt zur ersten Grundlage ihrer ganzen Überlegungen machen zu müssen glauben, bereits selbst ein Produkt logisch-synthetischer Konstruktion ist und deshalb niemals den allerersten Ausgangspunkt bilden kann.

Alle weiteren Details dieses meines sinnesphysiologischen Verhältnisses zur Außenwelt sind dann wissenschaftstheoretisch einfach Anwendungen von Gesetzen und Prinzipien der reinen oder vorläufigen Synthese auf konkrete spezielle Objekte.

Der Satz: „Alle meine Apperzeptionen sind durch Sinnesorgane vermittelte Sinneswahrnehmungen", wäre ja ein allgemeiner ausnahmsloser Satz und könnte als solcher niemals Resultat der Erfahrung sein, sondern müßte a priori sein.

Es ist also mit einem Wort die ganze sensualistische Erkenntnistheorie nichts anderes als ein Produkt synthetischer Konstruktion, welches sich einordnet in die Gesamterklärung meiner Wirklichkeit, niemals aber deren Grundlage ausmachen kann.

Hierher gehört dann auch in nächster Linie die Anschauung des Biologismus, welche meint die „Tatsache" des Menschen als biologischen Wesens allem zugrunde legen zu können. Daß diese „Grundtatsache" bereits selbst eine hochkomplizierte Theorie ist, und daher niemals eine erste Grundlage der Logik und Wissenschaftslehre abgeben kann, sollte nach dem Gesagten klar sein. Es ist seltsam, daß ein so einfach erscheinender Gedankengang sich den Biologisten bisher noch nicht aufgedrängt hat. Es wäre dann eine ausgedehnte Literatur ziemlich unnötig geworden. Das Non plus ultra in dieser Richtung ist der Gedanke einer „biologischen Logik" (!).

Nun hat Ernst Mach in vielen seiner Schriften manche Gedanken in einer Form geäußert, die dem Biologismus angehört. Und eine gewisse Richtung hat das Unglück gehabt, die biologistische Form der Machschen Ausdrucksweise für dessen wichtigste Leistung zu halten und hat sich mit aller Macht in dieser Richtung festgelegt. Es kommt öfter vor, daß bedeutende Menschen ihre schwächeren Seiten haben, das beeinträchtigt ihre wirklichen großen Verdienste in keiner Weise; so auch bei Ernst Mach. Ernst Mach aber würde bei Kenntnis der Sachlage sofort auf die biologische Form verzichtet haben. Für ihn war der Biologismus ein unerläßlicher Weg seiner persönlichen Entwicklung und die Anregung zu vielen seiner wissenschaftstheoretischen Entdeckungen. Ernst Mach wäre der erste gewesen, von dem Wege, wenn er als unmöglich erkannt war, zu lassen, und er hat dies sogar in seinen letzten Jahren. Es war ihm niemals darum zu tun, daß er recht behielt, sondern es war ihm um die Wahrheit zu tun, es war ihm niemals um sich zu tun, sondern immer nur um die Sache. Und so lag ihm nichts ferner als die Vertretung irgendeiner Philosophie oder Theorie um deren selbst willen, sondern nur solange und soweit sie die Wahrheit deckte. So ist auch seine sensualistische Stellungnahme zu verstehen.

Wenn Ernst Mach mit besonderer Vorliebe bei sinnesphysiologischen Betrachtungen verweilte und dabei gelegentlich der Ansicht Ausdruck verlieh, das „Letzte“ vor sich zu haben, so tut dies seinen genialen erkenntnistheoretischen Forschungen keinerlei Abbruch. Und in der Tat ist ja für weite Gebiete der Physik die Einstellung auf den Menschen als Sinnesapparat überaus fruchtbar und nötig.

Alle diese Dinge, sein Biologismus und sein Sensualismus sind aber für Ernst Machs wirkliche Bedeutung in der Geschichte der Wissenschaft beinahe völlig bedeutungslos. Was er wirklich war, das läßt sich mit einigen Worten beschreiben: Er war der erste bedeutende Physiker, der sich für sein ganzes Leben und fast seine ganze Arbeit die philosophisch-kritische Fragestellung nach dem eigentlichen Wesen der Physik und der physikalischen Gesetze und nach der Art und dem Seinsgrund ihres Zustandekommens zur Richtschnur gemacht und durch seine reine, unbestechliche Wahrheitssuche, seine völlig selbstlose Hingabe an diese so überaus schwierigen, tiefliegenden und unter einem unabsehbaren, völlig ungeordneten Material vergrabenen Fundamente in dieser Hinsicht die ersten wirklich greifbaren Resultate zutage gefördert hat. Nach diesem Einblick in das Wesen seiner Bedeutung wird es jedem Denkenden klar sein, wie viel oder wie wenig zu seiner Beurteilung irgendeine Färbung in einer besonderen erkenntnistheoretischen Richtung oder sonstige Äußerlichkeiten seiner Denkweise von Belang sein mögen.

Mache ich also die Substruktion in der geschilderten Weise,

daß ich meine Außenwelt als Resultat meiner Sinneswahrnehmungen betrachte, dann sind innerhalb dieser Interpretation erst Äußerungen berechtigt, wie: ich habe nichts als was meine Sinneswahrnehmungen mir geben. Die Eigenschaft dieser Anschauungsweise als Substruktion geht aber schon daraus hervor, daß sie nur einen Teil meiner Gesamtwelt umfaßt (nur die „Außenwelt"), und daß dieser erst durch Experimente von dem übrigen geschieden werden muß (Schließen der Augen, Ohren, Bewegung usw.). Damit aber tauchen erst die Probleme von Subjekt und Objekt auf, die vorher gar keinen Sinn hatten. Nachdem wir aber jetzt wissen, daß dieser Standpunkt bereits eine Konstruktion darstellt, nicht der notwendige Ausgangspunkt jeder Erkenntnistheorie sein muß, haben diese Probleme ihre Bedeutung verloren. Ob es hinter den Erscheinungen ein Ding an sich gibt, ist jetzt gar keine Frage mehr, höchstens eine recht triviale, denn die Erkenntnistheorie beginnt gar nicht bei den „Erscheinungen", sondern diese selbst sind erst als solche eine Konstruktion.

So läßt sich denn ganz allgemeines über alle diese Fragen der Erkenntnistheorie aussagen, die so viel behandelt worden sind. Sowie diese Fragen begrifflich gefaßt sind, und das müssen sie sein, sobald sie ausgesprochen werden, bedeutet das, daß ihre Antworten der Konstruktion angehören, die entweder vorsynthetisch oder synthetisch ist. Damit aber werden sie entweder einer vernünftigen, d. h. synthetischen Antwort zugänglich oder als sinnlos erkannt. Sinnvolle Fragen über die Grundlagen der Erkenntnistheorie, die nicht in diesem Sinne erledigt werden könnten, kann es dann nicht mehr geben. Wir werden uns noch mit dem einen oder anderen Beispiel hierfür zu beschäftigen haben.

Zusammenfassung von Allem.

Wir wollen also unsere These und unser Resultat in aller Klarheit nochmals formulieren:

Jede Aussage über das ontologische Problem bedarf einer Begründung und es zeigt sich, daß alle Begründungsversuche aus irgendeiner Art von Erfahrung heraus (sei es auch nur in der Form der „Evidenz") zu schweren Unmöglichkeiten (unendlicher Regreß, Unbestimmtheit usw.) führen. Jeder in der

Erfahrung verankerte Begründungsversuch läßt stets weitere Fragen offen, nämlich nach Begründung dieser Begründung, und so in inf. Damit aber schwebt die ganze Begründung in der Luft, denn wenn nur eine der noch unbekannten Begründungsstufen versagt oder widerspruchsvoll sein sollte, so wäre damit auch die benutzte „Begründung" gefallen und als ungiltig nachgewiesen.

Dieser Gesichtspunkt wird niemals beachtet, wie es scheint. Alle Theorien über das ontologische Problem, die auf der Erfahrung in irgend einer Form basieren, schweben über unbekannten und unermeßlichen Abgründen, d. h. können niemals wirkliche „Vollbegründung" aufweisen. Denn, solange auch nur eine der Stützen der Theorie noch Möglichkeit zu einer unbeantworteten Frage nach Begründung übrig läßt, ist die ganze Theorie unbegründet. Und eine Berufung auf Erfahrung muß an dieser Stelle stets solche Frage offen lassen.

Stellen wir uns auf diesen wirklich streng konsequenten Standpunkt, daß eine Aussage zum ontologischen Problem, die nicht in allen ihren Teilen derart begründet ist, daß auch alle Begründungen selbst wieder voll begründet sind (was wir eine „Vollbegründung" nennen), überhaupt unbegründet ist (denn es ist ja nicht abzusehen, über welchen Abgründen von Unbegründbarkeit sie schwebt), dann sieht es schlimm aus mit den meisten Erkenntnistheorien. Man kann sich jederzeit anheischig machen, allein durch die unerbittliche, unaufhörliche Anwendung der Frage „Und woher weißt Du das?" in jedem einzelnen Falle dies in Bälde nachzuweisen. In der Tat ergibt sich folgendes: Da jede Begründung durch Erfahrung[1] eine Begründung durch von mir unabhängige Umstände ist, und umgekehrt, so zeigt sich, daß die einzige Begründungsart, welche den geschilderten Folgen entgeht, eine solche ist, die sich auf allein von mir abhängige Umstände stützt. Solche Umstände aber sind einzig und allein „freiwillige Festsetzungen".

Jedem, der diesen völlig zwingenden Gedankengang zu verstehen sucht, werden sich zunächst immer wieder die Überlegungen des täglichen Lebens oder der gewöhnlichen, empirischen Wissenschaft in den Weg stellen, die stets wieder zu

[1] wozu auch Evidenz gehört.

beweisen scheinen, daß es doch sehr bewährte und haltbare Erkenntnisse ohne diese „freiwilligen Festsetzungen“ gebe. Da ist denn folgendes zu erwidern: Prüfen wir solche erprobte wissenschaftliche Erkenntnisse[1] nach den eben behandelten Gesichtspunkten genau, ob sie in jeder Hinsicht „vollbegründet“ sind, dann wird man immer erkennen, daß dies nicht der Fall. ist. Sie schweben also nach dieser Hinsicht völlig in der Luft Woher haben sie aber dann ihre anerkannte Erprobtheit, woher stammt unser starkes Gefühl von ihrer Richtigkeit? Auch hierüber ein kurzes, zusammenfassendes Wort.

Es zeigt sich nämlich, daß man auf Grund solcher freiwilliger Festsetzungen ein Gebäude wissenschaftlicher Aussagen errichten kann, in dem dann jede von diesen in jeder Hinsicht eine Vollbegründung aufweist. Ich habe dieses Gebäude die „reine Synthese“ genannt.

Und nun besteht die Eigentümlichkeit, daß die Menschheit schon bevor sie die Prinzipien der reinen Synthese erkannt hatte, rein instinktiv zum Teil aus unbewußter Anwendung einiger dieser Prinzipien heraus zu wissenschaftlichen Resultaten gelangte, die zwar noch jeder Vollbegründung ermangelten, aber doch ihrer Form nach in weiten Grenzen mit den endgiltigen der reinen Synthese zusammenfallen.

Den „Existenzbeweis“ für die reine Synthese führe ich, indem ich a) die Prinzipien derselben, welche durch freiwillige Festsetzung begründet sein sollen, aufstelle und auf ihnen soweit gerade nötig das rein logische Gebäude der reinen Synthese errichte (dies habe ich getan in meinen „Grundlagen der Physik“). b) indem ich genau zeige, daß und wie diese reine Synthese mit der Wirklichkeit in restlose Übereinstimmung gebracht werden kann (dies habe ich der Methode nach getan in meinen „Grundlagen der angewandten Geometrie“, und für die reine Synthese weiter ausgeführt in meinen „Grundl. d. Phys.“ sowie in einigen Abhandlungen, besonders „Der starre Körper“, Physikal. Ztschr. 1920).

Mit diesem Existenzbeweis wäre die „Existenz“ d. h. Möglichkeit der reinen Synthese völlig gesichert, und man könnte

[1] Natürlich sind dabei unter „Erkenntnissen“ eben immer „wissenschaftliche“, d. h. allgemeine gemeint. Eine Erkenntnis: Ich sehe ein Ding, das ich Haus nenne, ist keine allgemeine Erkenntnis.

aus Zweckmäßigkeitsgründen schon zu ihr übergehen. Es gibt aber hierbei immer noch die Möglichkeit, daß Leute behaupten, „man könne es auch anders machen". Um diesen Punkt zu klären, bedarf es weiterer Überlegungen, wie ich sie im vorliegenden Buche angestellt habe, und diese zeigen nun, daß die reine Synthese der einzige Weg zu vollbegründeten Aussagen und Wissenschaften ist, daß man auf keinem anderen Wege zu vollbegründeten solchen gelangen kann, und daß alle auf anderen Wegen erhaltenen Aussagen bei näherem Zusehen sich als völlig in der Luft hängend und eigentlich unbegründet offenbaren, da alles, was nicht vollbegründet ist, eigentlich unbegründet ist.

Man kann also zwei Wege unterscheiden, die reine Synthese dem Leser näher zu bringen, den deduktiven (welcher den Aufbau liefert, und den ich in „Grundl. d. Physik" behandelte) und den induktiven (welcher an Hand der gewohnten Anschauungen zeigt, daß sie keine Vollbegründung liefern können, und daß nur die reine Synthese eine solche zu geben vermag, den habe ich in diesem Buche zu gehen versucht). Der letztere ist vielleicht derjenige, der diese so schwer verständlichen Dinge leichter zum Verständnis bringt, als der konzise, aber starre, steinige und schwer zugängliche Gratpfad der Deduktion.

Als Kern ist immer wieder hervorzuheben, daß der leitende Gesichtspunkt die „Vollbegründung" von Aussagen der exakten Wissenschaften ist. Nähere Überlegung, die übrigens schon seit länger immer wieder stückweise durchgeführt wurde, zeigt, daß die gewohnten Begründungen immer wieder irgendwo ins Unbekannte verlaufen, und damit selbst jeder eigentlichen Sicherheit entbehren, keine Vollbegründung liefern. Und dies muß für die ersten Prinzipien der Wissenschaft notwendig solange der Fall sein, als sie sich irgendwie auf „Erfahrung" stützen. Nun waren schon da und dort Versuche aufgetreten, diese Prinzipien frei von Erfahrung zu begründen, doch waren diese immer wieder in der Durchführung gescheitert. Erst unsere scharfe Trennung des Logischen vom Nichtlogischen in Verbindung mit der Exhaustionstheorie (die inklusive der Genauigkeitstheorie den Zusammenhang zwischen Theorie uud Erfahrung einwandfrei, vollständig und endgiltig herstellt), erlaubten die reine Synthese wirklich zu begründen.

Kapitel 2. Auseinandersetzungen.

Andere Theorien.

Wir sprachen oben von den bisherigen Theorien betr. das Zustandekommen allgemeiner, allgemein giltiger Sätze und Urteile. Von ihnen sei noch einiges Kritische angefügt.

Zunächst die Evidenz. Man sagt, gewisse Urteile seien evident, von sich aus klar. Woran aber erkenne ich das? Ist mir nicht auch schon mancher Satz ebenso evident gewesen, der sich später als falsch ergab? Also ist das Kriterium schon in mir selbst nicht eindeutig. Bei verschiedenen Menschen herrscht ja an sich schon die größte Verschiedenheit in dieser Richtung, und was dem einen evident ist, ist es dem anderen nicht. Angenommen aber, wir nehmen die Evidenz einmal ohne ihre sonstigen Schwierigkeiten, was soll sie eigentlich heißen, woher kommt diese mystische Fähigkeit zur absoluten Einsicht der Richtigkeit mancher Sätze? Wird diese Richtigkeit durch diese Einsicht erst definiert, oder hat sie noch eine selbständige Bedeutung? Welche aber? Was garantiert mir ferner die Geltung dieser evidenten Sätze in der Wirklichkeit, die ja eine völlig allgemeine und absolute dort sein muß, wenn die Sache einen Sinn haben soll. Alle diese Fragen müssen völlig unbeantwortet bleiben. Ist das nicht reine Metaphysik? Und auf so etwas sollen dann unsere exaktesten Wissenschaften basieren. Sind da nicht die unexakten eigentlich noch besser dran, insoferne sie sich wenigstens nicht als „exakt" zu bezeichnen brauchen?

Wenden wir uns zur „Induktion". Es sollen allgemeine Sätze aus der Erfahrung entnommen werden können durch einmalige (endlichmalige) Wahrnehmung eines Vorganges, so sagt die Theorie der Induktion. Wir wissen durch die Untersuchungen des I. Teiles, daß es weite Gebiete gibt, wo das (cum grano salis) tatsächlich richtig ist. Wir wissen, daß wenn der starre Körper gewählt ist, wir „gleiche" Apparate definieren und beliebig oft herstellen können, in denen irgendeine Erscheinung so eingeengt wird, daß sie völlig eindeutig verläuft und bei jedem „gleichen" Apparat ebenso. Spricht man den Vorgang in diesem Apparat in Worten aus, dann hat man einen allgemeinen durch Induktion aus der Erfahrung gewonnenen Satz. Wir haben dabei wohlweislich das Wort „gleich“ überall in Anführungszeichen gesetzt, denn hier liegt der springende Punkt. Diese Gleichheit beruht auf dem starren Körper, und der ist (ob bewußt oder nicht) Festsetzung. So hat's aber die alte Induktionstheorie nicht gemeint. Sondern diese meinte „rein“ aus der Erfahrung. Daß aber dies nicht geht, das haben wir ja dieses ganze Buch hindurch gesehen. Immer wieder ergab sich: Man kann nicht sozusagen freischwebend aus der Natur „Tatsachen“ entnehmen. Sondern man braucht dazu stets (ob bewußt oder nicht) eine Basis, eine Konstatierungs- oder Messungsbasis. Und diese als erster freiwilliger Schritt ist immer beliebig. (Aber mit der Einsicht von der Notwendigkeit einer Basis ist absolut und für alle Zeiten jede Art irgendeiner Relativitätstheorie ausgeschlossen.) Wir haben ferner gesehen, daß es im Aufbau der exakten Naturwissenschaft (Physik) noch eine zweite Stelle gibt, wo eine prinzipielle Wahl, eine freiwillige Festsetzung prinzipiellster Art sich notwendig erweist. Dies war die Konstitutionshypothese. Diese beiden Stellen: Messungsbasis (starrer Körper) und Konstitutionshypothese (Elementar-Kausalität)[1] sind es (natürlich außer den allerersten Festsetzungen des Zweckprinzips und der Eindeutigkeit, kurz der Logik, auf der ja erst alles weitere beruht), welche in der reinen Synthese allein einer unmittelbaren freiwilligen Festsetzung unterliegen. Dies steht in einer bemerkenswerten Analogie zum Thermometer, und jedem anderen Maßstab. Bei solchem nämlich ist willkürlich: a) der Nullpunkt, b) das Gradmaß (die Maßeinheit). Diese Analogie ist aber nicht zufällig. In der Tat ist ja bei weitestem Überblick das Vorgehen der reinen Synthese, so wie es sich durch unsere Forschungen offenbart hat, nichts anderes als eine „Eichung“ der Wirklichkeit im grandiosesten Maßstab. Dabei ist der Ausgangspunkt dieser Eichung der Raum der euklidischen Geometrie, die Maßeinheit aber, mittels der wir sozusagen alle Erscheinungen ausschöpfen, ist die gewählte Elementar-Kausalität, d. h. das Newtonsche Gesetz.

[1] Erklärungsbasis, Entwicklungsfunktion.

Einwände.

Nun ist, wie ich aus meiner Erfahrung weiß, das Vorstehende in seiner Ganzheit zunächst wohl ungeheuer schwer zu verstehen und aufzunehmen. Diese Erkenntnisse widersprechen so sehr scheinbar unseren Denkgewohnheiten, daß es längerer fortgesetzter geistiger Arbeit bedarf, um zu sehen, wie die sich automatisch einstellenden Einwände und Gegengefühle (hauptsächlich letztere) durch sie gelöst werden. Zunächst will sich immer die Möglichkeit aufdrängen, daß vielleicht doch irgendwo eine Lücke in der Theorie ist, durch die man vor den äußersten Konsequenzen bewahrt würde. Aber man wird bei jedem sich aufdrängenden Gegenargument bei wirklich kritischem Nachdenken finden, daß es sich reibungslos in unsere Theorie einordnet und auf diese Weise sogar meist erst seine richtige wissenschaftstheoretische Deutung erhält.

Es ist daher sicher nicht überflüssig den Hauptkern aller Gegenargumente recht klar herauszuschälen, und dadurch zugleich deren Unrichtigkeit zu zeigen, und unsere eigenen Resultate womöglich in noch klareres Licht zu rücken.

Ich will gleich meine These auf die denkbar schroffste Form bringen, das erleichtert die Diskussion. Ich behaupte: Es kann keinerlei unabhängig von uns „vorgeformte Erkenntnis" aus der Wirklichkeit entnommen werden.

Wobei unter „vorgeformte Erkenntnis" immer eine „allgemeine Erkenntnis" verstanden werden soll. Daß diese Pflanze oder dieser Kristall hic et nunc so und nicht anders beschaffen ist, dies kann keine Festsetzung ändern und dies kann ich nirgends anderswoher nehmen als von dieser Pflanze oder diesem Kristall hic et nunc selbst. Aber irgendeine Aussage über „Pflanzen überhaupt" oder über diese Kristallart überhaupt oder NaCl-Kristalle überhaupt, oder irgendwelche Aussagen über irgendwelche „Dinge überhaupt" können niemals und auf keinem Wege aus der Wirklichkeit entnommen werden, und jeder Weg auf dem man in der Wirklichkeit zu einer so fundierten Aussage gelangen zu können glaubt, liefert nicht wirklich das, was man zu erhalten wünscht, muß stets auf einer Selbsttäuschung beruhen. Dies ist meine These. Wäre etwas solches möglich, dann wäre eben eine vorgeformte Erkenntnis aus der Wirklichkeit entnommen.

Jedem philosophisch Gebildeten ist klar, daß mit dieser Erkenntnis alle jene anderen Versuche der Philosophie erledigt werden, die sich eben auf die letzte Begründung unserer allgemeinen Erkenntnisse beziehen. Alle Versuche, diese auf Evidenz, auf ein psychologisches oder transzendentes Apriori, auf Induktion zu gründen, fallen fort. Und an Stelle aller dieser hypothetischen Versuche tritt ein Wissen, eine vollkommene Kenntnis der einschlägigen Verhältnisse.

Nun ist man durch das tägliche Leben und die bisherigen theoretischen Anschauungen derart daran gewöhnt zu glauben, daß man aus der Wirklichkeit unmittelbar und ohne jede Zutat von uns allgemeine Aussagen entnehmen könne, daß es äußerst schwer fällt, dies für unmöglich einzusehen, um so viel mehr, als unsere Theorie vom weitreichenden Einfluß freiwilliger Festsetzungen spricht. Dies scheint zunächst völlig unannehmbar, ja widersinnig. Nun haben wir ja gesehen, daß durch die Wahl des starren Körpers alle übrigen Naturerscheinungen durch uns (Apparate) so eingeengt werden können, daß sie ganz eindeutig und völlig unabhängig von uns ablaufen. Hier ist jedes willkürliche Element ausgeschaltet — eben bis auf die Wahl des st. K., der die Apparate liefert und definiert. Man kann also auf diese Weise zunächst scheinbar wohl geformte Erkenntnis aus der Wirklichkeit entnehmen (denn jeder auf der gleichen Wahl des st. K. beruhende gleichgebaute Apparat wird dieselbe Erscheinung unter gleichen Umständen produzieren), aber wir lassen uns durch diesen Anschein nicht täuschen, wir wissen: auch diese Erkenntnis ist zuletzt nicht von der Wirklichkeit, sondern von uns geformt, eben durch unsere Wahl des st. K.

Tatsache aber ist, daß diese unsere Theorie große Hemmungen bei ihrem Verständnis in der eben geschilderten Richtung zu überwinden hat. Unwillkürlich wird immer wieder versucht, ob nicht doch noch irgendein Weg sich auftue, um aus der Wirklichkeit allgemeine Sätze, geformte Erkenntnis zu entnehmen. Man macht sich nicht klar, daß die Möglichkeit vorgeformte Erkenntnis unmittelbar aus der Wirklichkeit zu entnehmen, unmittelbare Metaphysik bedeuten würde, während die Unmöglichkeit Metaphysik hier ausschließt.

Daß dies Metaphysik bedeutet, ergibt sich daraus, daß es erstens unmöglich wäre (prinzipiell, d. h. automatisch unmöglich) jemals irgend etwas über die Herkunft dieses Geformtseins etwas zu erfahren,

zweitens aber ebenso automatisch unmöglich über die Art etwas zu erfahren, wie wir uns dieses Geformtseins bewußt werden sollten. Dies beides wären dann ewig unlösbare Probleme, während diese Probleme bei meiner Betrachtungsweise wegfallen. Damit verlieren sie den Charakter der prinzipiellen Unlösbarkeit, d. h. der Metaphysik.

Betrachtet man nun solche Versuche, doch noch irgendwie aus der Wirklichkeit geformte Erkenntnis zu entnehmen, so ist es häufig interessant oder lehrreich, zu sehen, wo der eigentliche Fehler steckt.

Gelegentlich von Diskussionen ist mir nun seit kurzem mehrfach eine Anschauung begegnet, die in eigenartiger Weise zwar einigen Errungenschaften kritischer Betrachtung dieser Fragen Rechnung trägt, im Ganzen aber einen sozusagen letzten verzweifelten Versuch darstellt, die Objektivität der allgemeinen Naturgesetze zu retten und damit natürlich den Empirismus und dessen unerkannte Metaphysik. Diese Anschauung basiert auf dem Umstande, daß auch die Lehre von der Wahrscheinlichkeit in ihren erkenntnistheoretischen Fundamenten noch bis vor kurzem ganz ungeklärt war (siehe den einschlägigen Abschnitt in meinen Grundl. d. Physik), und naturgemäß in ihren Grundlagen auf das Engste mit den oben behandelten Problemen zusammenhängt. Diese Anschauung bestreitet z. B. die Unmöglichkeit, den starren Körper auf empirischem Wege zu definieren, bzw. aus der Natur als dort festgelegt, zu entnehmen, durch Angabe des folgenden vermeintlichen Verfahrens, den st. K. empirisch herzustellen:

Man nimmt 1000 etwa gleichlange Stäbe und vergleicht diese durch Aneinanderlegen und eine ganz grobe Messung. Dann geben die Differenzen eine „Gausssche Fehlerkurve", wenn ich diese 1000 Stäbe unter verschiedene Bedingungen bringe. Dann definiert mir der Gipfel der Fehlerkurve den „ungeänderten Körper". (Es ist natürlich schwer, eine unrichtige Anschauung in klarer Weise überzeugend wiederzugeben.) Der Fehler ruht hier darin, daß die Voraussetzung, daß es eine Gauß'sche Fehlerkurve gibt, das Gewünschte schon enthält. In Wirklichkeit ist bei 1000 wirklich beliebig gewählten Stäben dies direkt unwahrscheinlich und damit fällt das ganze Raisonnement. Wir denken eben zu leicht allzusehr in den uns gewohnten Umgebungen. Nehmen wir 1000 Stäbe von daher, so könnte es einmal stimmen. Aber diese sind dann eben nichts anderes als der Ausdruck schon früher geleisteter Auswahl.

Die Erwartung.

Man hat mir ferner folgendes eingewendet: Wenn ich behaupte, daß keine geformte Erkenntnis in der Wirklichkeit vorgebildet sei, und auch nachweise, daß durch Anwendung von Wahrscheinlichkeitsüberlegungen dies nicht zu erreichen, so müsse ich doch zugeben, daß ich erwarte, daß morgen früh wieder die Sonne aufgehe, daß, wenn es auch nicht absolut sicher sei, doch eine überaus große Wahrscheinlichkeit dafür bestehe. Und damit wäre für die Wahrscheinlichkeit doch eine objektive, geformte Erkenntnis gewonnen, die ich also, wenn ich meinem eigenen innersten Gefühl nicht widersprechen wolle, zugeben müsse.

Es war dies die letzte Bastion des betreffenden verehrten Opponenten in die ich ihn bei seiner Verteidigung der Möglichkeit objektiver (empirischer) Erkenntnis allgemeiner Gesetze zurückgetrieben hatte. Wir wollen den Einwand näher betrachten.

Es ist dies genau das gleiche Problem, das darin liegt, daß ich mit großer Sicherheit erwarte, mein Haus, Zimmer, Schreibtisch, Familie usw. noch vorzufinden, wenn ich vom Büro nach Hause komme. Sicherlich ist dieses Problem überaus des Nachdenkens wert, mehr als gewöhnlich eingesehen zu werden scheint, denn es hängt eng mit unserem „Anwendungsproblem“ zusammen.

Zunächst einiges Prinzipielle. Sollte der betr. gewohnte Gegenstand wieder Erwarten nicht angetroffen werden, so sage ich mir, daß „etwas mit ihm passiert sein müsse“. Darin liegt bereits die Absicht und Festsetzung, daß ich mein Prinzip der Eindeutigkeit, das sich hier als Prinzip der Erhaltung der Masse und der Energie in erster Linie dokumentieren wird, durch Exhaustion durchzusetzen beabsichtige. D. h. ich werde, wenn ich meinen Federhalter nicht finde, nicht annehmen, daß er ins Nichts verschwunden sei, sondern ich gedenke meine Welterklärung so einzurichten, daß zum mindesten einmal seine

Masse irgendwo vorhanden ist. Ebenso mit der Sonne. Sollte sie einmal nicht aufgehen, dann muß ich mindestens ihre Masse irgendwo nachweisen können.

Aber weiter. Ebensowenig, wie etwas vergehen kann, so soll nach meinen Festsetzungen meine Welterklärung so stattfinden, daß auch nichts entstehen kann aus Nichts. Daraus geht hervor, daß Kräfte, welche meinen Federhalter zerstören könnten, nicht ohne weiteres auftreten können, nicht so, daß sie nicht irgendwie bemerkbar wären. Wegen der tautologischen Natur der Logik (siehe nächsten Abschnitt) kann ich das so aussprechen. Würden Kräfte auftreten, welche das Aufgehen der Sonne verhinderten, so müßten diese irgendwie in meiner Wahrnehmung (die beliebig fein gedacht wird) sich bemerkbar machen. Denn die Veränderungen, welche identisch sind mit der allmählichen Zerstörung des Sonnenlaufes (wenn auch nur der relativen) spielen eben in meinem Wahrnehmungsfeld, sind Veränderungen in diesem. Sind mir also solche Veränderungen nicht gegeben, so kann ich den Satz aussprechen: Eine Störung des Sonnenlaufes, die mit wahrnehmbaren Veränderungen meines Wahrnehmungsfeldes identisch wäre, findet nicht statt.

Somit bleiben uns nur solche Störungen des Sonnenlaufes, die nicht mit wahrnehmbaren solchen Veränderungen identisch sind. Die können zweierlei Art sein. Endweder so klein und allmählich, daß ich sie nicht merke, solche aber sind nicht nur nicht ausgeschlossen, sondern anerkanntermaßen wahrscheinlich vorhanden. Oder so plötzlich, daß sie von außen her zuerst unmerklich sind und in kurzer Zeit zu großen Wirkungen gelangen. Diese beruhen auf der Unbekanntheit und Unbeherrschbarkeit des Weiten, wie die Vorigen auf der des Feinen. Auch solche Veränderungen sind (wie z. B. die immer wieder aufkommende Furcht vor Zusammenstößen, das Auftreten von Novae am Sternenhimmel usw. beweisen) keineswegs ausgeschlossen.

So sehen wir, daß unser „Gefühl“ uns hier genau das sagt, was die wissenschaftliche Analyse zeigt. Das Nichtbemerken von Änderungen in meinem Wahrnehmungsfeld, die sich merkbar auf Störung der Sonnenbahn richten, gibt mir das instinktive Gefühl, daß ich von dieser Seite her gesichert bin. Daß ich dagegen vor den beiden anderen Möglichkeiten nicht gesichert bin, sagt mir mein Gefühl ebenfalls. Media in vita sumus in morte, sagt der Dichter. Es kann trotz allem jeden Augenblick anders kommen, „etwas passieren".

Ist nun darin irgendeine geformte Erkenntnis enthalten, die der Empirie entnommen ist, wenn ich glaube, daß morgen die Sonne aufgehen wird? Wir haben gesehen, daß dieses Gefühl in keiner Weise mehr enthält, als die Grundsätze der reinen Synthese, welche alle reine Festsetzungen sind und Identitäten begründen, aussagen. Je mehr wir natürlich unsere Beobachtungsmittel verfeinern, desto größer wird die Sicherheit des ersten Falles. Die beiden übrigen Fälle bleiben aber trotzdem dauernd bestehen.

So besteht also, um an unseren Ausgangspunkt zurückzukehren, die „Erwartung, daß morgen die Sonne wieder aufgeht", nicht in einer vermeintlichen „Wahrscheinlichkeit", die sich dann hier als die lange gesuchte objektive, geformte Erkenntnis unmittelbar aus der Wirklichkeit heraus interpretieren ließe, sondern gänzlich unmetaphysisch aus einem Bewußtsein folgender Tatsachen: a) daß alle bekannten Umstände keinen Grund für ein Nichtaufgehen enthalten, b) daß sich seit längerer Zeit die wesentlichen Umstände hierfür nicht merkbar geändert haben, so daß mindestens für die gleiche Zeit eine wesentliche Änderung nicht aus diesen Umständen kommen kann. Das, was hier ausgedrückt wird, ist also nicht eine Wahrscheinlichkeit im mathematischen Sinne, sondern eine Sicherheit im wissenschaftstheoretischen Sinne, beschränkt durch die notwendige Unkenntnis der unbekannten Umstände.

Der „Identitätssatz".

In diesem Zusammenhang wollen wir auch noch einen Blick auf jenen Satz werfen, den wir mehr oder weniger explizit im vorstehenden mehrfach benutzten: daß unter gleichen Umständen gleiches geschieht (Identitätssatz). Dieser Satz ist kein Erfahrungssatz, sondern ein a priorischer, und bedeutet folgendes:

Der Hauptton ist auf das Wort „gleich" zu legen. Über die Schwierigkeit, die Gleichheit von Umständen herzustellen oder zu konstatieren, haben wir im 1. Teil dieses Buches ausführlich gehandelt. Man erinnert sich, daß, insbesondere sobald

Messungen in Frage kommen, in diesen Begriff der st. K. eingeht, und der ist, wie wir sahen, synthetisch.

Es ist klar, daß ein solcher Satz aus der Erfahrung nicht entnommen werden kann. Denn jedesmal, wenn er sich sowieso einmal als richtig erweist, brauche ich ihn nicht mehr, und umgekehrt, wo ich ihn notwendig zu meinen Schlüssen brauche, dort fehlt eben die Gelegenheit, ihn erst für diesen Fall empirisch nachzuprüfen. Ist ein solcher Satz also a priori (wie es aus allem Früheren selbstverständlich ist, denn sonst hätten wir geformte Erkenntnis aus der Wirklichkeit unmittelbar entnommen), so ist selbstverständlich, daß er eine Identität darstellen muß, denn wie könnte die absolute und allgemeine Geltung eines so grundlegenden Satzes auf andere Weise garantiert werden? Und tatsächlich ist dies leicht einzusehen, wenn man mit einiger Kritik die sehr vage Ausdrucksweise des Satzes konziser faßt.

In der Tat, die Schwierigkeiten und Tiefen des Begriffs „gleiche Umstände" wurden schon hervorgehoben. Ebenso wichtig ist die Betrachtung des Wortes „es geschieht". Wenn ich Umstände herstelle, daß in meinem Kessel Wasser kocht, und stelle ein anderesmal die „gleichen Umstände" her, „geschieht dann gleiches"? Stellt sich die Sonne wieder auf die gleiche Stelle, die gleichen Wolken wieder an die gleichen Plätze, füllt sich mein Magen mit dem gleichen eben genossenen Mittagessen wie damals? Nein? Dann muß aber doch der Ausdruck „dann geschieht gleiches", offenbar näher präzisiert werden. Und in der Tat liegt, wie dies ja in allen solchen Fällen immer wieder so ist, der springende Punkt gerade an dieser Nachlässigkeitsstelle. Ich stelle nämlich auch nicht beliebige gleiche Umstände her, sondern nur und eben gerade diejenigen, die notwendig und hinreichend sind, daß das Wasser im Kessel kocht. Diese Umstände heißen die wesentlichen Umstände dieses Vorganges. Und stelle ich umgekehrt zwei verschiedene Male die gleiche Gruppe gleicher Umstände her, so geschieht allerdings beidemale das gleiche, aber nur soviel ist beidemal gleich, als durch die gleichen Umstände eben bestimmt ist, als aus jenen gleichen Umständen mit Notwendigkeit folgt. Was nun aber folgt aus gegebenen Umständen, was ist durch sie bestimmt? Nun auch hier wieder wie oben würde ein Satz: durch die und die Umstände ist das und das bestimmt, eine geformte Erkenntnis bedeuten, die aus der Wirklichkeit unmittelbar gewonnen ist, wenn dieser Satz empirisch wäre. Dann aber würde er volle Unerklärbarkeit bedeuten, denn dann wären mir ohne einen aufzeigbaren Grund spezielle Dinge der Realität für alle Zeiten bekannt. Auch dieser Satz muß also irgendwie a priori sein, und wenn er das ist, kann er seine absolute und allgemeine Geltung nur dadurch garantiert haben, daß er eine logische Identität[1] darstellt.

Solange er eine rein empirische Erkenntnis ist, ist er nur unsicher oder beschränkt sicher. Er wird absolut sicher, wenn er logisch bewiesen ist. Dies geschieht aber, indem aus den Umständen das Geschehende logisch abgeleitet wird. Ist man sich nun klar über die tautologische Natur der Logik (ich habe dies das Prinzip der übergreifenden Begriffsbildung genannt, Ztschr. f. positivist. Philosophie, Bd. I), so ist sofort klar, daß mit den Umständen das Geschehende schon gesetzt ist. In der praktischen Anwendung stellt sich das nun so dar, daß jede empirisch gefundene Abhängigkeit, d. h. Bestimmtheit eines Geschehenden durch Umstände, durch logische Ableitung des ersteren aus den letzteren darzustellen, zu „erklären" versucht wird (siehe unsere ausführliche Darlegung dieser Verhältnisse bei Besprechung der „Hypothese"). Ist diese Darstellung erreicht, dann ist logisch wenigstens die Identität des Geschehenden mit den Umständen gewonnen. Ist aber diese logische Ableitung zugleich eine erklärende Hypothese, welche den Mechanismus des Zusammenhanges aufdeckt, dann ist auch die sachliche Identität sofort einzusehen. Der zuerst scheinbar metaphysische Zusammenhang zwischen der Erwärmung eines Gases und seiner Ausdehnung wird in der kinetischen Gastheorie, welche eine vollerklärende Hypothese darstellt, zur Identität. Die stärkere Bewegung der stoßenden Teilchen stellt zugleich Erwärmung und Ausdehnung dar.

Der Anlage des ganzen Buches entsprechend, bringe ich diese Dinge hier nur in einer induktiven, darlegenden Darstellungsform. Um so leichter werden sie sich dem Verständnis des Lesers darbieten. Eine detailliertere, systematische, deduktive Darstellung muß einer späteren Bearbeitung vorbehalten bleiben.

---

[1] d. h. ein analytisches Urteil.

Philosophische Stellung und andere Bemerkungen.

Es ist nachzuholen, vielleicht mit ein paar Worten auf die philosophische Stellung der vorstehenden Lehre einzugehen. Zunächst ist ein prinzipieller Punkt festzuhalten. Hatte sich die moderne Philosophie eine möglichst vollständige Feststellung der denkmöglichen Systeme vielfach zur Aufgabe gestellt gehabt, und sind die meisten ihrer erkenntnistheoretischen Untersuchungen, deren sie so viele und ausgezeichnete geliefert hat, unter diesem Gesichtspunkte zu verstehen, so ist unsere Stellung vielmehr durch ganz konkrete Tatsachen bedingt. Die zuerst gefundene und wichtigste davon ist die, daß ich nachweisen konnte, daß irgendeine Bindung für uns von seiten der Wirklichkeit dafür, was wir als „Geometrie" wählen, nicht besteht. Dieser Nachweis bedient sich (wie jeder solcher Nachweis muß) gewisser Prinzipien. Er bedient sich des allgemeinen Prinzips der Eindeutigkeit und im speziellen der Logik. Auf Grund dieser Prinzipien, ohne die irgendeine Wissenschaft überhaupt unmöglich ist, beweist man direkt die Unmöglichkeit einer solchen Bindung, wie wir das im 1. Teile dieses Buches durchgeführt haben. Natürlich wird man diesen Gedankengang mit der Zeit noch etwas genauer herausarbeiten können, doch ist der erste wichtige Schritt damit getan, daß er soweit erkannt und durchgeführt ist, daß er für den denkenden Leser sich als zwingend erweist. Analoges kann dann zu unserem Nachweis gesagt werden, daß auch hinsichtlich der sog. Konstitutionshypothese keinerlei Bindung durch die Wirklichkeit besteht.

Damit erhebt sich nun die Frage, wie ist diese damit endgültig als einzig festzuhaltende Stellung zur Wirklichkeit in der philosophischen Terminologie zu benennen.

Da erhebt sich zunächst die Frage: Stellt sich also dieses Verhältnis damit endgültig als Fiktionismus im Sinne Nietzsches und Vaihingers dar? Hier ist prinzipiell folgendes zu sagen: Eine „Fiktion" setzt immer und ausnahmslos ihrem Sinne nach folgendes Verhältnis voraus: „In Wirklichkeit" „gibt es" dasjenige, was ich als Fiktion bezeichne, nicht. Ich weiß, daß es nicht existiert, da ich aber keinen anderen Ausweg weiß, beruhige ich mich dabei, eben als Fiktion das Nichtvorhandene einzuführen und zu gebrauchen." Ist dies also etwa der adäquate Ausdruck dessen, was wir gefunden haben? Sicherlich nicht.

Es stellt sich ja heraus, daß gar nichts anderes möglich ist, als diese Aufstellung der reinen Synthese nach unseren Prinzipien, wie kann ich also sagen, daß dabei irgend etwas „in Wirklichkeit“ nicht so ist. Daß sich dabei herausstellt, daß die mystisch-metaphysische Anschauung von der Wirklichkeit immanenten formalen Naturgesetzen falsch ist, kann nicht den Anlaß geben, nun das Richtige als eine Fiktion des Falschen anzusehen. Das, was bei uns die Naturgesetze werden, ist keine Fiktion von etwas, was sie nicht sind, sondern ist etwas ganz positives, nämlich die geeignetsten Formen zur Darstellung und Beherrschung der Wirklichkeit. Wenn jemand sich nicht von dem alten, überwundenen Standpunkt der metaphysischen Naturgesetze loszureißen vermag und meint, irgendwie sei „wirklich“ etwas logisch Vorgeformtes in der Wirklichkeit, und unsere synthetischen Formulierungen seien Fiktionen dieses Wirklichen, so wäre das ein fälschlicher Gebrauch des Wortes Fiktion. Für den klar Denkenden ist aber sofort durchsichtig: es wird hier niemals und nirgends irgend etwas „fingiert“, das hat die Exhaustionstheorie nicht nötig.

Dieser notwendigen Grenzsetzung dem Begriffe „Fiktion“ gegenüber ist nun aber das außerordentlich Verdienstliche der Vaihingerschen „Als ob“-Betrachtung gerade in unserem Sinne zu betonen. Überlegen wir uns, daß die Als ob-Betrachtung die unmittelbare Wirkung hat, die logischen Konstruktionen als hauptsächlich von uns, weniger aber irgendwie durch die Wirklichkeit bedingt zu betrachten, dann erkennen wir, wie sehr unsere eigene Betrachtung einen Anschluß an diese Denkweise zu finden vermag. Wenn wir überhaupt bemerken, wie viele Kräfte meist unbewußt in der Gegenwart einer völligen Ablösung der logischen Konstruktionen vom Material zustreben, und der Bedingtheit dieser Formen durch uns selbst immer mehr gewahr werden, dann müssen wir sagen, daß die Vaihingersche Betrachtung wohl die bedeutendste Rolle in dieser Richtung gespielt hat.

Eine weitere Frage erhebt sich. Ist es nicht vielleicht Pragmatismus, was sich da als richtig herausstellt? Wird doch das „Zweckmäßigste“ als endgültig ausgewählt in der reinen Synthese. Also, so möchten manche Allzueilige schließen, erweist sich doch das als wahr, was das zweckdienlichste ist. „Wahr" im alten erkenntnistheoretischen Sinne sind in dem hier Dargelegten nur solche Urteile, die auch J. Geyser in seinem Werke „Grundlegung der Logik und Erkenntnislehre", 2. Aufl., Münster i. W., 1919 so bezeichnet, nämlich möglichst adäquate Wiedergabe unmittelbarer Wahrnehmungen. Allgemeine Sätze, theoretische Erkenntnisse können dagegen in diesem Sinne niemals als „wahr" erscheinen, da die Evidenz ja bei uns keinerlei Rolle spielt, auch stets versagen muß. Solche können nur „richtig" sein, nämlich, wenn sie wirklich widerspruchslose Sätze der reinen Synthese darstellen. Da wir nun wissen, daß jeder theoretische Satz letzten Endes in seinen letzten Wurzeln auf freiwilligen Festsetzungen beruhen muß, so kann von einer „Wahrheit" für ihn im alten Sinne gar niemals die Rede sein. Also ist schon einmal aus diesem Grunde das Wahrheitskriterium der Pragmatisten keine Konsequenz meiner Resultate. Aber es ist noch etwas mehr dazu zu sagen. Das Gebiet, auf dem ich meine Resultate bewiesen habe, ist das Gebiet der exakten Wissenschaften. Meine Sätze gelten vorläufig nur auf dem Gebiete dieser Wissenschaften, auf dem der reinen Synthese. Nun soll aber die pragmatistische Formel hauptsächlich auch auf dem Gebiete des praktischen Lebens ihre Geltung haben. Da ist denn zu sagen, ehe man die auf dem Gebiete der Erkenntnistheorie der exakten Wissenschaften erhaltenen Resultate unmittelbar auf das Gebiet des praktischen Lebens überträgt, muß man sehr sorgfältig die Berechtigung dieser Übertragung untersucht haben. Man kann mit einem Wort dies näher erläutern. Festgesetzt kann bei uns nur werden, was an Prinzipien nötig ist zum Aufbau der reinen Synthese. Ist dieses festgesetzt, so ist für irgendwelche andere Festsetzungen kein Platz mehr, denn die reine Synthese umfaßt schließlich alles, was an theoretischen Aussagen in Betracht kommen kann. Selbst wenn man also für den Moment den Ausdruck „wahr" auf theoretische Aussagen anwenden wollte, so könnten doch immer nur solche theoretische Aussagen endgültig wahr sein, die an die reine Synthese angeschlossen sind und nicht irgendwelche beliebigen, aus dem praktischen Leben heraus gerade zweckmäßig oder nützlich erscheinenden.[1]

[1] Damit erledigt sich auch der Vorwurf des Pragmatismus, den mir Karl Jellinek in seinem interessanten Werke „Das Weltengeheimnis"

Ist nun aber nicht doch das, was wir als richtig fanden, als ein „Relativismus" zu bezeichnen? Gibt es dann überhaupt noch ein Festes, wenn in der Wirklichkeit keinerlei Kriterium für die oder jene theoretische Form vorhanden ist? Hier muß unsere Erwiderung nun ähnlich lauten, wie bei dem Vorwurfe des Fiktionismus. Der Vorwurf des Relativismus setzt in unserem Falle voraus, daß wir unnötig auf ein Festes verzichten. Nun ist dies aber hier doch so, daß es gar nicht in unserer Wahl steht, ob wir dieses „Feste" haben wollen oder nicht. Auch ist ja eine völlig eindeutige Bestimmtheit der schließlichen Wahl der reinen Synthese durch das Zweckprinzip vorhanden, was doch das entgegengesetzte von jedem Relativismus ist. Außerdem erweist sich ja die eindeutige Vorgegeben-

---

(Stuttgart 1921) macht. J. meint, in den Dingen lägen quasi-räumliche Beziehungen, die nicht jede Geometrie praktisch gestatten, deshalb könne meine Lösung nicht stimmen. Natürlich wäre es nun Aufgabe J.s, solche Beziehungen aufzuzeigen, da sonst sein Einwurf nur die Bedeutung einer unbewiesenen persönlichen Meinung haben kann. J. tut dies auch, indem er darauf hinweist, daß die sog. zweidimensionalen Menschen ganz unzweifelhaft solche Beziehungen, von uns aus gesehen, vorfinden würden (Endlichkeit des Raumes, Eigenschaft der Geraden, sich in zwei Punkten zu schneiden usw.). Aber dieser Einwand erweist sich bei näherem Zusehen als nicht stichhaltig, indem er nämlich gerade das bereits voraussetzt, was er beweisen möchte. Diese sog. „zweidimensionalen Menschen" nämlich sind Geschöpfe unseres bereits räumlich gegliederten, ja bis weit in die theoretische Geometrie hinein schon organisierten Denkens. Alles, was wir dabei an geometrischen Begriffen benutzen, setzen wir bei dieser Konstruktion voraus. Und, was die Hauptsache ist, wir schreiben diesen Wesen die Dimensionenzahl ihres Raumes bereits vor. Tun wir dies, dann ist es kein Wunder, daß sich bestimmte unausweichliche räumliche Beziehungen für sie ergeben. Ich behaupte doch aber gerade, daß uns die Dimensionenzahl und überhaupt räumliche Beziehungen irgendwelcher Art nicht vorgeschrieben sind. Es vermag also J.s Einwurf gar nichts gegen mich auszurichten. — Wären wir z. B. organisiert wie die Tanzmäuse, dann kann es leicht sein, daß wir zunächst Koordinatensysteme eingeführt hätten, bei denen die 3. Dimension irgendwie ausgezeichnet gewesen wäre. Vielleicht würde man sie aus praktischen Gründen auch dann beibehalten haben, wenn man — wie wir in diesem Buche — zur Erkenntnis gekommen wäre, daß diese Wahl zufällige Konventionssache und theoretisch auch unabhängig von der eigenen Konstitution ist. Oder aber, ein geometrischer Copernikus hätte gezeigt, daß man einfacher alle drei Koordinaten gleichwertig macht. Es wäre das eine Analogie zu dem Gedanken Minkowskis, nur daß hier ein Fortschritt zur Vereinfachung vorgelegen hätte, während es bei Minkowski ein Fortschritt zur Komplikation war, der deshalb nicht von Bestand sein konnte.

heit der theoretischen Naturgesetze in der Wirklichkeit als in sich unmöglich und unrichtig. Es könnte also dieses Unrichtige kaum den geeigneten Hintergrund abgeben, dem gegenüber sich mein Resultat als Relativismus erweist.

Nun ist noch ein Wort zu sagen, über die Auffassung unserer Erkenntnisse als eines „Konventionalismus". Ganz ohne Zweifel könnte man wichtige Teile meiner Resultate mit einigem Rechte mit diesem Namen belegen, doch ist hierzu verschiedenes zu bemerken. Unter Konventionalismus im gewöhnlichen Sinne wird die Lehre verstanden, daß die letzten Axiome der Wissenschaften Konventionen seien, dabei fehlt aber eine Theorie, wie es dann kommen kann, daß diese Konventionen nun in der Wirklichkeit als geltend vorgefunden werden (selbst und in ihren Konsequenzen). Gegen diesen, den naiven Konventionalismus, hat E. Becher in seiner ausgezeichneten „Naturphilosophie" („Kultur der Gegenwart" 1914) eine treffende Kritik geübt. Aber es ist charakteristisch, daß auch bei diesem klarblickenden Forscher zwischen den Zeilen sich sozusagen schon der Schatten eines besser begründeten Konventionalismus erkennen läßt. Dies eben wäre ein „kritischer Konventionalismus", wobei dieser sich zunächst allein auf das Gebiet der exakten Wissenschaften erstreckt, und sich eben dadurch vom anderen unterscheidet, daß er eine genaue Theorie darüber aufstellt, wie es kommen kann, daß die gemachten Konventionen sich dann in der Wirklichkeit als gültig erweisen. In diesem letzteren Sinne könnte auch ich meine Ausführungen teilweise einem kritischen Konventionalismus zuweisen.

Das wichtigste Argument, das E. Becher gegen den naiven Konventionalismus richtet, ist das, daß dieser nicht zu erklären vermöge, wie ein Prophezeien möglich ist. Es ist vielleicht nicht überflüssig, mit einigen Worten zu zeigen, wie der kritische Konventionalismus diesem Einwande begegnen kann, es wird übrigens an anderer Stelle dieses Buches dieses Problem noch eingehender behandelt. Prophezeien geschieht durch logische Schlüsse aus Gegebenem, und zwar auf Grund der sog. Naturgesetze, bei uns also (theoretisch) zuletzt auf Grund der Gesetze der reinen Synthese, die ja zuletzt eben auf Festsetzungen (Konventionen) zurückgehen.

Nun ist der innere Kern dieses Vorganges des „Prophezeiens" der: Das „Gegebene", d. h. die vorhandenen Bedingungen, deren Zusammenwirken eben den zu prophezeienden Vorgang ergeben soll, sind so beschaffen, daß sie gewissen wissenschaftlichen Begriffen der reinen Synthese genügen (oder der vorläufigen Synthese). Nun sind aber diese „Naturgesetze“ nichts anderes als logische Konsequenzen aus gewissen Voraussetzungen. Man kann nun zeigen, daß alle gültigen logischen Schlüsse letztlich auf Identitäten zurückführbar sind, daß sie, wie ich es genannt habe, auf „übergreifende Begriffsbildung“ zurückgehen. Sind nun die „Bedingungen“ konstanter Natur, d. h. auch nach bekannten konstanten Gesetzen veränderlich, dann liefert mir mein logischer Schluß oder meine Rechnung ohne weiteres die Kenntnis eines späteren Zustandes dieser Gruppe von Bedingungen und diese wird genau mit der Wirklichkeit übereinstimmen, solange eben meine Voraussetzung erfüllt ist, daß die Bedingungen in der Zwischenzeit im obigen Sinne konstant bleiben (d. h. in ihren Veränderungen konstanten und bekannten Gesetzen gehorchen).

Fragt man überhaupt nach der Bedeutung unserer Resultate, z. B. für ethische Fragen, so ist sofort einmal das zu sagen, daß die Frage des Handelns in einem konkreten Falle immer eine Frage des Einzelgeschehens ist, und niemals in seinen letzten Gründen durch Überlegungen aus der reinen Synthese eindeutig bestimmt sein kann. Denn das Handeln ist ein Ausfluß des „Willens“, des Willens nach einem bestimmten Ziele. Und dieser Wille wird sich gegebenenfalls zur denkbar besten Erreichung seines Zieles der reinen Synthese bedienen, da diese ihm die theoretische und praktische Beherrschung der Natur erlaubt, aber er selbst muß immer anderweitig bestimmt sein, denn die Synthese enthält nirgends eine Anweisung oder ein Motiv zum Handeln.

Eine Form, unsere Erkenntnistheorie aufzufassen, sei noch besonders besprochen. Sie ist, wie ich gemerkt habe, vielen beim ersten Bekanntwerden sehr naheliegend, stellt einerseits ein noch vollkommenes Mißverständnis, andererseits aber schon einen wichtigen Schritt zum Verständnis dar. Man sagt so: Ich gebe zu, daß wir die Erscheinungen der Wirklichkeit auf einfachste Weise beschreiben und dabei im wesentlichen so verfahren, wie es die Exhaustionstheorie ausspricht. Aber, und nun kommen zwei Varianten. Variante 1: natürlich kann eine solche Beschreibung durch ein Experiment oder eine Erfahrung widerlegt werden. Oder Variante 2: aber, was das einfachste ist, welche Darstellung die einfachste ist, dies kann uns nur der Vergleich mit der Erfahrung lehren.

Behandeln wir zunächst die erste Variante. Sie stellt natürlich einen Widerspruch in sich dar, beruhend auf einem noch ungenügenden Verständnis der Exhaustionstheorie. Hat man sich das Verfahren dieser Theorie einmal in Verbindung mit dem Gedanken der reinen Synthese wirklich klar gemacht, dann erkennt man, daß dieses Vorgehen, soweit es die reine Synthese anbetrifft, jede Möglichkeit eines Einflusses irgendeiner Erfahrung auf die Gestaltung der Grundpfeiler des logischen Gerüstes der reinen Synthese vollkommen ausschließt. Es ist wohl jetzt nicht mehr nötig, auch hier wieder zu betonen, daß dies gar nichts sagt gegen die Möglichkeit, Detailhypothesen, die nicht selbst Konstitutionshypothesen sind, durch das Experiment zu bestätigen oder zu widerlegen. Solange ein Gebiet noch nicht an die reine Synthese angeschlossen ist, gelten völlig die gewohnten Anschauungen über Experiment und Hypothese, letztere darf dabei natürlich nicht selbst die Grundpfeiler der reinen Synthese — Zweckprinzip, euklidische Geometrie, Newtonsches Gesetz usw. — angreifen oder umfassen wollen, d. h. muß eben eine „Spezialhypothese" sein, wie das im 1. Teil gezeigt wurde.

Wenden wir uns zur Variante 2. Hier tritt einem folgende Anschauung entgegen. Man gibt im ganzen alles zu, was die Lehre von der reinen Synthese sagt, die Aufstellung eines logischen Systems oder Schemas und die Zerlegung und Erklärung der Wirklichkeit nach ihr wird vollkommen zugegeben, sowie daß das betr. logische System das „einfachste" sein müsse. Nur welches logische System das einfachste sei, dies müsse aus der Erfahrung, der Wirklichkeit festgestellt werden. Auch diese Formulierung enthält einen Widerspruch in sich. Denn wer sich einmal den Gang der Exhaustion in Verbindung mit der reinen Synthese klar gemacht hat, der weiß, daß der Realität überhaupt gar keine Gelegenheit mehr bleibt, einzugreifen. Im übrigen wird die Einfachheit nicht durch die Wirklichkeit bestimmt, sondern dies ist eine rein logische Eigenschaft; man kann rein formal logisch-mathematisch bestimmen, berechnen, welche von zwei logischen Formulierungen die einfachere ist. Man kann sich dies schon an dem einfachen Beispiel des Aristotelischen und des Galileischen Trägheitsprinzips klar machen, wo die Gerade einfacher ist als der Kreis, da die erstere zwei, letzterer drei wesentliche Konstante hat, die für jeden Wert eine solche Kurve liefern.[1]

Noch eine weitere Möglichkeit ist aufgetaucht, mit welcher man glaubt, das Verhältnis zwischen Theorie und Erfahrung auf andere Weise erfaßt zu haben, als es bei mir geschieht. Man sagt so: Vielleicht ist es möglich, eine allumfassende mathematische Form derart zu finden, daß alle allgemeinen (physikalischen) Gesetze daraus durch rein logische, d. h. mathematische Operationen ableitbar sind, und den Umständen des speziellen Falles dadurch Rechnung getragen wird, daß man durch Messung gewisse in den allgemeinen Gesetzen vorkommende Konstanten feststellt. Es sind solche Gedankengänge gelegentlich der neueren Relativitätstheorie zutage getreten. Der aufmerksame Leser dieses Buches wird sofort eine ganze Menge großer Lücken in solchem Gedankengang bemerken, der für den Anhänger der bisherigen Anschauungsweise, der durch Kritik noch nicht aus seinem dogmatischen Schlummer geweckt ist, sicher etwas bestechendes hat. Sehen wir einmal davon ab, daß die wichtigste und grundlegendste Frage, wie und womit gemessen wird, hier völlig offen gelassen ist, also in ihrer fundamentalen Bedeutung gar nicht erkannt ist (und in ihrer Beantwortung offenbar für „selbstverständlich“ gehalten wird), so ist hier vielleicht der Ort, um ein Wort einzuschieben über solche allgemeine mathematische Formen, aus denen alle allgemeinen Sätze eines Gebietes oder der Physik überhaupt abgeleitet werden sollen. Das sog. Hamiltonsche Prinzip der klassischen Mechanik ist ein solches. Diese Bildungen können nur eine mathematisch-formale Bedeutung haben. Natürlich hat bei ihren Erfindern und späterhin meist die Idee eine Rolle gespielt, in ihnen das eigentliche Urgebilde vor sich zu haben, aus dem alle anderen Sätze fließen. Wir wissen, daß die einzigen Urprinzipien, die uns zur Verfügung stehen, diejenigen der reinen Synthese sind (insbesondere das Zweckprinzip, mit dessen Konsequenzen, besonders dem Prinzip der Eindeutigkeit). Man könnte wohl zeigen, daß es derartige Prinzipien, wie z. B. das

[1] In der natürlichen Geometrie hat der Kreis eine variierende Konstante, die Gerade keine ($\varrho = c$, $\varrho = \infty$.) (Ztschr. f. Physik 1920.)

Gaußsche Prinzip des kleinsten Zwangs notwendig geben müsse, schon aus ganz prinzipiellen, formalen, mathematischen Gründen, und daß somit diese Prinzipien vom erkenntnistheoretischen Standpunkte aus völlig belanglos sind. Man vergleiche hierzu die ausgezeichneten Bemerkungen Ernst Machs in seiner Mechanik (7. Aufl.) zu diesen Prinzipien (z. B. S. 357), sowie die dort (S. 371) zitierten Bemerkungen von Petzold.

Im ganzen ist ja das Problem der Geltung der Geometrie in der Wirklichkeit überhaupt wenig auf exaktere Weise behandelt worden, wohl aus dem einfachen Grunde, weil keinerlei Weg hierzu bekannt war. Abgesehen von der Kantschen Lehre und im Gegensatze dazu der Gaußschen Messungsversuche (und der Lobatschefskyschen Vorschläge), die im Laufe des 19. Jahrhunderts immer wieder in ähnlicher Weise herangezogen wurden, kamen wesentliche neue Gesichtspunkte in diesem Zeitpunkte nicht vor. Ein schönes Vorspiel der Exhaustionstheorie besitzen wir in F. Poskes gedankentiefer Behandlung des Trägheitsprinzips[1], sowie in gewissen Äußerungen von B. Erdmann (empirische Idee) und Al. Höfler (Unterfahren), doch blieben die Gedanken am bestimmten Beispiel haften, ohne sich weiter auszuwirken. Bei Fel. Klein wird das Anwendungsproblem von anderer Seite her akut, nämlich von der Frage nach Auffassung der Wirklichkeit mittels des Begriffs des Atoms oder des Kontinuums und in Zusammenhang mit der Infinitesimalrechnung. Aber die von ihm gestellte Preisaufgabe findet keine entsprechende Bearbeitung. Helmholtz hatte sich ja mit dem Probleme auseinanderzusetzen versucht, war aber auch nicht weiter gelangt. Erst H. Poincare bringt im Anschluß an Machsche Ideen neue Gesichtspunkte. Er findet, daß empirisch nichts über die Geometrie ausgemacht werden könne, und daß wir stets nach der einfachsten Geometrie greifen müßten. Diesen wichtigen Gedanken des bedeutenden Mathematikers fehlt aber gerade das wichtigste Schlußglied

[1] Ich möchte hier nochmals ganz besonders auf diese klassisch zu nennende Arbeit hinweisen („Der empirische Ursprung und die Allgemeingültigkeit des Beharrungsgesetzes", mit Nachwort von W. Wundt, Vierteljahrsschr. wiss. Philos. VIII (1884), die leider nicht die hinreichende Beachtung gefunden hat. Sie enthält in ausgezeichneter Klarheit für den speziellen Fall des Trägheitsprinzips (dem man ja stets gerne eine gewisse Ausnahmestellung zuwies) die notwendigen Ausführungen.

dieses Gedankenganges, nämlich der Nachweis, daß und wie es zugehe, daß diese Geometrie nun auch stets wirklich mit der Realität in Übereinstimmung gefunden werden müsse, was erst durch die Exhaustion geleistet werden kann, wie ich 1911 nachwies. Ich verweise ferner auf die scharfsinnigen Formulierungen von A. Voss in dessen Artikel über „Die Prinzipien der rationellen Mechanik“ (Enz. d. Math.).

Eine klare Erkenntnis der wirklichen Verhältnisse zeigt eine Abhandlung von Hugo v. Seeliger „Bemerkungen über die sogenannte absolute Bewegung, Raum und Zeit“ (Vierteljahrsschr. astronom. Ges. 1913). „Die Geometrie ist die Wissenschaft nicht vom Raum, denn dieser hat keine weiteren Eigenschaften, sondern der geometrischen Gebilde (Punkte, Kurven und Flächen)“. Dies sind Erkenntnisse von einer Klarheit, wie wir sie hierüber in den exakten Wissenschaften äußerst selten finden.

Bemerkenswert sind ferner einige Aufsätze von H. Mohrmann im Jahresbericht der deutschen Mathematiker-Vereinigung („Euklids Parallelenaxiom“ 1914, „Über die Winkelsumme im geradlinigen Dreieck“ 1914. „Herrn Zacharias zur Erwiderung“ 1915), der in sehr klarer Weise eine Reihe von Gründen anführt, welche zeigen, daß eine empirische Feststellung der „Geometrie unseres Raumes“ ausgeschlossen ist.

Die vorstehenden Bemerkungen sollen übrigens nur kurz auf die genannten Autoren den Leser hinweisen, ohne deren Verdienste im einzelnen hier würdigen zu wollen. Für Poske, Höfler und Erdmann verweise ich hierfür auf meine „Grundlagen der Naturphilosophie“ (Leipzig 1913). Direkt anregend hat auf mich nur H. Poincare gewirkt durch die 1904 erschienene Übersetzung von „Wissenschaft und Hypothese“ (von F. und L. Lindemann). Doch waren meine eigenen Gedankengänge auch damals schon in vielem ebensoweit und weitergelangt. Aber die Vertretung der Konventionslehre durch einen so berühmten Gelehrten in der von ihm gewählten Form hat mich damals überaus gestützt und angeregt.[1]

---

[1] Poincare selbst ist wohl wieder von Leroy beeinflußt gewesen, in manchem wohl auch von Duhem, der jedoch ausgesprochener Empirist ist. Duhem hängt wohl stark von Whewell und Mach ab.

Teil IV.

Die letzte Entwicklung.

Kritische Analyse der Grundlagen der Relativitätstheorie.

Bevor ich mich dem in der Überschrift genannten Thema zuwende, möchte ich eine prinzipielle Konstatierung machen. Ich möchte feststellen, daß die ganze Relativitätstheorie, soweit ich sie auch durchgedacht habe, überall aufs deutlichste zeigt, daß sie notwendig aus den herrschenden Zeitbedingungen heraus geschaffen und ausgebaut wurde. Die Fehler, an denen sie scheitern mußte, liegen in den geistigen und wissenschaftlichen Verhältnissen unserer Tage völlig begründet, und da die Begründer dieser Theorie sogar in einem besonders starken Sinne unter dem Banne dieser Zeit standen, so kann ihnen aus dem Scheitern der Theorie kein Vorwurf gemacht werden. Im Gegenteil! Sie waren die Werkzeuge der Entwicklung, welche die in der Zeit schlummernden Möglichkeiten und Ansätze zu ihren vollen Auswirkung und Ausreifung brachten. Nur auf diesem Wege war es möglich, die wertvollen Keime, die hierin lagen, voll zur Entwicklung kommen zu lassen. Wir werden dies gleich bemerken, wenn wir versuchen, uns die Relativitätstheorie aus der Konstellation der Zeitumstände zu erklären.[1]

[1] In der Tat muß man die ganze Entwicklung von verschiedenen Gesichtspunkten sehr begrüßen. Wie sollte die Menschheit auf ihre Vorurteile aufmerksam werden, wenn nicht einer einmal den Mut hätte, dieselben zu ihren äußersten Konsequenzen zu verfolgen, wo sie ihre wahre Natur erst enthüllen? Oder ist es besser, durch zarte und gemäßigte Behandlung dieser Vorurteile diese möglichst dauernd zu konservieren? So verdanken wir es nur der Relativitätstheorie, daß die wissenschaftliche Öffentlichkeit auf die Vorurteile, welche in den Grundlagen der Physik noch mitgeschleppt wurden, aufmerksam wurde.

Die Relativitätstheorie ist eigentlich zunächst eine „Lichttheorie“. Aber damit ist ihr zuviel zugemutet. Sucht sie ja weniger die experimentell festgestellten Erscheinungen am Licht, die in den letzten Jahrzehnten so großes Kopfzerbrechen gemacht hatten und tatsächlich recht widerborstig waren, kausal zu erklären, als vielmehr sie als nur scheinbar, nämlich als Eigenschaften unserer notwendigen Auffassung und Behandlungsart von Raum und Zeit aufzuweisen. Sie sucht sie also weniger kausal zu erklären als sozusagen wegzuschaffen.

Der Boden aber war bereitet in verschiedener Weise: Hauptsächlich durch Forschungen über die Grundlagen der exakten Wissenschaften. Da waren die kritischen Studien von E. Mach, welche in einer stark sensualistisch gefärbten Form auftraten und daher die alte mystische Stellung der „Naturgesetze“ stark unterwühlten. Da waren zuletzt gewesen die Studien H. Poincares, der die Axiome von Raum und Zeit als Festsetzungen ökonomischer Natur zu betrachten lehrte und dadurch ihre Absolutheit (im philosophischen Sinne) vorerst recht erschütterte. Da stand hinter dem allem ungeklärt, und scheinbar ganz neue philosophische Tiefen ahnen lassend, die wuchtige Tatsache der nichteuklidischen Geometrien. Diese hatten das Ansehen der Kantschen Raumlehre von Grund aus erschüttert, hatten die rein empiristische Auffassungsweise der räumlichen Verhältnisse und damit aller physikalischen Verhältnisse überhaupt mächtig gestärkt.

Es handelte sich doch um folgendes. Die sog. Emissionstheorie des Lichtes, welche Newton und seine Anhänger vertreten hatten, war zugunsten der Wellentheorie verlassen worden. Angenommen, das Licht bestehe aus von dem leuchtenden Körper ausgeschleuderten Partikeln. Dann ist alles ganz klar ebenso klar, wie die Bewegungsverhältnisse beim Schießen — nur daß natürlich die Verhältnisse durch die freie Beweglichkeit der Körper im Weltraum und die großen Geschwindigkeiten recht verwickelt sein konnten im gegebenen Falle und daß man da mit den periodischen Erscheinungen nicht zu Recht kam. Der theoretische phoronomische Ansatz bot keinerlei prinzipielle Schwierigkeiten. Anders jedoch bei der Wellentheorie. Wenn das Licht nur ein Bewegungszustand in einem „Medium“ war, dann lag die Sache viel komplizierter. Was konnte nicht alles mit diesem Medium geschehen. Wenn von einem Stern ein

Lichtstrahl zu uns kam, dann mußte der durch ein Medium zwischen jenem Stern und mir vermittelt werden. Es konnte das Medium ruhig bleiben und meine Erde sich durchbewegen. Dem entsprach die Bradleysche Erfahrung, widersprach der Michelsonsche Versuch. Oder meine Erde konnte das Medium (wenigstens in einigem Umfange) mit sich tragen. Dem entsprach der Michelsonsche, widersprach der Bradleysche Versuch. Außerdem aber gab es natürlich noch ungezählte weitere Möglichkeiten, doch wurden die weniger beachtet.

Man kann das alles mit einem Worte sagen: Es handelte sich darum, das Körperliche am Licht zu fassen. Denn das ist natürlich nötig. Vorgänge ohne Körperliches sind unmöglich, wie wir ausführlich gezeigt haben. Und es ist die große Frage: Wird das Körperliche am Licht mitbewegt oder ist das Licht eine Bewegung in einem Körperlichen.

Durch die geschilderten Umstände kamen nun mit der R.-Th. auch die Fragen der Relativbewegung überhaupt zur Diskussion. Wir wollen uns also zunächst diesen zuwenden.

Man hat nun gesagt, daß es in der Galilei-Newtonschen Mechanik ein Relativitätsprinzip gebe. Dies bestehe darin, daß sich eine einfache Translation mechanisch nicht von der Ruhe unterscheiden lasse, während eine erzeugte Beschleunigung durch die auftretenden Trägheitserscheinungen bemerkt werden könne.

Wir wollen zunächst einmal diesen Knäuel von Undurchdachtheiten etwas auseinander zu wickeln versuchen. Bei allen Diskussionen über Relativität und R.-Th. spielt der fahrende Eisenbahnwagen eine besonders große Rolle.

In diesem Eisenbahnwagen nämlich besteht, wenn er in Translation sich befindet, die Tatsache, daß, wenn ich geeignet mit einem Balle spiele, dies genau so sich abspielt, wie wenn der Wagen ruht. Man kann also an dem Ballspielen nicht unterscheiden, ob der Wagen fährt oder ob er ruht. Würde also jemand auf diese Weise eine Entscheidung hierüber versuchen wollen, so würde er sich selbst eine schwere Enttäuschung bereiten. Man hat nun daraus das allgemeine Prinzip abgezogen, daß es ein absolutes Kriterium für Ruhe oder Translation nicht gebe. In der Tat, wenn dem wirklich so wäre, so wäre dies auch für die Herren Relativisten sehr peinlich. Denn dann wüßten sie nie, ob der Zug jetzt fährt oder nicht. In der Tat wird selbst der eingefleischteste Relativist, wenn er einmal nicht weiß, ob der Zug fährt oder nicht (was bei Nacht schon vorkommen kann), doch Mittel finden, das festzustellen: er wird zum Fenster hinausschauen. Dann sieht er, daß er einem übergeordneten Körper, der Erde, sich gegenüber bewegt. Will er wissen ob sich die Erde bewegt, so sieht er wieder nach einem übergeordneten Bezugskörper, z. B. der Milchstraße. Diesen Prozeß kann er fortsetzen, solange noch ein übergeordneter Bezugskörper vorhanden ist. Dies ist solange der Fall, als nicht der allen übrigen übergeordnete Bezugskörper erreicht ist, das ist die Gesamtheit der im Weltraume zurzeit wahrnehmbaren Gegenstände, wenn darin nach einem Verfahren, das die Astronomen anwenden, alle Einzelbewegungen der Teile dieser Gesamtheit, soweit das die momentane Genauigkeit ermöglicht, weggerechnet sind.[1] Den so entstehenden verbleibenden Raum habe ich den „Festraum" genannt, und ich behaupte, er erfüllt mit einer später anzufügenden Ergänzung alle Bedingungen des ruhenden, absoluten[2], gefüllten Raumes. Bevor wir dies etwas näher betrachten, kehren wir zu unserem Eisenbahnwagen zurück.

Der in Translation begriffene Eisenbahnwagen erleide nun eine Beschleunigung. Was wird geschehen? Sollte ich gerade beim Ballspielen sein, so werde ich selbst Mühe haben, mich aufrecht zu erhalten, indem ich mich am nächsten Gegenstande festhalte. Mein in der Luft befindlicher Ball wird nicht mehr am gleichen Platz herabfallen. „Also ist eine Beschleunigung bemerkbar", schließt man. Bei dieser passierte doch offenbar folgendes: Die Beschleunigung wurde ausgeübt zuerst auf die Puffer oder den Verbindungshaken des Wagens. Von diesen verbreitete sie sich auf die mit diesen in fester Verbindung befindlichen Teile, darunter schließlich auch auf meine Füße. Da aber mein Oberkörper mit diesen nicht in völlig fester Verbindung steht, so kam der nicht gleich mit und fiel um. Ebenso war es mit dem Ball. Es ist also gar nicht wahr, daß auf das ganze System eine Beschleunigung ausgeübt wurde. Auf einen Teil des Systems nur, der zufällig die anderen durch seine Form räumlich umschließt, wurde eine Beschleunigung

[1] Siehe meine „Grundlagen der Physik" im Abschnitt „Der absolute Raum", sowie meinen Nauheimer Vortrag „Kritische Bemerkungen zu den Grundlagen der Rel.-Th." (Physikal. Ztschr. 1920, Leipzig, S. Hirzel, 1921.)

[2] Warum ich ihn „absolut" nenne, wird nachher erklärt.

ausgeübt. Bei der Translation wird stillschweigend angenommen, daß alle Teile des Systems sie haben; hier ist nur ein Teil beschleunigt, andere nicht, und lediglich dieser Unterschied in der Behandlung der verschiedenen Teile des Systems wird wahrgenommen, sonst nichts. Denken wir uns statt der Lokomotive als Bewegungserzeugung einen großen Körper in größerer Entfernung der in der Bewegungsrichtung den Wagen und alle Körper attrahiert, ihnen also Beschleunigungen erteilt, dann ist von diesen ebensowenig auf mechanischem Wege zu bemerken, wie von einer Translation. Alle Körper, Wagen und Inhalt erhalten die gleichen Beschleunigungen, und relativ zu einander bleibt alles beim alten. Dabei könnte das Attraktionsgesetz noch beliebig von der Zeit abhängen.[1]

Wenden wir diese Betrachtung auf unsern Festraum an, dann können wir sagen, daß an ihm keinerlei Wirkung wahr-

[1] In seiner sonst so verdienstvollen Broschüre „Physikalisches über Raum und Zeit" (Leipzig u. Berlin 1911, siehe meine Besprechung in Ztschr. f. positivist. Philosophie 1913) beginnt der Verfasser, E. Cohn, der bekannte frühere Straßburger Physiker, seine Darlegungen, indem er nachweisen möchte, daß man von einer Translationsbewegung mechanisch nichts bemerke, stets jedoch von einer beschleunigten. Dieser Satz ist, trotzdem er anläßlich der Relativitätstheorie so viel gebraucht wird, einfach falsch. Herr C. führt eine Menge Beispiele für ihn an, aber alle sind derart (Karussell, Lift usw.), daß immer nur ein Teil des Systems beschleunigt wird, und wahrgenommen wird nur die Relativbeschleunigung dieser Teile gegen die übrigen, außer bei den krummlinigen Bewegungen. Aber Herr C. geht noch weiter. Er führt sogar ein Experiment, das nicht an einem Menschen gemacht wird, an, welches diesen Satz beweisen soll. Dies lautet (a. a. O. S. 5): „Ein System von zwei Holzscheiben, die durch eine vertikale Spiralfeder verbunden sind, lassen wir fallen: die Feder zieht sich zusammen. Wir wiederholen den letzten Versuch, sorgen aber durch Reibung und ein passendes Gegengewicht dafür, daß sich das System mit merklich gleichförmiger Geschwindigkeit abwärts bewegt. Jetzt bleibt die Feder gespannt wie in der Ruhe." Beim Loslassen entspannt sich die Feder, weil jetzt mein Festhalten der oberen Scheibe die Feder dem Gewicht entgegen nicht mehr dehnt. Beim gebremsten Fall fällt zuerst die untere Scheibe und dehnt die Feder solange, bis der am oberen Ende der Feder wirkende Zug + dem Gewicht der oberen Scheibe die Bremswiderstände überwindet. Dann kann der Fall so langsam werden, daß er praktisch einer Translation gleichkommt. Die Feder bleibt natürlich so lange gespannt, als die obere Scheibe nicht genau so fällt wie die untere, d. h. frei. Die Spannung der Feder entspricht (wenn die Spirale gewichtslos angesehen wird) gerade dem Gewicht der unteren Scheibe. Die Hauptsache ist: die Feder zieht sich auch bei einer Translation zusammen, wenn man beide Scheiben frei läßt.

nehmbar sein wird, die auf alle Körper desselben gleich wirkt, um eine geradlinige Bewegung zu veranlassen. Nur wenn einige Teile bewirkt werden, andere nicht, können wir relativ zu einander eine Wirkung konstatieren. Wir sehen also: Der Festraum selbst verhält sich gegen irgendwelche geradlinige Gesamtbewegungen seiner selbst derart, daß solche niemals konstatierbar sind. Er verhält sich also in dieser Hinsicht als absolut ruhend, als der absolute Raum. Dies führt uns auf die Frage nach der Wirkung nicht geradliniger Bewegungen.

Zuvor aber wollen wir zusehen, wie sich das Vorstehende in den Formeln ausdrückt

Das zweite Newtonsche Grundgesetz der Mechanik spricht die Definition der Kraft als Masse mal Beschleunigung aus, und die reine Synthese bedient sich der gleichen Definition aus klar angebbaren Gründen, die hier nicht hergehören.[1] Da also nur eine Beschleunigung eine Kraft bestimmt, niemals aber eine Translation, so ist klar, daß die Gleichung dieses 2. Newtonschen Gesetzes gegen Translationen unempfindlich sein wird, bei Beschleunigungsänderung stets aber auch eine Kraftänderung eintreten muß. Wenn wir also die sog. Bewegungsgleichung eines Massenpunktes m längs der x-Achse aufstellen, so heißt diese:

$$m \cdot \frac{d^2 x}{d t^2} = P_x,$$

geben wir dem Koordinatensystem eine Translation in der x-Achse, setzen also: $x = \xi + a \cdot t$, so wird die neue Gleichung offenbar:

$$m \cdot \frac{d^2 \xi}{d t^2} = P_x,$$

bleibt also völlig ungeändert in den neuen Koordinaten. Geben wir aber dem Koordinatensystem eine Beschleunigung:

$$x = \xi + a \cdot t + b t^2,$$

so kommt links:

$$m \cdot \frac{d^2 \xi}{d t^2} + 2 m b.$$

und es zeigt sich, daß dann natürlich auch die Kraft eine andere werden muß, die m seine Gesamtbewegung erteilt. Es gibt kaum

[1] Siehe meinen Aufsatz „Über den Begriff der ‚Einfachstheit' in der Methodik der Physik und der exakten Wissenschaften", Zeitschrift für Physik 1921.

etwas, das weniger Geheimnisvolles enthielte, denn dies ist, wie der wirklich kritische Blick erkennt, lauter Definitionssache. Nichtsdestoweniger hat man diesen einfachen Umständen einen eigenen Namen gegeben: das „Relativitätsprinzip der Newtonschen Mechanik“, es ist seinem Inhalt nach identisch damit, daß man die wirkende Kraft proportional der Änderung der Beschleunigung definiert.

Man findet es bemerkenswert, daß die Newtonschen Bewegungsgleichungen für jedes in beliebiger Translation befindliche Koordinatensystem die gleiche Gestalt besitzen, so daß ich aus dem Vorgang, den diese Gleichungen darstellen sollen, nichts über eine Translation des Systems schließen läßt. Wir sehen aber aus dem Vorstehenden, daß dies nur solange bemerkenswert ist, als man krampfhaft die Augen schließt vor der Tatsache, daß in jedem konkreten Fall prinzipiell stets festgestellt werden kann, welche absolute Bewegung irgendein konkretes Koordinatensystem im Festraum ausführt. Jeder Astronom wird erstaunt sein, wenn man ihm sagen wollte, er könne die absolute Bewegung eines Koordinatensystems im Festraume nicht feststellen.

Wir haben uns bisher nur mit geradlinigen Bewegungen der betrachteten Körper befaßt, wir wenden uns jetzt einmal zu den rotierenden Bewegungen.

Man stand hier vor folgender schwierigen Frage, die schon seit Newton immer wieder die Geister lebhaft beschäftigte: Man sah einerseits, daß es phoronomisch ganz gleichgültig sei, ob ich sage, die Erde dreht sich gegenüber dem Fixsternsystem oder ob ich sage, das Fixsternsystem dreht sich gegenüber der Erde. Andererseits aber zeigten sich an der Erde ganz objektive empirische Kennzeichen dafür, daß sie sich in Rotation befinde (Abplattung, Foucaultsches Pendel usw.). Nun war Newton durch ähnliche Überlegungen wohl zu seiner Vorstellung vom „absoluten Raum“ gelangt. Nehmen wir nämlich unseren vorhin von uns definierten Festraum, grob gesprochen, in der Gestalt des Fixsternhimmels, dann sagen wir, die Erde dreht sich gegenüber dem Fixsternhimmel. Nun machen wir ein beliebtes „Gedankenexperiment“ und denken uns außer der Erde alle andere Materie weg (natürlich ist dazu von meinem Standpunkt aus einiges zu sagen, doch lassen wir dies zunächst), dann wird das zunächst an der Erde, wie sie jetzt ist, nicht viel ändern, die Zentrifugalerscheinungen werden weiter bestehen.

Oder sollten sie nicht? Dann wollen wir zwischen beiden Fällen einen Übergang schaffen und uns denken, alle anderen Massen rückten mit großer Geschwindigkeit immer mehr von der Erde weg. Würden dann die Äußerungen der Fliehkraft abnehmen? Wenn die Entfernung der Sterne immer längs des radius vector stattfindet, würde sich dabei an der relativen Drehgeschwindigkeit auch gar nichts ändern, selbst wenn die Sterne längs des radius vector ins Unendliche verschwänden.

Darnach scheint es tatsächlich eine absolute Rotation zu geben; und Newton zog diesen Schluß. Ernst Mach jedoch schien ein absoluter leerer Raum und eine absolute Rotation in ihm ein solches Unding zu sein, daß er um jeden Preis dieser Konsequenz auszukommen suchte. Aber da kam die oben geschilderte böse Tatsache, daß es zunächst ganz gleich scheint für die abgeplattete Erde, ob das Fixsternsystem vorhanden ist oder nicht. Bestand die Abplattung auch ohne Fixsternsystem (wobei die Erde als plastisch angenommen), so war die absolute Rotation gegeben. Da Mach diese aber nicht wollte, war die einzige Rettung, die Zentrifugalerscheinungen mit dem Fixsternsystem in Verbindung zu bringen, und tatsächlich sieht sich auch E. Mach in der letzten (7.) Auflage seiner „Mechanik" (wieweit dies in früheren Auflagen schon der Fall, kann ich gerade nicht entscheiden), wenn dies auch offensichtlich seinem Empfinden widerstrebte, dazu gezwungen.[1] Man muß zugeben, von diesem Standpunkt aus bleibt hier kein Ausweg. Bekannt ist, daß die neuere Relativitätstheorie diese Anschauung dann systematisch ausgebaut hat.

Wir stehen also hier vor einer ganz konkreten, überaus tiefliegenden und vom bisherigen Standpunkte der Anschauung vom Wesen der Physik nicht zu bewältigenden Schwierigkeit, wenn wir nicht uns mit dem Obigen bescheiden und die unübersehbarsten Konsequenzen in Kauf nehmen wollen. Um so klärender wirkt es, zu sehen, wie leicht und schön die von mir aufgestellte Wissenschaftslehre diese Schwierigkeit behebt.

Ich stelle mich auf den Standpunkt, daß die gegebenen Erscheinungen durch unsere logische Konstruktion zu erklären,

---

[1] Ich verdanke Herrn Dr. Ludwig Mach die frdl. Mitteilung, daß diese Konsequenz seinem Vater immer „besonders quälend" war, daß er die daraus ziehbaren monströsen Schlüsse seit langem kannte, sie jedoch absichtlich nicht zog, sondern ablehnte.

zu unterbauen sind. Ich nehme also den Foucaultschen Pendelversuch her und mache ihn auf der Erde. Ich erfahre dabei, daß die Lage der Schwingungsebene des Pendels und die Erdkugel relativ zueinander ihre Lage ändern. Dies ist empirischer Befund, der mir unwiderruflich gegeben ist und den ich zu erklären suchen muß. Nun weiß ich aus meinen Sätzen der reinen Synthese, daß die Schwingungsebene des unbeeinflußten Pendels sich selbst parallel bleibt. Ist also mein Pendelversuch so, daß die sonst auf das Pendel wirkenden Kräfte hinreichend klein sind, so definiert mir das Pendel in meiner Synthese also eine Ebene konstanter Lage. Würde ich nun mein Experiment auf einem Körper anstellen, wie auf der Venus, der dauernd von Wolken überdeckt ist, so daß ich vom Fixsternsystem nichts sähe, so würde mir das Resultat meines Foucaultschen Experimentes angeben: Um so und soviel hat sich mein Weltkörper absolut gedreht. Wäre der Weltkörper, auf dem ich beobachte, etwa flüssig, so könnte ich etwa meinen, aus der Größe seiner Abplattung (unter Berücksichtigung der Viskosität) die Größe seiner Drehung bestimmen zu können,[1] doch erst der Foucaultsche Versuch gibt mir Sicherheit darüber, wie groß die Drehung wirklich ist.

Nun aber wenden wir uns zum Falle der Erde, wo der Ausblick nach dem Fixsternsystem offen ist und somit die absolute Rotation der Erde schon auf diesem Wege mit großer Genauigkeit bestimmt werden kann. Dann haben wir den so häufig vorliegenden Fall der mehrfachen Bestimmung einer Größe. Wir werden dann die eine der beiden Bestimmungen hernehmen, in diesem Falle etwa die Rotation gegenüber dem Fixsternsystem und nachsehen, ob das Ergebnis des Foucaultschen Versuches damit stimmt. Nun haben wir gesehen, daß geradlinige Bewegungen des Festraumes als Ganzen nicht festgestellt werden können. Es blieb die Frage offen, ob Drehungen des Fest-

[1] Sogar Newton streift diesen Standpunkt schon, wenn er sagt: „Die wirkenden Ursachen, durch welche absolute und relative Bewegungen voneinander verschieden sind, sind die Fliehkräfte an der Achse der Bewegung.“ (Nach Mach, Mechanik, S. 220.) Daß durch diese Erscheinungen die Rotation definiert wird, ist eine der richtigen schon nahekommende Meinung und ich habe sie seit 1907 vertreten. Aber wörtlich ist auch sie nicht richtig und muß erst durch die obige Darlegung erläutert werden.

raumes festgestellt werden können. Wir stehen nun hier an der Stelle, wo diese Frage beantwortet werden kann: Ja, das können sie. Wenn nämlich sich ein Unterschied zeigen würde im Drehwinkel der Erde, der durch die Drehung gegenüber dem Fixsternsystem und dem, der durch den genauesten Foucaultschen Versuch sich ergäbe, so würde der Foucaultsche Versuch allein die absolute Drehung der Erde definieren und die Differenz müßte durch eine Eigendrehung des ganzen Fixsternsystems erklärt werden.[1] So sehen wir, daß der „absolute Raum" definiert ist durch den Festraum plus einer Ebene fester Lage in demselben.[2]

Die durch die feste Ebene definierten Drehungen werden dann in ihren mechanischen Folgen berechnet und diese „exhauriert", d. h. in erster Linie in die Erscheinungen hineingetragen (da dieses Folgerungen unmittelbar aus den ersten synthetischen Festsetzungen sind). Abweichungen von diesen errechneten Folgen müssen dann anderweitig erklärt werden.

Man sieht, wie einfach und klar sich alles regelt, ohne jene skurrile Annahme, daß das Fixsternsystem irgendwie als „Ursache" mit der Abplattung oder der Zentrifugalwirkung etwas zu tun habe, ohne aber auch andererseits zu der von E. Mach so gründlich bekämpften Newtonschen Annahme gezwungen

---

[1] Einstweilen ist aber der Foucaultsche Versuch wohl noch nicht so genau als die Messung der Erdbewegung in der Astronomie.

[2] Warum aber nennen wir nun diesen Raum und die Bewegung darin „absolut", ist nicht jede Bewegung relativ? Aus folgendem Grunde. Absolut heißt „ohne Beziehung", d. h. losgelöst von jeder Rückbeziehung. Die Ebene nun, welche durch ein genaues Foucaultsches Pendel gegeben ist, definieren wir als „Bezugsebene", auf welche jede andere Drehung bezogen wird. Sie selbst aber ist auf keinerlei anderen Körper bezogen. Daher heißt sie im vollen Sinne „absolut". Ebenso unser Festraum. Es gibt nach Voraussetzung keinen Körper, auf den eine Bewegung des Festraumes bezogen werden könnte. Er selbst aber ist der Bezugsraum für die Bewegungen aller zu ihm gehörigen Einzelkörper. Er ist also selbst ohne Beziehung und daher absolut (nämlich in bezug auf Feststellung einer Bewegung von ihm). In gleicher Weise ist der Nullpunkt jeden Meßinstrumentes, der ja der Bezugspunkt jeder Messung mit demselben ist, selbst ohne Beziehung in bezug auf dieses Meßinstrument, und daher in bezug auf dieses absolut. (Wie er selbst wieder durch anderweitige Bestimmungen definiert wird, ist hier gleichgültig. Aber er kann nicht durch Messung mit diesem Instrument bestimmt werden, ist also nicht durch eine Beziehung zu den übrigen Skalenpunkten definiert, ist in diesem Sinne also absolut.)

zu sein, daß es einen leeren absoluten Raum gebe. Aber wir haben auch hier wieder ein klassisches Beispiel dafür, daß nur die Exhaustionstheorie aus diesen Schwierigkeiten herauszuführen vermag, und dies auf die einfachste, von jeder Mystik freien Weise.

Nunmehr wenden wir uns zur Frage, wie sich im Hinblick auf die vorstehenden Überlegungen nun die sog. Relativitätstheorie in ihrem Wesen und ihrer Bedeutung beurteilen läßt.

Hierzu ist es nötig, daß wir uns über die Definition der Zeit und der Zeitmessung zunächst klar werden. Es gibt hier ein Prinzip, das wir folgendermaßen aussprechen: Unterscheiden sich zwei Vorgänge in gar keiner bemerkbaren Weise, so unterscheiden sie sich auch nicht in ihrer „Zeitdauer". Dieses Prinzip ist nichts anderes als eine spezielle Formulierung des principii causae sufficientis, des Satzes vom zureichenden Grunde. Denn würden sich zwei solche Vorgänge in der Dauer unterscheiden, so wäre für diesen Unterschied kein angebbarer, kein zureichender Grund vorhanden.[1] In meiner reinen Synthese ist das Prinzip vom zureichenden Grunde (wie ich in Grundl. d. Phys. gezeigt habe) selbst wieder ein Ausfluß des Prinzips der Eindeutigkeit und damit zuletzt ein Ausfluß des obersten Prinzips, des Zweckprinzips. Wir können also auf Grund dieses Satzes jetzt die Gleichheit von Zeitstücken und damit überhaupt erst eine Zeitmessung definieren. Es ergibt sich sofort, daß zur Zeitmessung einzig Instrumente dienen können, die eine fortwährende Wiederholung des gleichen Vorganges darbieten (daher Pendel usw.). Ich nenne nun ein solches Zeitmeßinstrument eine α-Uhr (um sie speziell zu bezeichnen). Stelle ich dann mehrere α-Uhren her, die sich so wenig als möglich unterscheiden (d. h. innerhalb der Momentangenauigkeit genau gleich sind), dann müssen diese nach dem gleichen Prinzip auch innerhalb der Momentangenauigkeit ganz gleich gehen, d. h. wenn vom gleichen Punkte der Skala aus losgelassen, innerhalb einer gewissen Zeitspanne fast genau gleiche Zeiten zeigen. Bringe ich während dieser Zeitspanne diese α-Uhren an verschiedene Plätze, so daß auf dem Wege und dortselbst keine Einflüsse vorhanden sind, groß

[1]) Da die Zeit in diesem Falle kein unabhängig veränderlicher Umstand ist. Es würden also auch den gleichen unabhängigen Bedingungen verschiedene Folgen kommen.

genug, um den Gang merkbar zu ändern, dann ist damit an diesen verschiedenen Orten für diese Zeitspanne „Gleichzeitigkeit“ definiert.

Wir wenden uns nun zur sog. speziellen Relativitätstheorie (Einstein, Wiedemanns Annalen 17 [1905]) und sehen zu, was dort geschieht. Einstein beschäftigt sich dort in § 1 mit der Definition der Gleichzeitigkeit. Die soeben von uns angeführte, nächstliegende, welche jeder Schiffskapitän bei jeder Fahrt benützt, kommt überhaupt nicht zur Sprache. Es ist (das dürfte der Grund sein[1]) Einstein darum zu tun, das Licht in die ganze Frage hereinzubringen. (Wir erinnern uns, daß die R.-Th. ja zunächst Erscheinungen des Lichtes erklären soll.) Das Licht kommt auch teilweise etwas ungezwungener dann hinein, wenn es sich darum handelt, was Einstein als einen Zweck direkt anführt: „Ereignisse zeitlich zu werten, welche in von der Uhr entfernten Orten stattfinden“, obgleich auch hierdurch keineswegs irgendein Zwang zu solcher Behandlungsart vorliegt.

Was haben wir zu letzterer Aufgabe zu sagen? Wenn wir einen solchen Ort A nicht selbst erreichen können, um eine α-Uhr dort aufzustellen und so Gleichzeitigkeit zu definieren, müssen wir die Gleichzeitigkeit eines Vorgangs in A mit einem Vorgang hier durch Konstruktion oder Substruktion ermitteln. Irgendwie müssen wir direkte Nachricht von dem Vorgang erhalten. Etwa um n-Uhr. Dann muß aus den bekannten Daten über die zur Nachrichtübermittlung benötigte Zeit von n-Uhr zurückgerechnet werden und wir finden dann die Zeit des Vorgangs in A. Sind die benötigten Daten nicht alle oder nicht hinreichend bekannt, so kann die Zeit des Vorgangs in A natürlich nicht festgestellt werden. Etwas anderes kommt für die Physik nicht in Betracht.

Herr Einstein macht nun folgendes Raisonnement: Wir haben eine Uhr im Orte A und eine Uhr in B, und zwar „eine Uhr von genau derselben Beschaffenheit wie die in A befindliche“ (S. 28[2]). Er fügt hinzu: Es sei jedoch ohne weitere Festsetzung

[1] Immerhin würde eine Erwähnung zur Klarheit beigetragen haben. Der Klang der Darstellung ist aber so, als ob unsere Def. dem Autor unbekannt gewesen wäre.

[2] Ich zitiere nach H. A. Lorentz, A. Einstein, H. Minkowski, „Das Relativitätsprinzip“, 3. Aufl., Leipzig u. Berlin 1920. Herausgegeben von O. Blumenthal, mit Anmerkungen von A. Sommerfeld.

nicht möglich, ein Ereignis in A mit einem in B zeitlich zu vergleichen. Hierzu ist nun folgendes zu sagen. Wir sahen, daß auf Grund des Prinzips vom zureichenden Grunde eine völlig klare, genügende, einwandfreie Definition der Gleichzeitigkeit möglich ist. Stelle ich eine andere Definition auf, welche dieser, die wir als die „natürliche" bezeichnen wollen, widerspricht, so heißt dies, daß ich an dieser Stelle das Prinzip vom zureichenden Grunde nicht gelten lassen will, durchbreche.[1]

Herr Einstein sagt: wir haben bisher keine für A und B gemeinsame Zeit definiert. Er fährt fort: „Die letztere kann nur definiert werden, indem man durch Definition festsetzt, daß die „Zeit", welche das Licht braucht, um von A nach B zu gelangen, gleich ist der „Zeit", welche es braucht, um von B nach A zu gelangen." Das Wörtchen „kann nur" beweist, daß Herrn Einstein die natürliche Definition der Gleichzeitigkeit tatsächlich unbekannt war.

Diese Wörtchen sind aber nicht nur in Hinblick auf die natürliche Definition der Gleichzeitigkeit unrichtig, sondern auch in der, daß es unbegrenzt viele Möglichkeiten anderer Festsetzungen gibt.

Der eben wörtlich zitierte Satz enthält Einsteins neue „Definition der Gleichzeitigkeit". Sie wollen wir jetzt ein wenig betrachten. Es wird also definiert: Zwei Uhren U_a und U_b laufen „synchron", wobei U_a sich am Orte A, U_b am Orte B befindet, wenn die Zeit, die der Lichtstrahl von A nach B braucht, so groß ist wie die Zeit, die er von B nach A braucht. Sei t_a der Moment, wo der Lichtstrahl A verläßt, t_b der, wo er in B eintrifft, t_b' der, wo er B verläßt, t_a' der, wo er in A eintrifft, so sollen die Zifferblätter der Uhren so geeicht sein oder aber beim gewöhnlichen Zifferblatt die Uhren so konstruiert sein, daß

$$t_a - t_b = t_b' - t_a'.$$

Nun weiß man ja bekanntlich gar nicht, was das Licht eigentlich ist, ob es Emission in irgendeiner Form ist oder ein Vorgang in einem Medium, im letzteren Fall wissen wir gar nicht, was mit dem Medium geschieht, ob es strömt, ob es durch

[1] Das Prinzip vom Grunde wird hier nur durchbrochen, wenn ich das Prinzip der Unabhängigkeit der Vorgänge von Raum und Zeit bestehen lasse. Siehe meinen Nauheimer Vortrag (siehe unten).

die Körper geht, ob nicht, kurz, wir wissen über alles dieses gar nichts — eben diese Unwissenheiten erzeugten ja die Probleme, über die auch der Autor der R.-Th. nachdachte, als er sie fand. Nun halten wir einmal diese Tatsachen (bzw. negativen Tatsachen) zusammen mit Einsteins Definition der Gleichzeitigkeit.

Wenn also zwei Uhren U_a und U_b in A und B so aufgestellt sind und auf Einsteinsche Weise synchron sind, dann ist es uns gelungen, alle am Lichte möglicherweise auftretenden Unregelmäßigkeiten der Geschwindigkeit weg zu eskamotieren. Da wir aber, wie gesagt, diese Unregelmäßigkeiten noch gar nicht kennen (Strömen des Äthers, Abhängigkeit der Geschwindigkeit von des emittierenden Körpers usw.), vielmehr sie nur in Problemform haben, so sind eben diese Probleme damit wegeskamotiert. Durch eine geeignete Änderung in der Zeitmessung fallen diese Probleme weg. Es ist gar nicht schwer, nachdem das Rezept einmal da, jedes beliebige physikalische Problem durch geeignete Änderung der Messungsbasis zum Verschwinden zu bringen.

Man braucht sich nur z. B. vorzustellen, wir definierten Gleichzeitigkeit innerhalb des Luftraumes in der Einsteinschen Weise durch den Schall. Dann gehen die zwei Uhren gleich, wenn an ihnen gemessen der Schall von A nach B und von B nach A gleiche Zeit braucht. Nun lassen wir einen Sturm von A nach B wehen, dann wird die U_b plötzlich nachgehen, was dann aus anderen Ursachen erklärt werden muß. Aber das experimentelle Ergebnis wird sein, daß der Sturm die Schallgeschwindigkeit in keiner Weise beeinflußt, ja es gibt dann eigentlich überhaupt keinen Sturm. Daß einem der Hut davonfliegt, das muß man anders erklären. Das ganze Problem der Beeinflussung der Schallgeschwindigkeit durch den Sturm ist aber fort. Als Ersatz haben wir natürlich ein unbeschreibliches Durcheinander in anderen Dingen (man muß neue Zusammenhänge suchen, warum die Uhr plötzlich vor- oder nachgeht, dies hat wieder Konsequenzen in anderen Teilen der Physik und so in inf.), aber dieses Problem ist tatsächlich weg. Ob man diese Art der Bewältigung des Problems als „Lösung“ bezeichnen will, das ist eine andere Frage.

Nach dieser Abschweifung wenden wir uns wieder der Betrachtung der Einsteinschen Definition zu.

Nun hat sie noch praktische Schwierigkeiten. Nehmen wir an, es wäre alle die Zeiten her alles gut gegangen. Aber bei ihrer Reise durch den Weltraum (in einer Spirale nach dem Apex der Sonnenbewegung) gerate die Erde einmal in einen heftigen Ätherorkan (Annahme). Dann gehen unsere Uhren, die wir nach Einstein reguliert haben, auf einmal alle verkehrt. Das dürfen wir dann aber nicht dem Ätherorkan zuschreiben, denn die Zeit (auch die Einsteinsche Zeit) läuft ruhig ihren Gang, nur die Uhren gehen plötzlich falsch. Das muß dann eben anders erklärt werden. Wir sehen, die Analogie mit dem Schall ist nicht so gesucht, wie sie zuerst scheint. Wir sahen ja, wir wissen noch gar nichts über das Licht, und die ganze Mühe hat man ja nur wegen ihm. Es kann also das mit dem Ätherorkan immer noch passieren, aber seien wir beruhigt, die Schwierigkeit wird durch die R.-Th. auf andere Gebiete abgelenkt. Das Licht ist ein für allemal vor Problemen dieser Art gesichert. Eine sicherlich eigenartige Methode, die Probleme des Lichts in Angriff zu nehmen, der man aber das nicht absprechen wird, daß sie durchgreifend ist.

Wir wollen nun aber einmal die Einsteinsche Definition ohne jede Beziehung auf irgend etwas anderes betrachten. Dann läßt sich nach meinen allgemeinen Prinzipien, die für jede Art von Wissenschaft gelten, folgendes sagen:

Man kann, bzw. man könnte tatsächlich mit der Einsteinschen Definition als allererstem Anfang eine Synthese, eine Wissenschaft beginnen. Dann muß sich eben alles andere nach dieser Definition richten. Dann ist aber unser gewöhnlicher starrer Körper nicht mehr der richtige, sondern nur ein solcher wäre es, der in allen Fällen (zu Apparaten verbaut usw.) so mißt, daß die Einsteinsche Definition erfüllt ist.[1] Es würde also so etwas ähnliches erreicht sein, wie wir es in der reinen Synthese durch Annahme der euklidischen Geometrie erreichen, d. h. die Wahl einer „Messungsbasis" für alles weitere. Es entspricht also die Einsteinsche Definition der Gleichzeitigkeit der Wahl einer Geometrie. Und zwar wird diese Geometrie irgendeine nichteuklidische. Alles das läßt sich tatsächlich in

---

[1] Dann fiele auch der Widerspruch gegen den Satz vom zureich. Grunde weg, denn dann wären zwei in unserem Sinne gleiche Uhren eben nicht mehr gleich. Zwei im E.schen Sinne genau gleiche Vorgänge würden auch wieder die gleiche E.sche Zeitdauer haben.

dieser Weise völlig widerspruchslos machen. Fragt sich nur, was es für einen Zweck hat, bzw. was für einen Vorzug vor dem Früheren. Man kann beweisen, daß die einfachste Geometrie und damit die einfachste Messungsbasis die euklidische ist. So bleibt als einziger Vorzug, daß diese Definition die Probleme des Lichts — eskamotiert. Es ist nämlich ganz klar, und jeder. der unseren früheren Ausführungen mit Verständnis gefolgt ist, sieht es sofort ein, die grundlegenden Teile einer Wissenschaft werden von selbst dadurch, daß sie allem anderen zur Basis dienen, „problemlos". Denn das, wodurch ich alles weitere erst aufbaue, kann nicht selbst im gleichen Verfahren aufgebaut werden. So ist es in der reinen Synthese mit dem Newtonschen Gesetz der Attraktion, das keiner weiteren „Erklärung" dort[1] mehr fähig ist, da es selbst allen übrigen Erklärungen zugrunde liegen soll, so ist es in der R.-Th. mit den Problemen der Lichtgeschwindigkeit. In dieser Hinsicht ist das Licht problemlos geworden. Aber das ist doch ein gefährliches Vorgehen. Nehmen wir an, wir geraten morgen etwa in der Chemie zu momentan nicht durchschaubaren Verhältnissen. Wir führen dann den Träger dieser Verhältnisse als absolute Größe ein, und schon sind seine sämtlichen Probleme gelöst. Nur kostet uns dieser Vorgang jedesmal die ganze frühere Wissenschaft, denn es kann immer nur einen solchen absoluten Vorgang geben (grob gesprochen). Die Wissenschaft muß dann nach der neuen Messungsbasis vollkommen umgebaut werden, jedesmal um — einen Scheinvorteil zu erlangen. Im Falle der R.-Th. sind z. Zt. noch die Abweichungen meist unter der Genauigkeitsgrenze, das hat sehr viel die Annahme dieser Theorie erleichtert. Man stelle sich aber einmal einen Fall vor, wo das nicht so ist, dann werden den Leuten die Augen übergehen.

Was wir oben über die einfachste Geometrie gesagt haben, unterliegt oft einem Mißverständnis. Man meint nämlich, die einfachste Synthese sei die, welche gerade das aktuelle Problem am einfachsten erkläre. Dann wäre dies natürlich immer diejenige, die dieses Problem zu einem des Basisteiles der betreffenden Synthese macht (kurz gesagt im vorstehenden Sinn), denn damit ist das Problem eskamotiert und erledigt. Aber

[1] Es selbst muß dann aus prinzipiell anderen Gründen hergeleitet werden. In der Tat haben wir es aus methodologischen Prinzipien begründet.

dann würde man wegen jedes momentan nicht durchschaubaren Problems immer die ganze Physik auf eine neue Basis stellen müssen, um — eine Scheinlösung zu haben.

Nun ist aber noch etwas hinzuzufügen. Die durch die Einsteinsche Synchronie definierte Geometrie ist definiert durch ein rein empirisches Verhältnis. Es ist analog, wie wenn ich unsere Geometrie durch die Festsetzung definieren wollte, der Stein von Rosette (im Brit. Museum, der zu der Entzifferung der Hieroglyphen führte) sei der absolute starre Körper. Wir haben die Unmöglichkeiten solcher empirischer Definition des starren Körpers oben ausführlich behandelt. Wer weiß, welche Verschiedenheiten bei größerer Verfeinerung unserer Messung die Lichtgeschwindigkeit noch offenbaren wird? Diese würden dann alle zu Eigenschaften des Raumes und der Zeit werden.

Die Einsteinsche R.-Th. ist dann nichts anderes als der detailliertere Aufbau der durch die Einsteinsche Definition der Gleichzeitigkeit definierten, nichteuklidischen Geometrie und Mechanik, der ja auf Grund der von der Mathematik der 2. Hälfte des 19. Jahrhunderts überreich zur Verfügung gestellten Arbeit auf diesem Gebiete weitergeführt wurde.

Einsteins eigentliche Entdeckung 1905 war nun die, daß die durch seine Synchronie definierte nichteuklidische Mechanik zugleich übereinstimmte mit der von H. A. Lorentz durch seine Annahme einer Deformation der Körper bei einer Translation definierten. Da die Lorentzsche Annahme die widersprechenden optischen Versuche „erklärte", tat dies auch die Einsteinsche Theorie.

Um gerecht zu sein, muß man eben sagen, daß viele der erkenntnistheoretischen Unhaltbarkeiten, welche die R.-Th. enthält, schon in den Lorentzschen Formulierungen im Kerne verborgen lagen, wie dies auch bei der Eigenschaft der Lorentzschen Annahme, universal und grundlos zu sein, nach unseren Prinzipien ganz klar ist.

Nachdem wir uns also überzeugt, unter welchen Umständen und wie die Einsteinsche Synchroniedefinition tatsächlich widerspruchslos ein- und durchgeführt werden könnte, nachdem wir also jede mögliche Chance der R.-Th. eingeräumt haben, kehren wir zu jener Betrachtung zurück, die uns in der Einsteinschen Begründung von 1905 unter gewissen Umständen eine Verletzung des Prinzips vom zureichenden Grunde, eine Verletzung des Prinzips der Eindeutigkeit ahnen ließ.

Wäre die Einsteinsche Synchronie von Anfang an durchgeführt, dann wäre, um den Satz vom Grunde aufrecht zu erhalten, die ganze Wissenschaft so aufzubauen, daß nun z. B. die Gleichheit zweier Vorgänge so definiert ist, daß sie nach dem Einsteinschen Zeitmaß auch in gleicher Zeit ablaufen, unter welchen Umständen es auch sei. Man würde immer wieder versuchen, die reine geradlinige Dislokation frei zu machen von jeder sonstigen Wirkung, und dies wird auch stets gelingen nach dem einfachen Rezept, daß eben Körper, die außer dieser Dislokation keine Bewirkung erleiden, als starr definiert werden. Dabei ist natürlich der Begriff „keine Bewirkung" von den sonstigen Festsetzungen abhängig. In der Einsteinschen Wissenschaft wäre z. B. ein Vorgang frei von sonstiger Bewirkung, wenn er unter allen Umständen gleiche Einsteinsche Zeitdauer aufwiese. Daß dadurch natürlich zuletzt ganz andere Vorgänge als konstant herauskommen als bei uns, ist klar. Was sich aber zeigt, ist, daß nichts uns hindern kann, durch geeignete Definitionen, die ja dann auch die nächstliegenden sind, zu bewirken, daß auch in der Einsteinschen Wissenschaft gleiche Vorgänge unter allen Umständen gleiche Dauer haben, und starre Körper sich ohne Änderung bewegen (nur sind dies dann nicht unsere gleichen Vorgänge und nicht unsere starren Körper). Wäre dies geschehen, und dies ist stets widerspruchsfrei möglich, dann wäre die Einsteinsche Wissenschaft wirklich durchgeführt, und seiner Synchroniedefinition restlose Geltung verschafft, aber — und nun kommt der wichtige Schluß — dann hätte man wieder gleiche Dauer für alle sonst gleichen Vorgänge und undeformierte starre Körper. Über die Natur der Geometrie, die in jener Wissenschaft herrschte, könnten wir deshalb nichts aussagen, weil diese ja von anderer Seite her empirisch bestimmt wäre. Es wäre ja nicht wie in der reinen Synthese der starre Körper durch die für ihn gelten sollende Geometrie definiert, sondern als ein solcher, daß er der Einsteinschen Synchronie gehorcht, und diese ist ja auf empirischer Basis definiert.[1] Was dabei für geometrische Verhältnisse herauskommen, läßt sich von vornherein nicht sagen, da wir ja nicht wissen, was mit der Lichtgeschwindigkeit (von uns aus gesehen) noch alles passieren kann.

[1] Die Unmöglichkeiten, welche eine empirische Definition der Geometrie mit sich führen muß, haben wir oben im 1. Teil ausführlich besprochen. Übrigens kämen wir so wieder auf eine eukl. Geom.

So können wir die einzig konsequente Art, die Einsteinsche Wissenschaft herzustellen, beschreiben. (Ob diese natürlich ein Gewinn sein würde, ist eine andere Frage.) Dann aber fallen auch die gewöhnlichen (euklidischen oder galileischen) Realisierungen von „Gleichheit" zweier Vorgänge und von „starrer Körper".

Dies eine aber kann gesagt werden, solange die gewöhnlichen Definitionen von „gleich" (zwei Uhren von „genau derselben Beschaffenheit", Einstein, a. a. O., S. 28) und von „starrer Körper" vorhanden sind, ist der Einsteinsche Aufbau nicht in sich, aber in seinen Realisierungen ein inkonsequentes Gebilde, das mit einem Bein im euklidisch-galileischen, mit dem anderen im Einsteinschen steht. Diese zwei Dinge sind aber völlig unvereinbar miteinander, und dafür ist der logische Ausdruck der oben nachgewiesene Widerspruch gegen die Eindeutigkeit: Solange die gewöhnliche Gleichheitsdefinition von Vorgängen besteht[1], ist auch die Gleichheit von Zeitabschnitten festgelegt, die Einführung einer davon unabhängigen neuen Definition widerspricht der Eindeutigkeit und dem Prinzip vom zureichenden Grunde. Gibt man aber die gewöhnliche Gleichzeitigkeit auf, dann gibt man auch das Prinzip der Unabhängigkeit der Vorgänge von Raum und Zeit auf, und dies wieder bedeutet einfach (nach Teil 1) den Verzicht auf eine Messungsbasis oder die Annahme einer unnötig komplizierten solchen.

Nachdem wir uns von der Untunlichkeit der bestehenden Begründung der Relativitätstheorie von 1905 überzeugt haben, gehen wir einen Schritt weiter, und fragen: Was bedeutet diese Theorie mathematisch?

Hier ist nun zu sagen, daß, wenn man die zahlenmäßig errechneten Resultate einer Theorie an der Erfahrung prüft, dieser mathematische Teil sozusagen ganz unabhängig ist von der „Begründung" oder Ableitung der Formeln. Weiterbehandelt und geprüft wird ja nur das Endresultat. Es könnte also durchaus passieren, daß trotz unrichtiger Begründung Formeln zustande kommen, welche gewisse Erscheinungen der Wirklichkeit besser darstellen als frühere. Natürlich hat eine solche Formel dann nur die Bedeutung einer rein durch glückliches Probieren

[1] Und diese als unabhängig von Raum und Zeit betrachtet werden.

hervorgegangenen Erweiterung, läßt sie uns ja nichts über die inneren Zusammenhänge erkennen.

Nun hat Einstein seine Transformationsformeln hauptsächlich angewandt auf die Maxwellschen Gleichungen. So stellt also seine Theorie in dieser Hinsicht mathematisch einfach eine gewisse Veränderung der Maxwellschen Gleichungen dar.

Die bisherigen Betrachtungen bezogen sich auf die sog. spezielle Relativitätstheorie (wir haben ihnen daher auch die Abhandlung Einsteins von 1905 zugrunde gelegt). Wir wenden uns jetzt zur sog. allgemeinen Relativitätstheorie und legen unseren Überlegungen Einsteins Abhandlung von 1916 („Die Grundlage der allgemeinen Relativitätstheorie“, Ann. d. Phys. 49, l. c. S. 81 ff.) zugrunde.

Einstein beginnt mit einer Darlegung seines sog. Relativitätsprinzips von 1905. Wir haben oben gesehen, daß dies, wo es sich auf die sog. Grundgleichungen der Mechanik bezieht, nichts anderes ist als eine unmittelbare Folge der Kraft-Definition, insoferne die Definitionsgleichung der Kraft

$$m \frac{d^2 x}{d t^2} = P_x \quad \text{usw.}$$

aussagt, daß, wenn sich die Beschleunigung (links) ändert, dies nur durch eine Kraft (rechts) geschehen kann. Über eine physische „Bemerkbarkeit“ einer Beschleunigungsänderung an dem beschleunigten System selbst (wie das „Relativitätsprinzip“ so gerne verstanden wird, und wie es auch Einstein selbst am Schlusse des 1. Abschn. von § 1 der Abh. von 1916 behauptet), sagt diese Gleichung gar nichts aus. Vielmehr haben wir ja oben gesehen, was von dem vielgebrauchten Beispiel des Eisenbahnwagens zu halten ist.

Im 2. Abschnitt von § 1 sagt Einstein, die spez. R.-Th. weiche von der klassischen Mechanik allein durch das Postulat von der Konstanz der Vakuum-Lichtgeschwindigkeit ab. Es kennzeichnet dieser Satz die Verwirrung unserer heutigen Begriffe. Wir haben gesehen, es gäbe allerdings eine „Mechanik“, die aufgebaut ist auf dem Postulat dieser Konstanz. Die hat aber mit der euklidischen Newtonschen Mechanik gar nichts zu tun. Insbesondere aber besteht — solange das Licht nicht mechanisch endgültig erklärt ist — keinerlei endgültige Beziehung zwischen Mechanik und Licht. Denn die Einsteinsche Definition der Synchronie gehört nicht in die Newtonsche Mechanik. Man kann nicht in die gewöhnliche Mechanik plötzlich andere physikalische Erscheinungen hereinziehen, von denen man noch gar nicht weiß, wie sie mit der Mechanik zusammenhängen.

Braucht die Mechanik den Zeitbegriff, so muß sie ihn selbst definieren (und wir sahen, daß sie es kann) oder aber umgekehrt durch eine heterogene Zeitdefinition die Mechanik bestimmen lassen.

Im 3. Abschnitte sehen wir, daß Einstein tatsächlich selbst der Meinung ist, durch seine R.-Th. die „Theorie von Raum und Zeit“ tiefgehend modifiziert zu haben.

In § 2 sehen wir dann, daß der Grund für die Aufstellung der allgemeinen Relativitätstheorie hauptsächlich und gerade in jener Schwierigkeit besteht, die wir oben genau behandelt haben, und die sich auf die Relativität der Rotationsbewegung bezieht. Es zeigt sich, daß Einstein genau der Machschen Lösung sich anschließt, welche die Massen des Fixsternsystems zur Erklärung der Zentrifugalerscheinungen heranzieht. Erst die von mir oben gegebene Lösung dieser Schwierigkeit läßt diese skurrile Annahme, der man aber, wie wir sahen, auf dem gewohnten Wege nicht entgehen kann, vermeiden. Bei Einstein wird sie zur Grundlage seiner weiteren Theorie.

Ein zweiter Punkt der allgemeinen Theorie ist der, daß (wie das nach dem Gravitationsgesetz Newtons selbstverständlich) in gleicher Entfernung vom Mittelpunkte einer anziehenden homogenen Massenkugel alle Körper gleiche Beschleunigung erfahren. Dies führt Herrn Einstein zu der Behauptung, daß „man ein Gravitationsfeld durch bloße Änderung des Koordinatensystems »erzeugen«“ kann. Was man durch eine Änderung des Koordinatensystems zu erzeugen vermag, ist für eine Gruppe von Körpern die gleiche relative Bewegung, wie sie durch eine gravitierende Masse erzeugt wurde.

Nun ist das an sich gar nichts Wunderbares. Man kann durch geeignete Änderung des Koordinatensystems jede beliebige rein räumliche Veränderung erreichen, die man überhaupt will. Das ist eine reine mathematisch-phoronomische Angelegenheit. Und mathematisch ist restlos alles möglich, was nicht widerspruchsvoll ist.

Irgend etwas bemerkenswertes oder auch nur besonderes liegt also hier nicht vor. Man sieht, auch die Grundlagen der allgemeinen Relativitätstheorie erweisen sich bei näherem Zusehen als von äußerst ungefährlicher Art. Über den Zusammenhang zwischen schwerer und träger Masse habe ich mich hinreichend in meinen „Grundlagen der Physik" ausgelassen. Für die reine Synthese kommt überhaupt nur die schwere Masse in Betracht. Für die vorläufige Synthese ist aber die Übereinstimmung zwischen beiden in der Gleichheitsdefinition von Gewichten implizite enthalten, denn was am gleicharmigen Hebel (der Wage) nach unten hin als schwere Masse (durch Gravitation) wirkt, wird nach oben als träge Masse an den Wagbalken (durch Zug) festgehalten.[1]

Auf einen Umstand, der sich aus wissenschaftstheoretischen Überlegungen sofort ergibt, wollen wir noch besonders hinweisen. In der Flut von Unüberlegtem, das heute über Grundlagenfragen gedruckt und gesprochen wird, hört man besonders häufig die Phrase „Es gibt keinen starren Körper". Dies habe besonders die R.-Th. bewiesen. Hierzu ist dreierlei zu sagen.

1. Einen absolut starren Körper kann es deswegen nie geben, weil dieser Begriff die Realisierung eines logischen Ideals in der Wirklichkeit bedeutet. Ist das mit der Phrase gemeint, so ist es eine Trivialität.

2. Viele meinen auch etwas anderes. Sie meinen den Umstand, daß man es niemals merken würde, wenn sich gleichzeitig alles ohne Ausnahme ähnlich vergrößerte oder verkleinerte. Dies ist ein anderer Ausdruck für die Tatsache, daß alle Messung relativ und nicht absolut ist. Hierzu ist nun zu sagen, daß diese Bemerkung ebenso selbstverständlich und trivial wie die vorstehende ist. Denn alles Messen ist ein Vergleichen.

3. Nicht trivial, aber ebenfalls unrichtig ist die letzte Art, diesen Satz aufzufassen. Nach Fitzgerald und H. A. Lorentz ist der Michelsonsche Versuch erklärbar, wenn man annimmt, daß alle bewegten Körper sich in der Bewegungsrichtung um einen gewissen Betrag verkürzen. Da nun die Erde sich bewegt, so werden wir überhaupt keinen undeformierten Körper erreichbar haben. Wenn nun diese Deformation auf natürliche Ursachen zurückgeht, dann ist nichts weiter zu sagen vom methodologischen Standpunkt aus. Geschieht aber diese De-

[1] Dies trifft gelegentlich auf Schwierigkeiten des Verständnisses. Daß die beiden gewogenen Massen auch vom Wagebalken aus mit einer Kraft bewirkt werden (sonst würden sie ja abfallen) wird mir jeder Physiker zugeben. Dann aber folgt alles weitere.

formation nur auf Grund der Bewegung, wie das in der R.-Th. der Fall ist, dann ist sie einfach der Ausdruck einer nichteuklidischen Geometrie. Dann aber kann man immer einen Körper so herstellen, daß er diese Deformation nicht zeigt. Man braucht nur durch geeignete Vorrichtungen dafür zu sorgen, daß er sich geeignet den sonstigen Körpern gegenüber „verändert", so daß in ihm die Deformation stets aufgehoben ist. Das ist ein Argument gegen die nichteuklidischen Geometrieen, das zuerst H. Poincare in „Wissenschaft und Hypothese" ausgeführt hat. Man ist also niemals genötigt, eine solche Deformation durch Bewegung allein in seiner Wissenschaft zuzulassen. Und somit ist es unsinnig zu sagen: es gibt keinen starren Körper. Es liegt das lediglich an uns, wir brauchen ihn nur nach einer bestimmten Definition (etwa der euklidischen Geometrie) herzustellen, dann gibt es ihn innerhalb der Grenzen der momentanen Genauigkeit.

Warum Relativitätstheorien immer falsch sein müssen.

Relativitätstheorien im Gebiete der messenden Physik müssen ihrem Wesen nach stets folgenden Sinn haben: Es gibt für das betr. Gebiet keine Messungsbasis, keinen „Nullpunkt". Nun gibt es aber keine Messung ohne Nullpunkt. Wir wollen uns diese Umstände etwas im Detail überlegen.

Die allgemeine Meinung ist heute, wie wir wiederholt sahen, die des reinen Empirismus, wo alles nur durch das Experiment festgestellt wird. Man hatte sich nicht die Mühe genommen, diese Anschauung einmal bis zu ihren letzten Konsequenzen zu überlegen. Tut man dies, so erkennt man, daß eine konsequent durchgeführte solche Anschauung zu einer sozusagen in der Luft schwebenden Wissenschaft führt. Es zeigt sich, daß dann sozusagen jeder wissenschaftliche Begriff sich auf jeden anderen stützen muß. Dies ist dem Forscher, der auf einem beschränkten Teilgebiete der Physik (auch die Physik selbst ist gegenüber der gesamten exakten Wissenschaft in einiger Hinsicht ein Teilgebiet) arbeitet, nicht auffällig. Er verfolgt seine Begriffe, mit denen er arbeitet, bis zu den Grundbegriffen seines Spezialgebietes (manchmal selbst das nicht wirklich), worauf aber diese letzteren beruhen, das interessiert ihn nicht weiter, dafür hat er in der wenigen Zeit, die er diesen Dingen widmet,, oft nur einige aus landläufigen oder gerade in Mode befindlichen Schlagworten bestehende formelartige Anschauungen, die dann selbst überhaupt nicht mehr der Kritik unterliegen. Deshalb, weil er bloß einige Räume sieht und die Fundamente nicht kennt, glaubt er in einem auf festen Grund gebauten Gebäude zu wohnen. Auch seine Kollegen in den Nachbarräumen haben ähnliche Ansichten, und so verstärkt die Verbreitung der Meinung ihre Sicherheit. Nur derjenige, der einmal kritischen Blickes von außen her das ganze Gebäude überschaut, und sich an gar keine Meinungen hält, sondern persönlich in den Keller hinuntersteigt, und die Grundmauern und den Baugrund prüft, der wird zu seinem Erstaunen und Schrecken gewahr, daß die Herren da droben in einer vollkommenen Selbsttäuschung leben, indem jeder glaubt, durch die Gesamtheit der anderen gestützt zu sein. Aber schon eine einfache Analogie könnte einem da stutzig machen. Gibt es irgendein endliches mechanisches System, das dadurch seine feste Lage erhält, daß jedes seiner Elemente sich auf die übrigen stützt? Nein, denn man kann immer fragen, worauf stützt sich denn das G a n z e?

So zeigt sich, daß der überall verbreitete Glaube, es sei die Geometrie oder der starre Körper durch das Experiment auch nur irgendwie in ihrer letzten Begründung beeinflußbar, eine solche Selbsttäuschung auf Grund mangelnden Durchdenkens ist. Denn tiefere Überlegung zeigt, daß ich stets mit irgend etwas bei der Erfahrung beginnen muß. Wenn ich erst feststellen wollte, welches das räumliche Verhalten der Dinge ist, so käme ich nie dazu, es von anderen Einwirkungen zu trennen. Ich habe das mehrfach so ausführlich dargelegt und alle dabei in Betracht kommenden Umstände auf das genaueste angegeben, so daß für jemand, der überhaupt zu denken versteht, der Nachweis nicht nur einmal, sondern von verschiedenen Seiten aus erbracht ist, wenn er sich die Mühe macht, die Sache durchzudenken. Ebenso steht es mit der letzten Konstitutionshypothese. Auch die kann, wie ich zeigte, nicht experimentell bewiesen werden. Man könnte die „relativistische“ Auffassung der Wissenschaft sich vergegenwärtigen an einem Bild aus dem Leben. Die relativistische Wissenschaft (wenn es eine solche gäbe) entspräche einem kaufmännischen Konsortium von Leuten, wo immer nur der andere haftet. Will man dann eine Forderung an diese Gesellschaft wirklich durchfechten, so zeigt sich, daß man nirgends auf den Boden der Sache gelangt, weil jeder sich auf einen anderen beruft, und daß man um sein Geld geprellt ist.

Ich habe öfter eine überaus treffende Analogie herangezogen, um diese Verhältnisse mit drei Worten darzulegen. Die Gesamtheit des durch die exakte Wissenschaft zu durchforschenden vergleiche ich einem Thermometer ohne Skala mit seinen wechselnden Vorgängen (wechselnder Stand der Hg-Säule). Um dieses meiner Begriffsbildung zugänglich zu machen, muß ich eine Skala anbringen. Dieser Skala entspricht die exakte Wissenschaft in ihrer letzten Form der „reinen Synthese". An dieser Skala sind zwei Dinge beliebig, der Nullpunkt und die Einheit. Sind diese beliebig gewählt, so ist alles übrige bestimmt. Diesen willkürlich gewählten Teilen entsprechen notwendig in der reinen Synthese ebensolche. Und zwar entspricht dem Nullpunkt die freiwillig zu wählende Geometrie (nebst den allgemeinen Festsetzungen über die reine Synthese, siehe meine Grundl. d. Physik), der Gradeinheit entspricht die freiwillig zu wählende „Entwicklungsfunktion", das Newtonsche Gesetz. Aber diese Verhältnisse gelten nicht nur für das Thermometer, sondern für jede Einführung einer Messung überhaupt. Stets sind zwei Dinge dabei willkürlich: der Nullpunkt und die Maßeinheit. So zeigt sich denn, daß die exakte Wissenschaft, wie sie sich in der reinen Synthese offenbart, selbst betrachtet werden kann als das Hineintragen einer einzigen ungeheuren, in alle Tiefen und Weiten reichenden Messungsskala in die Wirklichkeit.

So können wir jetzt kurz in unserem Bilde sagen: Jede Relativitätstheorie entspricht dem Versuche, bei einem Thermometer auf die Wahl eines Nullpunkts und auf die Wahl einer Gradeinheit zu verzichten. Bei diesem Beispiel ist natürlich seiner Einfachheit wegen die Unsinnigkeit eines nullpunktlosen Thermometers sofort durchsichtig. Unsere Überlegungen aber haben gezeigt, daß in dem großen Gebiete der exakten Wissenschaft ein nullpunktloses Vorgehen ebenso unsinnig ist.

Hier ist auch der Ort, um auf die sog. empirischen Bestätigungen der R.-Th. kurz einzugehen. Unsere Überlegungen haben bewiesen, daß eine Geometrie nicht empirisch festgestellt oder bewiesen werden kann. Da nun die R.-Th. bekanntlich eine Geometrie (nichteuklidische) impliziert, so läuft ein empirischer Beweis der R.-Th. auf den empirischen Beweis einer Geometrie hinaus. Es ist deshalb schon von diesem Gesichtspunkte aus völlig unmöglich, die R.-Th. empirisch zu beweisen oder zu widerlegen.

Wir haben oben gezeigt, daß sich ganz konsequent auf Grund etwa der Einsteinschen Isochroniedefinition eine exakte Wissenschaft aufbauen und einführen ließe, im großen ganzen analog der reinen Synthese (bis auf die eben unhaltbare empirische Begründung — siehe oben).

Dann aber gibt es für diese konsequente Relativitätstheorie weder eine empirische Widerlegung, noch Bestätigung, genau wie bei der reinen Synthese. Eine genau konsequente Durchführung würde auch nie eine solche Auffassung aufkommen lassen.

Daß dennoch sich bei der Relativitätstheorie, wie sie von Einstein aufgebaut wurde, sich Möglichkeiten einer empirischen Begründung aufzutun scheinen, liegt lediglich an der von uns aufgezeigten Tatsache, daß die bestehende Relativitätstheorie in ihrer Begründung, insoweit sie einen Zusammenhang mit der Wirklichkeit aufweist, eine unkonsequente ist. Sie bedient sich dort eben zugleich der bestehenden starren Körper (die ja im wesentlichen mit denen der reinen Synthese zusammenfallen) und der eine ganz andere Geometrie definierenden Einsteinschen Isochroniedefinition. Nur durch diesen Umstand, daß die erste Begründung in diesem Sinne inkonsequent ist, kommt die scheinbare Möglichkeit einer empirischen Erprobbarkeit zustande.

Nun könnte ja eine empirische Erprobung sich lediglich auf die mathematischen Konsequenzen ohne Rücksicht auf deren Begründung richten. Man würde dann einfach die zufällig sich ergebenden veränderten Maxwellschen Gleichungen empirisch prüfen. Ebenso gegebenenfalls andere Konsequenzen der Theorie. Diese Konsequenzen würden aber durch den Verzicht auf die gemeinsame Begründung völlig auseinanderfallen und nichts darstellen wie gänzlich zufällige Erweiterungen der betr. Formeln, die dann wie jede beliebige zufällige andere Erweiterung dieser Formeln an der Wirklichkeit geprüft werden könnte. (Daß nach Festsetzung einer Geometrie alles weitere empirisch festgelegt und, außer der Konstitutionshypothese, daher empirisch prüfbar ist, haben wir ja hinreichend gesehen.)

Gewöhnlich kursiert die dogmatische Meinung, daß jede Hypothese auch an der Wirklichkeit geprüft werden könne. Unsere Resultate setzen uns nun in den Stand, die Richtigkeit bzw. Möglichkeit dieses Satzes in ihrem genauen Umfang festzulegen. In der Anwendung auf den vorliegenden Fall können wir sagen: Eine Hypothese, welche eine Aussage über die Geometrie (die sog. Natur des Raumes) einschließt, kann niemals an der Wirklichkeit wirklich geprüft werden. Allgemein: eine Theorie, welche eine Aussage über die Messungsbasis in sich schließt, kann nicht empirisch geprüft werden.

Wir sehen also, daß die bisherigen sog. experimentellen Bestätigungen der Relativitätstheorie lediglich Zufallsresultate sind, wie dies auch bei genauer kritischer Betrachtung derselben im einzelnen sich noch unterstreichen ließe. So äußerst problematisch aber auch Resultate wie z. B. die „Aufklärung" des Merkurperihels sind[1], die ja keinerlei neue Tatsachen brachte, so überaus wertvoll ist die Auffindung neuer Tatsachen, wie die Ablenkung der Lichtstrahlen durch die Sonne. Es bleibt auch unabhängig von der „Richtigkeit" der Relativitätstheorie ein Verdienst Einsteins, zu dieser Untersuchung wieder aufgefordert zu haben. Sagt er doch selbst am Schlusse seiner diesbezüglichen Abhandlung (Ann. d. Phys. 1911): „Denn abgesehen von jeder Theorie muß man sich fragen, ob mit den

[1] Gerade dieses Beispiel zeigt, auf welch völlig unsicherem Boden man sich in diesen Fragen der Physik zurzeit bewegt, und wie äußerst gefährlich es ist, auf solcher Grundlage weittragende Konsequenzen zu ziehen. Was wissen wir denn überhaupt bisher darüber, wie viele mögliche mathematische Theorien es für die Erklärung des Merkurperihels geben könnte, ob es nicht sehr leicht ist, durch verschiedene derselben gerade die gewünschte Zahl herauszubekommen, durch wieviele verschiedene sehr naheliegende und plausible Annahmen man gerade zu der Gerber-Einsteinschen Formel gelangen kann (ohne daß diese Annahmen natürlich im engeren Sinn irgendwie richtig zu sein brauchen). Es würde eine sehr tiefgehende methodologische Durcharbeitung der ganzen Frage auf Grund einer endgültig geklärten Methodenlehre (wie wir sie etwa in diesem Buche begonnen haben), nötig sein, um irgendein Werturteil über die E.'sche Erklärung der Merkuranomalie zu fällen. Denn bei der bisher völlig mangelnden Einsicht in die methodologischen Verhältnisse sind notwendig die Lösung selbst, sowie alle Urteile darüber völlig problematisch. Insbesondere schweben Urteile, die sich darauf beziehen, daß es gelang, die genaue Zahl zu erhalten, nach den vorstehenden Bemerkungen völlig in der Luft.

heutigen Mitteln ein Einfluß der Gravitationsfelder auf die Ausbreitung des Lichtes sich konstatieren läßt."[1]

Die Beziehungen der allgemeinen Relativitätsthorie zur Wirklichkeit.

Es sind noch einige weitere empiristische Formulierungen zu besprechen, die ja neuerdings im Anschluß an die Relativitätstheorie und in dem Wunsche, diese in ihren Fundamenten zu sichern, ziemlich zahlreich hervorgetreten sind. Insbesondere seit sich immer mehr gewichtige Stimmen gegen diese Theorie erheben, sei es im Stillen oder in der Öffentlichkeit, haben sich diese Bemühungen vervielfacht. Dem methodologischen Fachmanne ist es klar, daß diese Theorie nur in einem empiristischen Boden ihre Wurzeln schlagen kann. Dennoch aber, und dies wird einst als eine wichtige historische Funktion dieser Theorie erkannt werden, ist gerade sie es, die wiederum das empiristische Dogma in weitem Umfang erschüttern mußte, bzw. die Erschütterung, welche dasselbe durch Ernst Mach implicite erfahren hatte, weiteren Kreisen näher zu bringen bestimmt war. Ich meine das so in kurzen Worten: Nach Mach bestimmt die Wirklichkeit die Theorie nicht mehr eindeutig, sondern die Theorie ist nur eine Beschreibung und unter verschiedenen möglichen Beschreibungen suchen wir die einfachste heraus. Die Relativitätstheorie ist gezwungen, von vornherein sich als die einfachere Theorie zu bezeichnen, und an die vorstehende Machsche Auffassung zu appellieren, denn sonst hätte sich niemand zu den starken Umdenkungen, die sie verlangt, entschließen können, ja, ihr Verkünder hätte niemals den Mut und die Möglichkeit gehabt sie aufzustellen, wenn ihm nicht diese Machsche Auffassung die nötige erkenntnistheoretische Basis gegeben hätte. Indem die Relativitätstheorie nun von ihren An-

[1] Ich möchte nicht verfehlen, an dieser Stelle auf ein Werk E. Bechers hinzuweisen („Weltgebäude, Weltgesetze, Weltentwicklung". Ein Bild der unbelebten Natur, Berlin, Reimer 1915). Becher behandelt dort ausführlich die Relativitätstheorie und ihre Grundlagen, und es ist von äußerstem Interesse, wie die objektive philosophische Kritik schon hier die schwierigen Punkte dieser Theorie mit Sicherheit berührt, ohne aber schon irgendwie nach der einen oder anderen Seite endgültig Stellung zu nehmen.

hängern verlangt, ganz verschiedene Physiken miteinander in Vergleich zu setzen und in Betracht zu ziehen, löst sie in Auswirkung der Machschen Basis, auf der sie entstanden, in ihnen unbewußt den dogmatischen Begriff des alten Naturgesetzes und indem sie sich auf Einfachstheit beruft, erzieht sie dieselben, den außerordentlichen Anteil langsam zu erkennen, den wir schon nach der Machschen Anschauung an der Formung der Naturgesetze haben.

Aus dieser Tendenz nun, die philosophische Basis der Relativitätstheorie auch vom philosophischen Standpunkte herauszuarbeiten, haben wir in letzter Zeit eine ganze Reihe meist vortrefflicher Studien zu verzeichnen.

Die erste war die von M. Schlick, der in seiner Broschüre „Raum und Zeit in der gegenwärtigen Physik", Berlin 1917, zuerst die philosophischen Prinzipien, welche die Relativitätstheorie stützen können, herauszuarbeiten unternahm. Natürlich ist auch er letzten Endes Empirist, aber er zeigt den eben geschilderten Ablösungsprozeß vom naiven Empirismus der zweiten Hälfte des 19. Jahrhunderts in überaus klarer Weise. Überhaupt kann den klaren und scharfsinnigen Ausführungen dieses Philosophen ein beträchtliches Verdienst der Klärung und Aufklärung in dieser Hinsicht zugeschrieben werden. Sein Kernpunkt ist folgender: Von einer Geometrie, die als solche bestimmt sei zu reden, habe keinen Sinn. Nur diejenige Geometrie wird gewählt, die uns erlaubt, das physikalische Verhalten der Körper auf die einfachste Art zu beschreiben. Einstein habe nun gezeigt, daß man tatsächlich nichteuklidische Beziehungen zur Darstellung räumlicher Verhältnisse in der Physik verwenden muß. Also ... Was hier vorliegt, ist jener feinere, durch Mach gemilderte Empirismus, dem wir schon öfter begegneten. Wir wissen, daß er unhaltbar ist. Vor allem fehlt dem Verfasser jene fundamentale Einsicht in das Wesen des Messungsvorgangs, die wir im ersten Teile darlegten, und die zeigt, daß es eine schwere Selbsttäuschung ist, wenn man glaubt, man könne, ohne sich irgendwo festgelegt zu haben, ohne eine Basis, also sozusagen freischwebend Messungen veranstalten. Nur mangelnde Überlegung kann glauben, weil keiner den st. K. als solchen explizit herstellt und alle ihn benutzen, er bedürfe überhaupt keiner Herstellung. In der Tat war diese Ansicht bisher die allgemeine. Der Geodät und Physiker glaubte, der

Mathematiker garantiere ihm schon seinen st. K. und der Mathematiker glaubte dasselbe vom Geodäten und Physiker. Dann aber hat Schlick allzugroße Hochachtung vor den wissenschaftlichen „Resultaten" der Relativitätstheorie. Einstein hat keineswegs nachgewiesen, daß man das oben Gesagte „muß", er hat lediglich gezeigt, daß die momentanen Widersprüche in der Optik verschwinden, wenn man seine Voraussetzungen macht (aber auf Kosten der ganzen übrigen exakten Wissenschaft). Dies ist etwas ganz anderes und etwas sehr bedingtes. Nun steht aber dem gegenüber, daß, wie ich nachgewiesen habe, man aus der Wirklichkeit überhaupt keinen Anhaltspunkt für die letzten Pfeiler der Physik (Geometrie und Konstitutionshypothese und damit auch schließlich indirekt für alles andere) entnehmen kann, und daß es deshalb stets ganz sinnlos sein muß, aus einem freiwilligen Übergang von der logisch einfachsten Physik zu einer komplizierteren sich irgend etwas zu erhoffen. Nun kann man aber mit geeigneten Voraussetzungen bekanntlich alles machen. Was will es denn besagen, wenn wir in einem Gebiete wie der Optik, wo wir notorisch erst am äußersten Rande stehen (wissen wir doch von dem materiellen Träger des Lichtes, sei es ein Medium oder eine Emission, noch gar nichts) zunächst zwei oder drei Tatsachen nicht sofort widerspruchslos vereinigen können? Für den, der die Geschichte der Wissenschaft kennt, gar nichts. Wie also soll in einer solchen „Lösung", die noch dazu, wie oben gesagt, in ihren Grundvoraussetzungen mit dem nachweisbaren Wesen der wissenschaftlichen Erkenntnis in direktem Widerspruch steht (so konsequent sie innerhalb ihres mathematischen Aufbaues auch sein mag) ein derartiges „Muß" enthalten sein? Man muß auf philosophischer Seite lernen, genau zwischen wirklich endgültigen Resultaten zu unterscheiden und nicht endgültigen. Die Röntgen strahlen und die Lauesche Entdeckung gehören zu den ersteren. Die Relativitätstheorie, soweit sie etwas über Realitäten aussagen will, aber nicht.

Eine vortreffliche Schrift habe ich ferner zu nennen in Sellien: „Die erkenntnistheoretischen Grundlagen der Relativitätstheorie" (Kantstudien, Beihefte 1919). Der Verfasser, ein wohlgeschulter Kantianer, sucht mit aller Inbrunst die Relativitätstheorie philosophisch zu verdauen. Die Windungen und Zwänge, die ihm dabei sein an Kant geschulter philosophischer

Geist aufnötigt, sind überaus interessant zu beobachten. Natürlich gelangt er schließlich dahin, wo er möchte, zu einer Rechtfertigung der Relativitätstheorie, aber dem philosophisch tiefer Blickenden kann nicht entgehen, daß das, was schließlich gerechtfertigt wird, etwas ganz anderes ist, als das, was die Vertreter der Relativitätstheorie unter ihr verstehen, wenn auch die eigene Kantsche Schulung des Verfassers sich schließlich einige empiristische Verbiegungen gefallen lassen muß.

Wie überaus zäh übrigens immer noch, vorerst das Bedürfnis festgehalten wird, der Wirklichkeit irgendeine Möglichkeit zu retten, uns ein theoretisch vorgeformtes Erkenntnismaterial irgendwie zu übermitteln, dies möchte ich an einem letzthin gemachten nicht uninteressanten Versuche noch zeigen. Ich meine einige Aufsätze von Hans Reichenbach. Dieser Autor möchte die Wahrscheinlichkeitsrechnung begründen.[1] Er zeigt den noch seltenen Vorzug, daß ihm das Problem der „Anwendung“ klar geworden ist und es ist in vieler Hinsicht eine Freude, seine diesbezüglichen Ausführungen zu lesen. Er faßt jedoch dann den wenig glücklichen Gedanken, daß es notwendig sei, in der Wahrscheinlichkeitsrechnung die Vermittlung zwischen der Theorie und der Wirklichkeit durch ein besonderes „Axiom“ herzustellen. Wäre dieses Axiom ein rein logisch-rechnerisches, wie die übrigen, so wäre nicht einzusehen, wie es mehr leisten sollte, als diese. Es muß daher notwendig, und das ist der Grund, warum wir es hier behandeln, eine Aussage über Wirkliches enthalten. Der Verfasser glaubt, darin eine Aussage über das Bestehen bestimmter wirklicher Verhältnisse machen zu können (ganz abgesehen davon, woher er die Kenntnisse darüber zu haben glaubt). Damit ist er in unserem strengen Sinne Empirist. Daß man in der Wahrscheinlichkeitsrechnung ebensowenig eines eigenen Axiomes bedarf, um den Zusammenhang mit der Wirklichkeit herzustellen, eines Axiomes nämlich, das etwas über (auf metaphysische Weise) bestehende allgemein theoretisch formulierbare Verhältnisse der Wirklichkeit aussagt, dies habe ich in meinen „Grundlagen der Physik“ im letzten Teile kurz dargelegt. Auch hier leistet der Standpunkt der Exhaustion allein alles Nötige. Der Reichenbachsche

[1] Die Naturwissenschaften VIII (1920), S. 46 und 146, sowie früher Ztschr. f. Philos. u. philos. Kritik Bd. 161 (1917).

Standpunkt bedarf jedoch einer theoretisch geformten Beschaffenheit der Wirklichkeit, die dann in einem „Axiom“ ausgesprochen wird. Wir wissen, daß eine solche unmöglich ist. Mir begegnete es aber, daß ein in die Enge getriebener empiristischer Opponent bei einer Diskussion sich zuletzt auf den Reichenbachschen Standpunkt als letzte Insel des Empirismus flüchtete. Darum glaubte ich, hier davon sprechen zu sollen.

In letzter Zeit hat der Hamburger Philosoph E. Cassirer in seiner Schrift „Zur Einsteinschen Relativitätstheorie“, Berlin 1921, es unternommen, geeignete philosophische Hintergründe für diese Theorie aufzuweisen.[1] Die Provenienz der letzten Grundlagen dieser Theorie aus dem Machschen Ideenkreis führt mit Notwendigkeit dazu, daß die von Cassirer dargelegten Gesichtspunkte im wesentlichen diejenigen Züge aufweisen, die ich oben als Machsche charakterisiert habe (wobei man stets über die biologische Einkleidung der Machschen Gedanken hinwegsehen muß. Manche Philosophen lassen sich vom systematischen Gesichtspunkte aus verführen, Mach nur oder hauptsächlich nach dieser Einkleidung zu beurteilen. Dadurch erhalten sie ein völlig schiefes Bild. Ihm selbst, dem die eigentliche philosophische Schulung fehlte, war dieses Gewand sehr viel weniger wesentlich, als es dem philosophisch-systematischen Gesichtspunkte erscheint. Ihm war es, insbesondere zuletzt vielmehr rein akzessorisch, und es läßt sich durch viele Belege nachweisen, daß ihm dies immer klarer wurde und daß ihm die Hauptsache stets war, was auch den Kern seines Werkes ausmacht, die Erkenntnis der Methode und der wahren Natur der physikalischen Naturgesetze). Cassirer ist daher auch nicht mehr naiver Empirist, wohl aber ist er dies in jenem feineren Sinne, den wir schon mehrfach besprochen haben. Er findet, die Erfahrung treffe unter den geometrischen Axiomen als verschiedenen logisch möglichen Systemen nur eine bestimmte Auslese für ihren konkreten Gebrauch zwecks Deutung der Eigen-

---

[1] Von Seite der Marburger Schule hat schon P. Natorp in seinem Werke „Die logischen Grundlagen der exakten Wissenschaften“ (Leipzig 1910) viele treffliche Bemerkungen über unseren Gegenstand gemacht. An sich sollte man meinen, daß gerade manche der hier gegebenen Resultate als eine Bestätigung und konsequente Weiterbildung mancher grundlegender Gedanken dieser Philosophenschule betrachtet werden könnten.

schaften der wirklichen Erscheinungen. Auch er glaubt, daß es sich gezeigt habe, daß die euklidische Geometrie nicht ausreiche, und gibt daher an, daß uns methodisch nichts hindern könne, eine andere Maßbestimmung zu machen, wenn dies physikalisch nötig und fruchtbar sei. Wir sehen, es ist im wesentlichen der Standpunkt, der von Schlick vertreten wurde, und gegen ihn treten natürlich die gleichen Argumente in Kraft, die ich gegen Schlick vorbrachte. Es ist uns leider nicht möglich, auf die im übrigen viele treffliche Bemerkungen enthaltende Schrift des kenntnisreichen und verdienten Forschers hier näher einzugehen. Das Verdienst dieser Schrift in Hinsicht einer weiteren Verbreitung und Verarbeitung der Machschen Anschauungen ist sicher ein bedeutendes.

Für die moderne Verwirrung in diesen Fragen sind Äußerungen sehr charakteristisch, wie man sie jetzt oft auch von fachwissenschaftlich beachtenswerter Seite zu lesen bekommt. „Beide Kräftegruppen, Gravitations- und Trägheitswirkungen sollten zurückgeführt werden auf die Raum-Zeit-Struktur, auf die inneren Maßverhältnisse der „Welt“, diese Maßverhältnisse gegeben gedacht nicht durch irgendeine subjektive, a priorische Festsetzung, sondern durch die gegenseitige Lage und Wirkung der in der Welt vorhandenen realen Massen, Energien, Ereignisse. Die physikalischen Tatsachen formen ihrerseits erst die Welt, in der sie sich abspielen.“ So kann man z. B. lesen.

Überlegen wir uns doch, woher wissen wir denn z. B. von den „in der Welt vorhandenen realen Massen“ als eben durch die Anwendung (und Exhaustion) derjenigen Gesetze, von denen der Empirist meint, daß sie ihm aus den realen Massen gegeben seien. Woher wissen wir von der Masse der Venus oder anderer Himmelskörper als durch das Newtonsche Gesetz? Woher wissen wir — a fortiori — von „den in der Welt vorhandenen realen Energien“ als durch Anwendung der betr. Gesetze, speziell der mechanischen und des Gravitationsgesetzes? Es ist nicht etwa so, daß diese Dinge von irgendeinem „philosophischen Standpunkte“ abhängen würden, wo es jedem freistünde, den einen oder den anderen anzunehmen (schon dies wäre für die Sicherheit der Relativitätstheorie katastrophal). Nein, es ist von mir unter alleiniger Anwendung der logischen Gesetze und des Prinzips vom zureichenden Grunde einwandfrei bewiesen, daß eine derartige Entnahme einer Fundamentaltheorie aus der Wirklichkeit unmöglich ist. Offenbar ist sich der in seinem Spezialgebiet hervorragende Verfasser gar nicht bewußt, welchen Widerspruch seine Fassung einschließt. Überlegen wir uns:

Die Gravitationswirkungen z. B. sollen also zurückgeführt werden auf die in der Welt vorhandenen Massen usw. Mit Verlaub: woher wissen wir denn von diesen Massen, wie stellen wir solche fest? Solche Fragen würde der Verfasser nur durch einen Zirkel beantworten können, und damit zeigt sich, daß in diesem Satze überhaupt nichts Greifbares ausgesagt ist. Wir werden sogleich auf solche Auffassungen noch näher eingehen. Immer wieder aber zeigt sich: daß nichts übrig bleiben wird, als auch diese bisher immer nur ungründlich und nebenbei behandelten Dinge ernsthaften Erwägungen zu unterziehen. Dies in der wissenschaftlichen Welt indirekt veranlaßt zu haben, wird dann das Verdienst der Relativitätstheorie gebildet haben, und zwar ihr wichtigstes.

Helge Holst hat in der Ztschr. f. Physik (III, 1920, S. 108) einige Bemerkungen veröffentlicht (Einige Bemerkungen über die Grundprinzipien der physikalischen Forschung), worin er einige von mir schon früher aufgestellte Prinzipien als „nicht durch die Beobachtung bedingt" der „vor-Einsteinschen" Physik zugrunde liegen findet. Dies ist mir natürlich sehr erfreulich. H. Holst findet dann, daß Einstein eine neue Art für die Aufstellung und Formulierung physikalischer Gesetze gefunden habe: das Kovarianzprinzip. H. Holst behauptet nun, es lasse sich dieses Prinzip ebenfalls mit den alten Methoden kombinieren und in erkenntnistheoretischer Hinsicht seien beide gleich berechtigt. Man müßte wissen, wie er das meint, um sagen zu können, inwieweit sich das wirklich von Grund aus beweisen läßt. Aber seine Bemerkung, daß, wenn es nicht möglich ist, die Maßstäbe und Uhren euklidisch zu korrigieren (man sieht, er hat sich schon fast zur Exhaustion durchgerungen) „werden wir Änderungen in die Gesetze einführen", läßt ihn doch noch als verfeinerten Empiristen erkennen. Immerhin geht aus seinen kurzen Darlegungen hervor, daß der Verfasser ehrlich bemüht ist, wirklich kritisch vorzugehen, und man wird seine weitere Entwicklung, die ihn mit Sicherheit auf unsere Wege führen wird, beachten müssen.

Man erkennt nun auch die wahre Bedeutung des von Holst

den alten Prinzipien gleichgestellten Kovarianzprinzips (siehe oben). Es ist dies nichts anderes als die Forderung, daß die „Naturgesetze" unabhängig vom Koordinatensystem sein sollen. Dieser scheinbar so einfache Ausdruck hat eine ganze Menge von Fußangeln. Was ist ein Koordinatensystem, was sind Naturgesetze? Die Relativitätstheorie versteht unter Koordinatensystem nicht ein geometrisches Bezugssystem, sondern einen Körper mit Wirkungen! Es soll also jedes Naturgesetz „an" jedem beliebigen Körper wirken. (Dies ist die Verallgemeinerung des optischen Verhaltens der Erde beim Michelsonschen Versuch und der Aberration, und es ist klar, daß, wenn man dies als „Prinzip" an die Spitze setzt, man den speziellen Fall daraus ableiten kann). Dieses Prinzip ist aber keineswegs selbstverständlich, insbesondere dann nicht, wenn ich unter „Naturgesetzen" auch Aussagen verstehe, von welchen man noch gar nicht weiß, an welcher Art von Stofflichem sie sich abspielen (wie das bei Licht und Elektrizität der Fall ist). Es ist dieses „Prinzip" also, insbesondere bei Berücksichtigung dieser neuen Bedeutungen der darin enthaltenen Begriffe nicht etwa ein selbstverständliches Grundprinzip, sondern ein in seinen Konsequenzen nicht zu übersehendes Konglomerat ungeklärter Begriffe. Ich habe in meinem Nauheimer Vortrag gezeigt, welche Selbsttäuschung schon in dem Probleme steckt, „an" einem Körper durch mechanische Experimente seine Bewegung festzustellen. Ganz ebenso liegt es hier. Die aus diesem „Prinzipe" entspringenden Probleme sind unklare Scheinprobleme. Nur dann kann man Ordnung in diese Undurchdachtheiten bringen, wenn man dem Probleme des Zusammenhangs zwischen Theorie und Erfahrung bis in seine letzten Tiefen nachgeht, wie ich dies in dem vorliegenden Buche versucht habe. Faßt man dieses oben formulierte Prinzip so auf, daß man die darin enthaltenen Begriffe in der gewohnten Weise versteht, dann sagt es aus, daß die Naturgesetze unabhängig von Raum und Zeit gelten sollen, und ist dann jedem selbstverständlich. Dann liefert es aber auch nicht die Relativitätstheorie. Leider verführt die Fassung dazu, daß Unkritische diese Selbstverständlichkeit unbewußt auf den neuen Inhalt übertragen.

Diese zurzeit in der Literatur auftretenden Anschauungen, deren kurzes Referat ich vorausgeschickt habe, um die Aktualität und Wichtigkeit der Frage zu kennzeichnen, veranlassen mich nun, auf dieses Problem des Zusammenhangs der sog. allgemeinen Relativitätstheorie mit der Wirklichkeit noch etwas einzugehen.

Die allgemeine Relativitätstheorie ist, mathematisch betrachtet (wie ich das in meinem Nauheimer Vortrag dargelegt habe), die erste wirklich durchgeführte nichtnewtonische Mechanik und Physik. Sie ist von diesem Gesichtspunkte aus in der Entwicklung der exakten Wissenschaften von prinzipieller Bedeutung und schließt sich folgerichtig an die nichteuklidischen Geometrien an, welche die großen Mathematiker des 19. Jahrhunderts aufgestellt, näher begründet und ausgebaut haben.[1] Es ist dies der Grund für die mathematisch so überaus schönen und fesselnden Erfolge, welche durch die Arbeiten von Einstein, Hilbert, Klein, Minkowski, Weyl uns geleistet wurden. Diese Arbeiten sind für den reinen Mathematiker vielfach von großer Schönheit und haben als mathematische Arbeiten oft ihre dauernde Bedeutung. Nur, damit sie auch physikalische Resultate bedeuten könnten, dazu bedürfte es der Lösung des Problems: wie hängen diese Theorien und Theorien überhaupt mit der Wirklichkeit zusammen. Und dies eben ist das Problem, dem meine eigene Arbeit und jetzt das vorliegende Buch gewidmet ist.

Schon durch Machs Einfluß hatte sich unvermerkt die Auffassung dieses Problems des Zusammenhangs zwischen Theorie und Erfahrung, des „Zusammenhangsproblems", verschoben. Daher ist es nicht zu verwundern, wenn wir in allen diesen Schriften eine Auffassung dieses Problems finden, welche von der früheren (ganz naiven) schon etwas abweicht, wobei die Abweichung bereits direkt in der Linie der hier dargelegten Einsichten erfolgt. Dennoch ist diese Auffassung noch völlig unhaltbar und es ist meine Aufgabe, dies hier kurz darzulegen.

Wie hängt nun die sog. „allgemeine Relativitätstheorie" mit der Wirklichkeit zusammen? Bekanntlich bestimmt sich in

[1] Ich möchte in diesem Zusammenhang auf einige Arbeiten von S. Mohorovicic hinweisen, der in den Berichten der südslavischen Akademie in Anschluß an eine Anregung von Riecke eine „Nicht-Einsteinsche Relativitätstheorie" aufstellt und ihre Widerspruchslosigkeit zeigt. („Über die räumliche und zeitliche Translation", I. u. II. Teil 1916/17. 1918.) Ebenso möchte ich in dieser Hinsicht auf die ausgezeichneten Arbeiten von Mie und Wiechert hinweisen.

ihr die physikalische Beschaffenheit einer Stelle durch das an dieser Stelle geltende Linienelement, das ja selbst wieder von der relativen Bewegung des Beobachters zu dieser Stelle abhängig ist. Der Zusammenhang mit der Wirklichkeit besteht nun darin, daß dieses Linienelement auf messendem Wege festgestellt werden soll; ist es bekannt, so folgen alle physikalischen Gesetze für diese Stelle und diesen Beobachter durch reine Rechnung aus dem Linienelement. Die Messung des Linienelementes geschieht durch die Feststellung der Koeffizienten g_{ik} desselben.

Wenn man diese Überlegung betrachtet, so sieht man, daß sie demjenigen, der nicht gewohnt ist, auch in diesen Dingen bis auf den letzten Grund zu gehen, wie das bisher üblich war (übrigens wissenschaftsgeschichtlich durchaus verständlicher Weise) überaus klar und einleuchtend vorkommen muß. Der Tieferblickende jedoch erkennt, daß dies nur eine Selbsttäuschung ist, und daß in der Tat diese Überlegung bei näherem Zusehen gänzlich in der Luft schwebt.

Überlegen wir einmal in concreto, wie denn diese besagte Messung der g_{ik} vorzunehmen wäre, so hätte dies wohl dadurch zu geschehen, daß man an der zu untersuchenden Stelle einen Massenpunkt sich selbst überläßt und seine Bewegung beobachtet. „Hier stock' ich schon". Sehen wir einmal ab von dem Massenpunkt. Wie soll diese Bewegung beobachtet werden? Doch offenbar genau, also durch Messung. Womit aber soll ich messen? Es gibt keine andere Antwort als die: mittels des starren Körpers, d. h. Maßstäben. Dann muß aber der starre Körper selbst und damit die Geometrie an dieser Stelle schon gegeben sein. Die Relativitätstheorie sagt aber ausdrücklich, daß die Maßverhältnisse des Raumes an dieser Stelle und für diesen Beobachter ebenfalls erst durch die g_{ik} bestimmt wurden. Hier sehen wir also klar, daß sich hier Münchhausen an seinem Zopfe selbst aus dem Sumpfe zieht. Im Ernste: wir haben hier einen Zirkel vor uns. Immer wieder den gleichen Zirkel, den wir durch das ganze Buch verfolgten[1], und er zeigt, daß der

[1] Ich freue mich, einen klaren Hinweis auf solche Zirkel, die ich selbst seit meinen ersten Schriften in allen Formen verfolge, in dem neuen, interessanten Büchlein von C. Isenkrahe „Zur Elementaranalyse der Relativitätstheorie" (Sammlung Vieweg, Braunschweig 1921) vorzufinden (bes. S. 104).

Glaube der Relativitätstheorie, daß sie auf diese Weise eine wirkliche Physik (nicht bloß ein mathematisches Formelgebäude) begründen könne, eine Selbsttäuschung ist. Ebenso, wie die ganze bisherige Anschauung, daß die ganze Physik nur auf der Empirie beruhe, eine Selbsttäuschung war.

Die alten Inder versuchten bekanntlich, sich die Lage der Erde vorzustellen und sie glaubten einzusehen, daß sie auf einer Schildkröte ruhe. Ein besonders tiefbohrender Kopf scheint dies nicht genügend gefunden zu haben, und er frug, worauf denn dann die Schildkröte ruhe? Er fand, daß die Schildkröte auf einem Elefanten ruhe. Und dies beruhigte ihn, wußte er doch jetzt, daß die Schildkröte nicht einfach in der Luft schwebe. Man möge mir verzeihen, wenn ich dieses etwas drastische Beispiel hier in Parallele setze. Das alte Stadium unseres Problems gleicht der Zeit, da die Inder die Erde auf die Schildkröte legten. Auf die Frage, wie denn der Zusammenhang der Theorie mit der Wirklichkeit hergestellt werde (vorausgesetzt, daß diese Frage überhaupt gestellt wurde), wurde geantwortet: durch das Experiment. Dann kommt die Relativitätstheorie. Sie ist kritischer (wenigstens seit einiger Zeit). Sie sagt: ich weiß genau, daß Naturgesetze nicht einfach direkt aus der Natur entnommen werden können. Wir stehen auf dem Machschen Standpunkt der einfachsten Beschreibung und was wir messen, sind nur ein paar Konstanten. Dies ist der Fall des kritischen Inders, der entdeckt, daß die Schildkröte nicht in der Luft schweben könne. Er findet, sie müsse auf einem Elefanten ruhen.

Wie, wenn aber von einem „Ruhen auf etwas" überhaupt nicht die Rede sein könnte? Weil ja diese Frage stets wiederholt werden kann: auf was die letzte Stütze ruht. Und wie, wenn von einem „Messen überhaupt" überhaupt nicht die Rede sein könnte, weil ja die Frage stets widerholt werden kann: womit messen Sie? Hier wird die Analogie vollkommen. Ebenso, wie es keine letzte Stütze der Erde gibt, ebenso gibt es kein Letztes, das gemessen werden könnte.

Immer wieder muß es gesagt werden: Es gibt kein „Messen überhaupt", d. h. ohne Überlegung, wie ich meine Meßinstrumente selbst definiere. Und jede Behauptung, die Natur oder Struktur des Raumes irgendwo zu messen, enthält eine notwendige petitio principii, muß das, was sie ausführen will, immer an irgendeiner versteckten Stelle schon voraussetzen, und es bedarf nur einer kleinen kritischen Überlegung, um in jeder solchen Behauptung diesen versteckten Punkt aufzufinden und sie rettungslos aus dem Sattel zu heben.

Die Wissenschaft von den Prinzipien.

In meinem Vortrag vor der Nauheimer Naturforscherversammlung 1920 („Kritische Bemerkungen zu den Grundlagen der Relativitätstheorie", Physikal. Ztschr. XXI. 1920) habe ich darauf hingewiesen, daß eine endgültige Rettung der Physik aus den momentanen Schwierigkeiten nur durch eine „Wissenschaft von den Prinzipien" erwartet werden könne. Nachdem wir jetzt am Schlusse unseres Buches angelangt sind, erübrigt es sich, noch einiges über diesen Punkt zu sagen. Diese „Prinzipienwissenschaft" ist nämlich von Anfang bis zu Ende der Kern und Gegenstand meiner Ausführungen explicite und implicite gewesen.

Was ist diese Prinzipienwissenschaft? Es ist uns im dritten Teile des Buches gelungen, nachzuweisen, daß keine an die Wirklichkeit anknüpfende Aussage gemacht werden kann, ohne sich dabei gewisser „Prinzipien" zu bedienen und daß die einzige mögliche zureichende logische Begründung dieser Prinzipien geschehen kann, indem man sie als freiwillige Festsetzungen von mir ansieht. Einen Willensentschluß zu fassen aber, dazu bedarf es keiner Prinzipien. Diese Erkenntnis nun, welche alles und das Letzte leistet, was von einer Theorie der reinen Erkenntnis (im Kantschen Sinne) überhaupt sinnvoll verlangt werden kann, führt nun zu der praktischen Forderung, daß wir uns bei allen wissenschaftlichen Formulierungen dort, wo diese auf ihre letzte Begründung beansprucht werden sollen, der dabei stillschweigend und meist unvermerkt angewandten Prinzipien bewußt werden und diese darauf prüfen, ob sie auch wirklich die richtigen und an der rechten Stelle sind.[1]

[1] Dabei möge man aber sorgfältig die so nahe liegende und häufige Vermischung mit dem historischen Problem vermeiden, ob bei der ersten Aufstellung eines Satzes die betr. Prinzipien auch bewußt zur Anwendung kamen. Dies ist fast nie der Fall. Uns handelt es sich aber nicht um die historische Frage, wie ein Satz aufgestellt wurde oder wird, sondern wie er theoretisch aufgestellt werden muß, um als vollbegründet zu erscheinen. Das ist etwas ganz anderes.

Das Wenige, was ich hierzu noch sagen möchte, wird sich vielleicht noch klarer herausheben, wenn wir es auf dem gewaltigen historischen Hintergrund zu sehen versuchen, der sich (ebenfalls meist unbemerkt) dahinter erhebt.

Das erste Aufleben des philosophischen Gedankens geschah bei den Griechen und bestand in der Frage: „woraus ward alles?" Und diese wird zunächst in den alten Theogonien dahin beantwortet, daß Götter entstanden und diese das Weitere schufen.

Aber schon in einem wichtigen Punkte unterscheidet sich Hesiods Dichtung von den früheren Lehren. In den letzteren sind Götter oder Gott vorhanden (nach dem „Woher" wird nicht gefragt, siehe Gilgameschepos, Pentateuch usw.), bei Hesiod dagegen „entsteht zuerst das Chaos". Also nicht durch Willkür läßt Hesiod seine Welt anfangen, sondern irgendwie aus der Notwendigkeit, der ἀνάγκη. Darin liegt ein prinzipieller Fortschritt des Griechen nach der Philosophie hin. Er ist in seinem tiefsten Innern von der Gesetzmäßigkeit der Welt überzeugt, er fühlt instinktiv die Welt als Kosmos, im Gegensatz zu den früheren Anschauungen, welche den letzten Grund der Welt in einer Willkür, wenn auch in einer göttlichen empfanden. Die griechische Anschauung hat sich in interessanter Weise durchgesetzt in der späteren christlichen Anschauung, welche gerade aus dem Kosmos den Beweis des Daseins Gottes führen zu können glaubte.

Mit diesem instinktiven Glauben an die Gesetzmäßigkeit des letzten Weltgrundes, an die ewige Notwendigkeit ist aber der Keim zur theoretischen Erkenntnis und Wissenschaft gelegt.

Die jonischen Naturphilosophen gehen schon weiter. Ihnen wird der erste Weltgrund zu einem „Stoff", der gewisse gleichmäßige Eigenschaften hat. Sie bezeichnen diese Uranfänge (welche eine hier noch nicht getrennte gleichzeitige historische und logische Funktion haben) als ἀρχαί. Und nun könnten wir die weitere Geschichte unseres Problems bei den Griechen in weiten Strecken anknüpfen an die Bedeutungswandlungen, welche der Begriff der ἀρχαί in der Folgezeit durchmachte.

Langsam beginnt sich das Theoretische vom Historischen zu lösen, und auch das Logische vom Material.

Mittels eines kurzen Seitenblicks wollen wir die Verknüpfung mit unseren Formulierungen herstellen. Sind nicht die Eigenschaften der absoluten Gesetzmäßigkeit und Notwendigkeit, welche der griechische Begriff der ἀνάγκη enthält, auch die Eigenschaften des Systems der theoretischen Wissenschaften, hauptsächlich deren letzter Vollendung: der reinen Synthese?

Bei den Eleaten dann entwickelt sich ein Begriff des Seins, den wir erkennen können als zusammenfallend mit dem Sein der Konstruktionen der reinen Synthese. Bei genauer Durchforschung findet man (zum näheren Nachweis ist hier nicht der Ort), daß die Eigenschaften des eleatischen Seins gerade diejenigen sind, welche den genannten Konstruktionen zukommen.

Den Pythagoräern hat sich schon das Problem des Zusammenhangs des Logischen mit der Realität andeutungsweise aufgedrängt. Die Loslösung des Theoretischen vom Historischen aber ist bei ihnen schon fast vollendet, und wird es gänzlich durch die allmähliche Entdeckung von Bruchstücken der theoretischen Geometrie. Notwendig verlieren damit die ἀρχαὶ ihre historische Nebenbedeutung und werden zu einem rein logisch (zuerst noch etwas metaphysischen) Begriff. Aber sie sind noch stofflicher Natur und in Demokrits Atomistik haben wir ein Gebäude vor uns, das in wichtigen Punkten mit gewissen Sätzen der reinen Synthese übereinstimmt.

Damit ist eine wichtige Etappe erreicht. Das theoretisch-konstruktive Weltbild hat seine einfachsten Grundformen gefunden. Aber das griechische Denken hat damit seinen Höhepunkt noch nicht erreicht, es schreitet weiter. War bei Demokrit das atomistische Weltbild sozusagen naiv geschaut, so regt sich nun langsam „Erkenntniskritik“ und „Erkenntnistheorie“. Sokrates entdeckt die Definition, bei Plato gewinnen die theoretischen Konstruktionen eine selbständige metaphysische Existenz, sind aber schon losgelöst vom realen Sein. Aristoteles endlich tut den gewaltigen Schritt und erkennt die theoretischen Konstruktionen als Angehörige unseres Verstandes. Er erkennt, daß der Verstand nach Regeln denke und erfindet die theoretische Logik und die ἀρχαὶ sind bei ihm nunmehr meist allen Stofflichen entkleidet, sie sind zu „Prinzipien“ geworden. Bei ihm, dem fast unbegreiflich Großen, müssen wir etwas verweilen.

Heinrich Maier hat in seinem wundervollen Werke „Die Syllogistik des Aristoteles“ (Tübingen 1896 und 1900) den Nachweis geführt, daß die Entdeckung der Logik aus der sog. Eristik hervorging. Die Gedanken Heraklits hatten weiter gewirkt bis zu den Sophisten und die Freude am Logischen und der Dialektik hatte da zu einer Blüte des rein formalen Streitredens geführt, die in ihren philosophischen Auswirkungen schließlich alle wissenschaftliche Sicherheit zu untergraben begann. Alle und jede wissenschaftliche Wahrheit war angreifbar geworden. Man hatte, wie der Krieg die Tendenz hat, nach und nach immer schärfere Waffen hervorzubringen, die Gewohnheit angenommen, beim Gegner gerade die ersten Sätze, welche er bei seiner Argumentation benutzte, in Frage zu stellen und anzugreifen. Dieser dialektische Kniff hatte die schönsten und bedeutendsten Folgen. Denn man gewöhnte sich dadurch, sich der stillschweigend und meist unwissend zugrunde gelegten Voraussetzungen mehr bewußt zu werden, andererseits aber, sich nach Beweisen für seine Sätze umzusehen, die den Gegner zur Anerkennung zwingen könnten. Da strebt nun Aristoteles danach — und man kann diese Entwicklung bei ihm in seinen Schriften verfolgen — die Regeln aufzufinden, welche zum richtigen Denken führen. Der Erfolg ist seine Entdeckung des Syllogismus und weiterhin der logischen Formen. Aristoteles bleibt sich aber bewußt, daß auch dem logischen Denken noch gewisse Prinzipien zugrunde liegen. Hier meint er vor allem den Satz des Widerspruchs, der in etwas speziellerer Form schon Plato bekannt gewesen war. Damit gelangen wir wieder ganz zu unserem Thema, der Wissenschaft von den Prinzipien, und wir wollen daher das, was Aristoteles über dieses Axiom sagt, uns etwas näher betrachten.

Es sind besonders die Kapitel 2, 3, 4 des 4. Buches der Metaphysik, die hier für uns in Betracht kommen sollen. Der Philosoph spricht hier mit wunderbarer Klarheit über das Wesen der *ἀρχαί*. In Met. III sagt er, daß es dem Philosophen zukomme, auch die Prinzipien des Beweises zu untersuchen (wer denkt z. B. in der Mathematik heute hieran?) Daß diese Prinzipien a priori bei der Anwendung sein müssen, sagt er mit den Worten (Bonitz S. 63): „und was jeder erkannt haben muß, wer irgend etwas erkennen soll, das muß er schon zum Erkennen mitbringen.“ Er gibt dann das Prinzip vom Widerspruch an und fügt hinzu: *αὕτη δὴ πασῶν ἔστι βεβαιοτάτη τῶν αρχῶν* (Met. *Γ*. 1005 b 22).

Weiterhin geht er nun daran, dieses Prinzip zu „beweisen“. Und hier liegt der Schwerpunkt des für uns Interessanten. Er zeigt nämlich, daß eine Ablehnung dieses Prinzips jede Diskussion unmöglich machen müsse, daß dann von jedem Ding alles ausgesagt werden könne. Das erste Argument kommt aus der Entstehungsgeschichte der Logik und ist berechnet als ein argumentum ad hominem für den Opponenten, fällt also für uns außer Betracht. Das andere aber, das Hauptargument, das den breitesten Raum einnimmt, würden wir so ausdrücken können, daß wir sagen: Er zeigt, daß ein Aufgeben des Satzes vom Widerspruch unsere Begriffe und Aussagen uneindeutig machen würde. Wir sehen: vom logischen Standpunkte betrachtet, leitet Aristoteles den Satz vom Widerspruch aus dem Prinzip der Eindeutigkeit ab. Es wird ihm natürlich dies nicht bewußt. Er meint, das princ. contr. sei seine letzte *ἀρχή*. Wir aber bemerken: Auch Aristoteles, der doch der Entdeckung dieser Dinge unmittelbar nahestand, beweist diese daraus, daß er Eindeutigkeit haben will. Daß er sich nicht bewußt ist, daß sein Wille hier die letzte Instanz ist, ändert nichts an der Tatsache, die aus seinen Worten klar hervorgeht. Damit haben wir einen überaus hübschen historischen Beleg für die in diesem Buche vertretene Auffassung. Genau wie ich in meinen „Grundlagen der Physik" die Grundlagen der Logik aus dem Eindeutigkeits- und Zweckprinzip ableitete, so finden wir schon den Begründer dieser logischen Prinzipien — allerdings unbewußt — sie darstellen.

Aber wir können noch eine weitere Bemerkung anschließen. Daß die formale Gestalt des princ. contradictionis nicht etwa eine absolute Denknotwendigkeit sei, dies zeigt sich schon historisch dadurch, daß es ganze Philosophenschulen gegeben hat, welche das Gegenteil als Gesetz des Denkens aufstellten.[1] Dies waren u. a. Protagoras, Aristipp und die Megariker, gegen welche Aristoteles ausführlich polemisiert, und welch letztere er in launiger Weise in Met. *Γ*. 1008 b 14 apostrophiert (*διὰ τί γὰρ βαδίζει Μέγαράδε*). Wenn wir jetzt deren Gedanken als fehlerhaft zu erkennen glauben, so basiert dieses Erkennen selbst schon wieder auf dem zu beweisenden Prinzip.

Überhaupt behandelt Aristoteles das Problem der Herkunft

[1] Siehe die Darstellung hierüber bei Heinrich Maier l. c. in II. 2. Anfang.

der ἀρχαὶ ausführlich.[1] Doch ist hier nicht der Ort, darauf einzugehen.

Aristoteles geht sogar stellenweise soweit, die ἀρχαὶ der Einzelwissenschaften auf Definitionen zurückzuführen, eine Erkenntnis, die in wunderbarer Weise mit unseren eigenen Auffassungen übereinstimmt.

Plato hatte geglaubt, daß das Allgemeine neben den Einzeldingen eine reale Existenz habe. Aristoteles neigt zu der nüchterneren Ansicht, daß das Allgemeine nur in den Einzeldingen existiere. Daher muß dann auch nach Letzterem das Allgemeine durch Induktion (ἐπαγωγή) erkannt werden. Wir wissen auf Grund des Vorstehenden, daß die Sache sich noch um ein weniges anders verhält. Es gibt zwar Einzeldinge, in die ich irgendeine logische Form besonders leicht hineinlegen kann (das, was wir „Realisierungen" irgendeiner synthetischen Konstruktion genannt haben), aber die Form existiert stets nur in mir. Die Form ist aber eben das Logische, das Allgemeine. Daher aber ist auch der Schluß des Philosophen, daß das Allgemeine durch Induktion aus dem Einzelding erkannt werden müsse, nicht bindend. Damit aber auch ist die empiristische Grundlegung seiner Erkenntnistheorie nicht mehr schlüssig. Aristoteles sagt (An. post. II. 19), daß außer dem logischen Schluß (d. h. dem Weg vom Allgemeinen zum Besonderen) und der Induktion (dem Wege vom Besonderen zum Allgemeinen, den er eben aus seiner Anschauung über die Existenz des Allgemeinen im Einzelding begründet), kein Weg zu einer Begründung der Prinzipien sei. Hier hat er nun die Möglichkeit der freien Setzung übersehen, und damit erweist sich sein Gedankengang als in dieser Hinsicht lückenhaft. Natürlich können wir durch das Auffinden eines Gegenstandes, Einzeldinges, zur Schaffung einer Form in uns, an die wir noch nicht gedacht hatten, angeregt werden. Aber darin liegt kein Schluß von einem Besonderen auf etwas Allgemeines, und insbesondere kann es uns niemals die Begründung des geschlossenen Gesamtgebäudes der reinen Synthese ersetzen. Denn es kann uns auch ein Einzel-

[1] Siehe das inhaltsreiche Werk von J. Geyser „Die Erkenntnistheorie des Aristoteles". Münster 1917. Ferner möchte ich die kenntnisreiche Breslauer Dissertation von W. Andres „Die Prinzipien des Wissens nach Aristoteles" (1905) anführen, auf die mich mein Kollege Prof. Hans Maier u. a. freundlich hinweist.

ding zu einer Form anregen, welche in unsere Gesamtwissenschaft nicht paßt.[1] Die bloße Anregung verschiedener Formen kann niemals eine Entscheidung herbeiführen, ob wir eine von ihnen so akzeptieren wollen, oder eine andere dafür suchen müssen. Damit aber ist ein geschlossenes Wissenschaftsgebäude auf der Basis der Aristotelischen Induktion als unmöglich erkannt, und nur der ordnende Wille, den der Stagirite in seiner wunderbaren Klarheit völlig richtig durchscheinen läßt, ohne ihn allerdings selbst zu erkennen, kann hier das Endgültige leisten. Die freie Setzung aber hätte Aristoteles auch deshalb nicht wirklich verwenden können, weil ihm die Verknüpfung mit der Wirklichkeit noch völlig fehlte, welche durch die Genauigkeitstheorie und die Exhaustion erst geleistet werden kann. Immer aber stehen wir in staunender Bewunderung vor einem Geiste und einer wissenschaftlichen Epoche, die in einer Weise, zu der unsere Zeit erst langsam sich wieder den Zugang sucht, vor 22 Jahrhunderten bis ganz dicht an die Grenzen des Richtigen herandringen durften.

Das Logische ist bei Aristoteles schon fast völlig vorhanden, hierfür war ihm als einem Griechen der klassischen Zeit der denkbar beste Boden bereitet. In bemerkenswerter Klarheit sind diese Verhältnisse in den ersten Kapiteln von J. Geysers Erkenntnistheorie des Aristoteles dargestellt. Hier hätten wir wirklich die Ansätze zu einer Grundlegung der antiken Logik und Axiomatik vor uns, und wohl kaum ein Mathemathiker weiß etwas davon. Überhaupt glaube ich, wie schon an anderer Stelle ausgesprochen, daß sich vielleicht über die Axiomatik hin Philosophie und Mathematik, und damit exakte Naturwissenschaften, wieder die Hände reichen werden, wie dies längst nötig geworden ist. Und zwar wird die Anknüpfung dabei etwa an diejenige Philosophie stattfinden müssen, welche den Zusammenhang mit jener klassischen Zeit gewahrt hat, wo in der Entstehung ebenfalls Philosophie und Axiomatik aus einer Quelle geflossen sind, nämlich aus dem klaren logischen Willen der Griechen einen Kosmos geistig zu schaffen. Dies sind, so seltsam dies heute manchem klingen mag, diejenigen Philosophen, die man im weiteren Sinne als Aristoteliker bezeichnen kann.

---

[1] Beispiel ist z. B. die frühere Auffassung der Wärme als Flüssigkeit, die sich bekanntlich nicht halten ließ.

Diese Tradition ist nie ganz abgerissen und es ist die Großtat der Scholastik, jenen grandiosen Gedanken der Griechen an ein in reiner Logik konstruiertes Gebäude des menschlichen Geistes treu erhalten und weiter gebildet zu haben (wenn auch unter vielen Einseitigkeiten und manchen Verirrungen). Man sehe nur die Forschungen über die scholastische Methode[1] mit Augen an, die durch die Anschauungen dieses Buches geschärft sind, und man wird erfahren, daß es nötig ist, einige landläufige Werturteile stark zu revidieren, wozu sich schon derjenige veranlaßt sehen müßte, der das Studium dieser Dinge mit einigem Sinne für historische Kontinuität verbindet.[2] Man ist in unserer Zeit allzuleicht geneigt zu glauben, erst mit uns habe die Menschheit im eigentlichen Sinne zu leben begonnen, alles frühere sei eine vielleicht milde zu belächelnde Kindheit gewesen. Es könnte aber sein, daß wir uns nur deshalb so neu vorkommen, weil wir das früher schon Erreichte vielfach vergessen hatten.

Schließlich aber sei noch zum Ganzen unserer Ausführungen ein Kurzes gesagt. Unsere Aufstellungen sind nicht etwa vorläufige Meinungen oder Philosopheme, sie beanspruchen vielmehr die gleiche Sicherheit und Endgültigkeit in ihren wesentlichen Punkten, wie irgendeine mathematische Deduktion. Darüber wird sich auch jeder, der den logischen Sinn derselben zu erfassen vermag, klar sein. Nun ist der Philosoph gewohnt, eine Erkenntnistheorie stets alsbald in ihren Wirkungen auf die Grundfragen des Lebens zu überprüfen. Hierzu sei ein Wort gesagt. Man möge hier nicht voreilig sein. Man glaube nicht, daß meine Lehre zu der und der schädlichen Konsequenz führen müsse. Alle solche Meinungen stellen sich bei wirklicher Kenntnis derselben als unrichtig heraus. Die Unausweichbarkeit meiner Resultate bewirkt, daß wir diesen Dingen irgendwie Rechnung tragen müssen. An sich betrachtet, läge mir keinerlei Verpflichtung ob, nach irgendwelchen Konsequenzen zu fragen. Denn es handelt sich hier allein um die wissenschaftliche Wahrheit und die ist unabhängig von allen sonstigen Konsequenzen.

[1] Ich darf hier speziell auf die Arbeiten von C. Baeumcker und seinen Schülern, sowie von M. Grabmann verweisen.

[2] Ich verweise hier auf den Schlußabschnitt meiner „Grundlagen der Physik", wo ich meinen Anschauungen schon deutlichen Ausdruck verliehen habe.

Es ist auch nicht ratsam, wirkliche wissenschaftliche Wahrheiten wegen solcher Konsequenzen ablehnen zu wollen, denn man muß ihnen doch zuletzt den Sieg überlassen.

Trotzdem aber möchte ich noch über die Hauptfrage, die in dieser Hinsicht vorliegt, einiges anfügen. Es handelt sich darum: Wie stehen wir nach dem Resultat, daß keinerlei geformte Erkenntnis aus der Realität entnommen werden kann, zu der Realität? Hier ist zunächst wieder eine scharfe Trennung des theoretischen und historischen Standpunktes die Grundlage von allem. Hier interessiert uns allein der theoretische. Es handelt sich um die letzten Begründungen unserer geformten Erkenntnisse, der allgemeinen Sätze. Diese liegen nicht in der Realität, sondern in uns. Die Realität liefert als solche keinen durchschlagenden Zwang zu irgendeiner allgemeinen Formulierung. Aber — die Realität als solche ist dabei doch vorausgesetzt, sie ist damit sicherer gewährleistet, als mit irgendeinem anderen erkenntnistheoretischen System. Sie ist da und gegeben in der völlig naiven, von keinem Gedanken angekränkelten Frische des realen Daseins. In ihr ich selbst, meine Nebenmenschen und alle Dinge meiner Welt. So wie ich sie erlebe, so sind sie mir gegeben, daran kann keine Konstruktion etwas ändern. Nur wenn ich dann allgemeine Formulierungen darüber aufstellen will, so sind diese stets in ihrem letzten Grunde Festsetzungen, definitorische und davon abgeleitete analytische Urteile.

Hierdurch sind sofort die Anschauungsweisen des Solipsismus, des Rationalismus und Idealismus, andererseits des Sensualismus und Materialismus ausgeschlossen. Denn ich selbst bin mir, ebenso wie meine Nebenmenschen und alles andere vor jeder logischen Konstruktion darüber voll gegeben. Und ich weiß, daß alles, was ich dann geistig in der Synthese mache, nur ein logisches Netz ist, das ich diesem Sein überwerfe, um es logisch und manuell systematisch behandeln zu können, denn nur so gelingt dies meinem Geist. Die Realität selbst hat keinerlei System in sich, sie ist das unendlich vielgestaltige unaussprechliche Sein, das durchaus in seiner Eigenart mir gegeben ist, mit dem ich unmittelbar verknüpft bin als ein Teil desselben. Die Gedanken, die ich mir vor der reinen Synthese über alles mache, die können sehr geistreich sein und sogar später sich als richtig herausstellen, stets aber müssen sie in ihrem letzten Grunde unbegründet sein; solange sie nicht aus der reinen Synthese bewiesen sind. Vor der reinen Synthese bin ich mir eben, meine Mitmenschen und alles andere sozusagen naiv gegeben. Ich kann natürlich Fragen stellen. Aber endgültige wissenschaftliche Antworten erhalten sie erst in der reinen Synthese.

Es erübrigt, nun noch einen leider nur kurzen Exkurs in eine Wissenschaft zu machen, die zunächst vielleicht nicht sehr viel mit dem Vorstehenden zu tun zu haben scheinen möchte, in die Psychologie. Ich habe in meinen „Grundlagen der Naturphilosophie"[1] gezeigt, daß das Gebäude der reinen Synthese in seinen weiteren Ausläufern auch die psychologischen Erscheinungen wird zu erfassen suchen. Dabei stellt sich dann folgendes Verhältnis ein: Dieses Gebäude der reinen Synthese beruht in seiner letzten Basis völlig auf freien Setzungen, wie ich gezeigt habe und muß auf solchen beruhen. Etwas anderes erweist sich als unmöglich. Wenn nun aber diese Synthese soweit gelangt ist, daß sie von dieser Basis aus selbst wieder diese psychologischen Verhältnisse erreicht und umfassen will, welche dem Aufbau der Synthese zugrunde liegen (denn von dem Gesichtspunkte der reinen Synthese aus, welche ja als solche die Physis umfassen soll, ja diese definiert, erscheinen die gleichen Dinge, welche diesem Gebäude bei seiner Grundlegung sozusagen als „metaphysische" oder als πρὼ τῶν φυσικῶν [siehe meine Begriffsbestimmung von „Metaphysik" in meinen „Grundlagen der Physik"] zugrunde liegen, dann als „physische", d. h. also hier im speziellen als physiologische), so müssen naturgemäß die gleichen Dinge, die wir zur Grundlegung der reinen Synthese benutzten, sich als physiologisch notwendig erweisen. (Damit sind sie natürlich keineswegs nun rein psychologisch „bewiesen" und beziehen von dieser Seite ihre Rechtfertigung bei der Grundlegung der Synthese. Dies wäre Psychologismus. Man darf nie vergessen, daß diese psychologische Erklärung letzten Endes auf den Grundlagen der reinen Synthese selbst erst wieder ruht, d. h. eben auf freien Setzungen.)[2] Wir kommen so zu der Konsequenz, daß unseren erkenntnis-

[1] Leipzig 1913.

[2] Diese aber werden aus dem „naiven" oder vorsynthetischen Sein heraus gesetzt, welches vor aller Synthese und an sich gegeben ist und als solches einer „Erklärung" an dieser Stelle weder bedürftig noch fähig ist.

theoretischen Aufstellungen notwendig ein psychologisches Korrelat entsprechen müsse, indem nämlich diejenigen Fertigkeiten, welche von mir[1] auf dem vorsynthetischen Standpunkte bei der Grundlegung der reinen Synthese einfach geschehen, später innerhalb der Synthese als psychologische Vorgänge erscheinen, welche einer psychologischen Begründung fähig sind. Unter diesem Gesichtspunkte drückt sich unser erkenntnistheoretisches Resultat, daß der Realität keine vorgeformte Erkenntnis entnommen werden kann, psychologisch so aus, daß alle „Gestaltqualitäten" erst durch die „Seele" produziert werden. Stellen wir uns den perzipierenden Menschen rein in seinem physiologischen Apparat vor, so ist dies ja auch eigentlich selbstverständlich. Was physikalisch in sein Auge gelangt, sind lediglich die Lichtstrahlen seiner Umgebung, und was er aus diesen entnehmen will, kann nur sein, was an diesen Lichtstrahlen verschieden ist. Dies aber ist nur Richtung, Intensität und Farbe. Auch die Tatsache, daß die gleichen Farbflecksysteme in etwas verschobener Anordnung zweimal ihm gegeben werden, bringt noch nicht mehr. Denn was er aus diesem Material machen will, kann offenbar nur an dem Perzipierenden hängen. Damit aber zeigt sich zur Evidenz, daß alles weitere von der Seele hinzugefügt werden muß, d. i. also schon z. B. die Dreidimensionalität des Raumes. Dies aber ist die Folge unserer erkenntnistheoretischen Überlegungen, daß die ersten erkenntnistheoretischen Grundtatsachen schließlich genau übereinstimmen müssen mit der eben kurz geschilderten Situation, wie sie die synthetische Auffassung schließlich von dem Perzipierenden zeichnet. Daß diese Übereinstimmung unserer so schwierig errungenen erkenntnistheoretischen Grundlagen mit diesem synthetischen Bilde völlig besteht, ist natürlich eine willkommene Unterstützung für meine Aufstellungen. (Für die übrigen Sinne gilt natürlich das Analoge.)

Nun könnte man für diese nach dem Gesagten wohl recht selbstverständliche psychologische Konsequenz auch noch psychologisch-experimentelle „Beweise" verlangen. Ich habe hier

---

[1] Das „Ich", von dem wir hier sprechen, ist natürlich das „vorsynthetische Ich", welches in seinen Abgrenzungen und sonstigen Bezügen zum Anderen, zum Nichtich noch nicht endgültig festgelegt ist und sein kann, da auch diese Dinge endgültig erst in der reinen Synthese geregelt werden.

nicht die Gelegenheit, in eine genaue Untersuchung darüber einzutreten, ob es hier wirklich solche Beweise gibt. Das aber können wir schon jetzt sagen, daß auch die dabei gefundenen experimentellen Tatsachen in ihrer Interpretation, soweit sie die Erkenntnisbasis selbst umfassen, nicht beliebig, sondern, daß sie a priori bestimmt sind, und letzten Endes auf den von uns aufgestellten Grundlagen ruhen müssen. Dann aber zeigt sich, daß diese Interpretation mit dem obigen Bilde wird übereinstimmen müssen.

Nun bin ich in der angenehmen Lage, bereits auf eine ganze Gruppe von Psychologen hinweisen zu können, welche schon durch ihre psychologischen Studien in weitem Maße zu einer Auffassung der psychologischen Vorgänge gelangt sind, welche hier als notwendige Konsequenz meiner erkenntnistheoretischen Resultate sich ergeben hat. Ich kann hier nur kurz anführen, daß C. Stumpf in manchen seiner Anschauungen hierher gehört, ebenso E. Becher. Direkt in der genannten Richtung, wenn auch wohl zu weitgehend, hat Benussi aus der Schule von Meinong sich betätigt. Wichtig sind ferner die geistvollen Untersuchungen von Wolfg. Köhler („Die physischen Gestalten in Ruhe und im stationären Zustand". Braunschweig 1920), sowie die interessanten Forschungen von Max Wertheimer.

Was läßt sich nun noch in diesem Zusammenhang über unsere ἀρχαὶ aussagen? Unser erkenntnistheoretisches Resultat, daß sie freie Setzungen seien, sieht psychologisch so aus, daß alles in ihnen enthaltene durch die Seele geleistet wird, nicht aus der Wahrnehmung genommen werden kann. Natürlich finden sich dann viele solche Setzungen irgendwie durch physiologische Verhältnisse nahegelegt, wie ja von diesem Gesichtspunkte aus das ganze Zweckprinzip einen biologischen Sinn erhält (wie ihn Ernst Mach immer betonte). Hauptsache aber ist, daß nicht die Wahrnehmung zu einer solchen Setzung zwingt, sondern daß die physiologischen Gründe dieser Setzungen rein in der Seele liegen. So wäre es immer der Seele möglich, das gegebene Material auch anders zu verwerten, wenn es ihr auch eine unverhältnismäßige Arbeit kosten würde, sich von den gewohnten Bahnen grundlegend zu entfernen. So also ist es verständlich, daß diese Verhältnisse das psychologische Korrelat dessen sind, was die erkenntnistheoretische Grundlegung als freie Setzungen erkennen und bezeichnen muß. —

Vielleicht darf ich in drei Punkten noch einige Hauptresultate meiner Untersuchung zusammenfassen:

1. Eine Messung ohne Messungsbasis ist unmöglich. Diese wird natürlich auf einfachste Art gewählt: es ist die euklidische Geometrie.

2. Eine einheitliche Erklärung der Wirklichkeit bedingt eine Elementarkausalität, aus der alles übrige erklärt, aufgebaut wird, bzw. werden soll; diese kann aber selbst im gleichen Verfahren nicht aufgebaut, erklärt werden. Sie wird auf einfachste Art gewählt: es ist das Newtonsche Gesetz.

3. Der einzige Weg, allgemeine Sätze von absoluter Geltung vollbegründet aufzustellen, ist die freie Setzung. Die richtige Reihenfolge der Anwendung dieser freien Setzungen gemäß der reinen Synthese (sogen. Exhaustion) gewährleistet die Übereinstimmung zwischen diesen Sätzen und der Realität.

Jeder empiristische, d. h. nicht von meiner Setzung ausgehende Weg des Nachweises der absoluten Geltung eines allgemeinen Satzes (Evidenz, Induktion usw.) führt auf die Frage, wie der Weg selbst wieder zu begründen sei, und damit auf einen unendlichen Regreß.

FSC
www.fsc.org
MIX
Papier | Fördert gute Waldnutzung
FSC® C083411

Zeitfracht Medien GmbH
Ferdinand-Jühlke-Straße 7
99095 Erfurt, Deutschland
produktsicherheit@kolibri360.de